住房和城乡建设行业专业人员知识丛书

构件质量检验员

"住房和城乡建设行业专业人员知识丛书"编委会　编

中国环境出版集团·北京

图书在版编目（CIP）数据

构件质量检验员/“住房和城乡建设行业专业人员知识丛书”编委会编. —北京：中国环境出版集团，2023.5

（住房和城乡建设行业专业人员知识丛书）

ISBN 978-7-5111-5472-9

Ⅰ. ①构… Ⅱ. ①住… Ⅲ. ①建筑工程—装配式构件—质量检验—基本知识 Ⅳ. ①TU7

中国国家版本馆 CIP 数据核字（2023）第 039096 号

出 版 人 武德凯
责任编辑 易 萌
封面设计 彭 杉

出版发行 中国环境出版集团
（100062 北京市东城区广渠门内大街 16 号）
网　　址：http：//www.cesp.com.cn
电子邮箱：bjgl@cesp.com.cn
联系电话：010-67112765（编辑管理部）
010-67112739（第三分社）
发行热线：010-67125803，010-67113405（传真）

印　　刷 玖龙（天津）印刷有限公司
经　　销 各地新华书店
版　　次 2023 年 5 月第 1 版
印　　次 2023 年 5 月第 1 次印刷
开　　本 787×1092 1/16
印　　张 17.5
字　　数 404 千字
定　　价 68.00 元

“住房和城乡建设行业专业人员知识丛书”
编委会

《构件质量检验员》
编写组

主　　编： 张　意　苏　伟

副 主 编： 卢星宇　伍任雄　李　潇　段光尧

主　　审： 王　宇　陈怡宏

参与编写： 黄　沁　任　冬　张　梁　戴广亮　吕念南　张　春
孙家福　饶　毅　陈渝链　杨　旋　余林文　张智瑞
岳　勤　冒朝静　朱　君　龙　丹　谢元亮　朱世康
王　婧　雷　平　邹　倩　范铭洋

前　言

为深入推进装配式混凝土建筑施工专业人员（以下简称专业人员）队伍建设，更好地指导、服务于专业人员的培训及人才评价工作，编写了“住房和城乡建设行业专业人员知识丛书”，丛书紧扣施工专业人员职业能力标准，结合建设行业改革发展的新形势和新要求，坚持与施工专业人员的定位相契合、与现行的国家标准和行业标准相结合、与建设类“双证制”院校的专业设置相融合，力求体现科学性、针对性、实用性。

本书作为“住房和城乡建设行业专业人员知识丛书”中的一本，坚持以“职业素质”为基础、以“职业能力”为本位、以“实用易懂”为导向的编写思路，围绕现行国家及地方标准规范、技术指南等，重点对建设行业专业人员的基础知识和能力点进行介绍，帮助读者学习基本的专业知识与技能，使之能够胜任施工管理的基本工作。

本书共 11 章，内容包括基本知识、岗位职责、相关管理规定和标准、抽样统计分析、生产企业质量管理、构件生产质量计划、构件检验、生产质量控制和评定、质量问题分析预防及处理、质量资料管理、拓展知识。本书与《通用知识（2021 年版）》配套使用。

本书主编由重庆建工住宅建设有限公司张意、重庆市建设岗位培训中心苏伟担任，副主编由重庆市住房和城乡建设工程质量总站卢星宇、重庆建工住宅建设有限公司伍任雄和李潇、重庆市建设岗位培训中心段光尧担任；重庆市建设岗位培训中心陈渝链、杨旋，重庆市住房和城乡建设工程质量总站黄沁、任冬、张梁，重庆建工集团股份有限公司孙家福，重庆建工住宅建设有限公司戴广亮、邹倩，重庆建筑工程职业学院吕念南、张春，重庆市建筑业协会饶毅、岳勤，重庆大学余林文、张智瑞，重庆建筑高级技工学校龙丹、谢元亮、朱世康，重庆市森宝建筑工程有限公司朱君，重庆工业职业技术学院冒朝静、王婧、雷平，中设工程咨询（重庆）股份有限公司范铭洋参与编写。

第一章由苏伟、陈渝链、范铭洋合编，第二章由李潇、戴广亮、邹倩合编，第三章由卢星宇、黄沁、邹倩合编，第四章由张意、李潇、杨旋、张梁合编，第五章由卢星宇、任冬、李潇、朱君合编，第六章由伍任雄、余林文、张智瑞合编，第七章由张意、戴广亮、伍任雄合编，第八章由段光尧、饶毅、岳勤合编，第九章由孙家福、龙丹、谢元亮、朱世康合编，第十章由苏伟、吕念南、张春合编，第十一章由段光尧、王婧、雷平合编。

本书由王宇、陈怡宏主审。

本书可作为施工专业人员岗位的培训教材，“双证制”院校教学的参考用书，以及建筑类工程技术人员工作参考书。

随着建筑行业转型升级的逐步推进，本书内容将不断进行修订、补充。在此，恳请参阅本教材的各位同仁提出宝贵意见，以便不断修正和完善。

限于编写时间之仓促，囿于编者之水平，书中难免有不足之处，恳请广大同仁和读者批评指正。

目　　录

第一章　基础知识

第一节　装配式混凝土建筑

装配式建筑是指结构系统、外围护系统、内装系统、设备与管线系统的主要部分采用预制部品构件集成的建筑。根据结构体系的不同，装配式建筑可分为装配式混凝土结构、装配式钢结构、装配式木结构三大体系。

装配式混凝土建筑（图 1-1）是指建筑的结构系统由混凝土部件（预制构件）构成的装配式建筑。在建筑工程中，简称装配式建筑；在结构工程中，简称装配式混凝土结构。

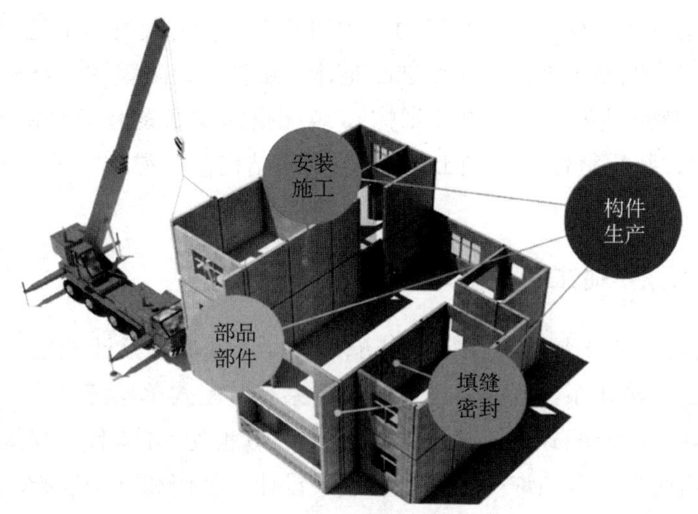

图 1-1　装配式混凝土建筑

装配式混凝土建筑可以采用多种装配式结构类型。当柱与柱、墙与墙、梁与柱或墙等预制构件之间，通过后浇混凝土和钢筋套筒灌浆连接等技术进行连接时，连接节点的力学性能与现浇混凝土基本等同，此时称其为装配整体式混凝土结构，也可称之为装配整体式混凝土建筑。当墙与墙之间通过干式节点进行连接时，结构的总体刚度与现浇混凝土结构相比会有所降低，此类结构不属于装配整体式结构。

我国建筑业主要采用的是现场浇筑混凝土施工的传统方式，即从搭设脚手架、支设模板、绑扎钢筋到混凝土浇筑，大部分工作都在施工现场完成，现浇混凝土施工方式对城乡建设快速发展做出了很大的贡献，但材料浪费相对较大，施工精度相对不足，劳动力成本相对较高。为改变这种粗放的湿法作业传统建造方式，《中共中央 国务院关于进一步加强城市规划建设管理工作的若干意见》中明确要求：大力推广装配式建筑，减少建筑垃圾和扬尘污染，缩短建造工期，提升工程质量。制定装配式混凝土建筑设计、施工和验收规范。完善部品部件标准，实现建筑部品构件工厂化生产。鼓励建筑企业装配式施工，现场装配。建设国家级装配式混凝土建筑生产基地。加大政策支持力度，力争用10年左右时间，使装配式建筑占新建建筑的比例达到30%。

第二节　装配式混凝土结构

一、装配式混凝土结构概念

装配式混凝土结构是指由预制构件通过可靠的连接方式装配而成的混凝土结构。我国目前常用的装配整体式混凝土结构是指由预制构件连接并与现场后浇混凝土、水泥基灌浆料形成整体的装配式混凝土结构，简称装配整体式结构。装配整体式结构包括装配整体式混凝土框架结构（简称装配整体式框架结构）、装配整体式混凝土剪力墙结构（简称装配整体式剪力墙结构）、装配整体式混凝土框架-剪力墙结构（简称装配整体式框架-剪力墙结构）等。

二、装配式混凝土结构发展

我国从20世纪五六十年代开始研究装配式混凝土结构的设计施工技术，形成了一系列的装配式混凝土结构体系，较为典型的建筑体系有装配式单层工业厂房建筑体系、装配式多层框架建筑体系、装配式大板建筑体系等，到20世纪80年代，我国装配式混凝土建筑的应用达到全盛时期，全国许多地方都形成了设计、制作和施工安装一体化的装配式建筑建造模式，其中装配式混凝土建筑和采用预制空心楼板的砌体建筑成为两种重要的建筑体系。由于当时装配式建筑的功能和物理性能等显露出许多缺陷和不足，我国有关装配式建筑的设计和施工技术研发水平又没有跟上社会需求及建筑技术的发展和变化，到20世纪80年代末，装配式混凝土建筑迅速滑坡，逐渐被采用全现浇混凝土结构的建筑所取代。直到21世纪，现浇施工方式所造成的环境污染、噪声影响、资源浪费、施工危险等弊端逐步显露，我国建筑业又开始重视装配式混凝土建筑的发展，形成了装配整体式混凝土剪力墙结构、装配整体式混凝土框架结构、装配整体式混凝土框架-剪力墙结构等结构体系，并得到大量应用。这些城市以示范、试点工程为切入点，在出台政策、技术创新、标准规范制定等方面大胆探索，在一定程度上促进了我国装配式混凝土建筑的健康、持续、稳定、有序发展。

三、装配式混凝土结构体系

目前应用最多的装配式混凝土结构体系是装配整体式剪力墙结构，装配整体式框架结构也有一定的应用，装配整体式框架-剪力墙结构有少量应用。无论是哪种结构体系，都是基于现浇混凝土结构的设计概念，设计方法与现浇混凝土结构基本相同。

1. 装配整体式剪力墙结构

（1）技术体系

按照主要受力构件的预制及连接方式，可以分为以下几种：

1）装配整体式剪力墙体系；

2）叠合剪力墙体系；

3）多层剪力墙体系。

各体系中装配整体式剪力墙体系应用较多，适用的房屋高度最大；叠合剪力墙体系目前主要应用于多层建筑或低烈度区高层建筑中；多层剪力墙体系目前应用较少，但基于其高效、简便的特点，在新型城镇化的推进过程中应用前景广阔。

此外，还有一种应用较多的剪力墙体系，即主体采用现浇混凝土剪力墙结构，外墙、楼梯、楼板、隔墙等采用预制构件。这种方式在我国南方部分地区应用较多，结构设计方法与现浇混凝土结构基本相同，但预制装配化程度较低。

（2）结构体系

装配整体式剪力墙结构是装配式混凝土结构的一种。以预制混凝土剪力墙墙板构件（简称预制墙板）和现浇混凝土剪力墙作为结构的竖向承重和水平抗侧力构件，通过整体式连接而成。其中包括同层预制墙板间以及预制墙板与现浇剪力墙的整体连接（采用竖向现浇段将预制墙板以及现浇剪力墙连接成为整体）、楼层间的预制墙板的整体连接（通过预制墙板底部结合面灌浆以及顶部的水平现浇带和圈梁，将相邻楼层的预制墙板连接成为整体）、预制墙板与水平楼盖之间的整体连接（水平现浇带和圈梁）。

新型的装配式混凝土建筑发展是从装配式混凝土住宅开始的，剪力墙结构无梁、柱外露的模式深受用户的认可。近几年装配整体式混凝土剪力墙结构住宅在国内发展迅速，被大量应用。目前主要做法有以下 3 种：

1）部分或全部预制剪力墙承重体系。通过竖缝节点区后浇混凝土和水平缝节点区后浇混凝土带或圈梁，实现结构的整体连接。竖向受力钢筋采用套筒灌浆、浆锚搭接等技术进行连接。装配整体式剪力墙结构住宅如图 1-2 所示，北方地区外墙板一般采用夹芯保温层预制混凝土墙板（图 1-3），它由内叶墙板、夹芯保温层、外叶墙板 3 个部分组成，内叶墙板和外叶墙板之间通过拉结件连接，可实现外装修、保温、承重一体化。

图1-2　装配整体式剪力墙结构住宅

图1-3　夹芯保温层预制混凝土外墙板

2）叠合板式混凝土剪力墙结构如图1-4所示，即将剪力墙划分为3层，内外两层预制，通过桁架钢筋连接，中间现浇混凝土；墙板竖向和水平分布的钢筋通过附加钢筋实现间接搭接。

图1-4　叠合板式混凝土剪力墙结构

3）预制剪力墙外墙模板如图1-5所示，即剪力墙外墙由预制的混凝土外墙模板和现浇混凝土部分形成，其中预制外墙模板通过桁架钢筋与现浇混凝土部分连接，可部分参与结构受力。

图1-5　预制剪力墙外墙模板

2. 装配整体式框架结构

装配整体式框架结构体系主要参考日本的技术，柱竖向受力钢筋采用套筒灌浆技术进行连接，主要做法分为以下 2 种：一是节点区域预制（或梁柱节点区域和周边部分构件一并预制），将框架结构施工中最为复杂的节点部分在工厂进行预制，避免节点区各个方向钢筋交叉避让的问题，这种做法对预制构件精度要求较高，且预制构件尺寸比较大，运输难度大；二是梁、柱各自预制为线性构件，节点区域现浇，这种做法预制构件非常规整，但节点区域钢筋相互交叉较多，这也是此法需要考虑的最为关键的环节。

3. 装配整体式框架–剪力墙结构

装配整体式框架–剪力墙结构如图 1-6 所示，是一种常用的结构形式，与装配式框架结构中预制构件的种类相似，其中框架柱采用节点区域预制（图 1-7），剪力墙采用现浇混凝土形式。

图 1-6　装配整体式框架–剪力墙结构

图 1-7　节点区域预制

四、装配式混凝土建筑结构的连接方法

装配式混凝土建筑的连接方式主要分为湿连接和干连接 2 类。

湿连接是用混凝土或水泥基浆料与钢筋结合形成的连接，如套筒灌浆连接、浆锚搭接连接和后浇混凝土连接等，适用于装配整体式混凝土建筑的连接；干连接主要借助与金属连接，如螺栓连接、焊接等，适用于全装配式混凝土建筑的连接和装配整体式混凝土建筑中的外挂墙板等非主体结构构件的连接。

1. 套筒灌浆连接

套筒灌浆连接是指在预制构件预埋的金属套筒中插入钢筋并灌注水泥基灌浆料而实现的钢筋连接方式。钢筋套筒灌浆连接主要用于装配式混凝土结构的剪力墙、预制柱的纵向受力钢筋的连接，也可用于叠合梁等后浇部位的纵向钢筋连接。

套筒灌浆连接的工作原理是将需要连接的带肋钢筋插入金属套筒内对接，在套筒内注入高强、早强且有微膨胀特性的灌浆料，灌浆料在套筒筒壁与钢筋之间形成较大的正向应力，从而在带肋钢筋的粗糙表面产生较大的摩擦力，由此得以传递钢筋的轴向力，如图 1-8 所示。

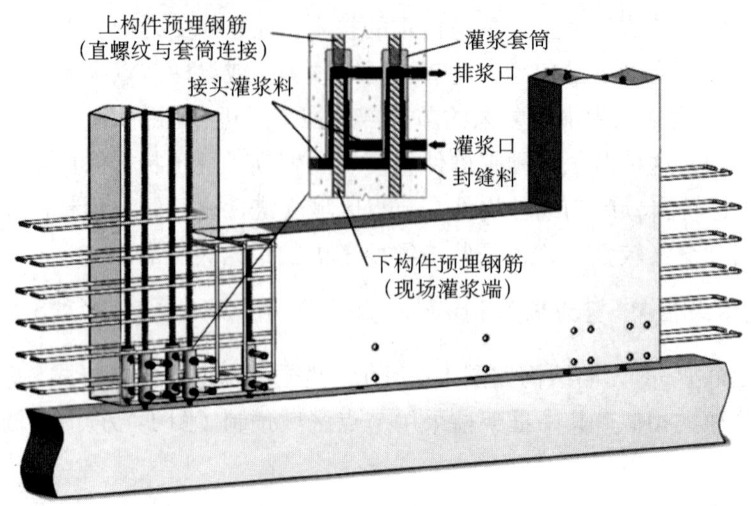

图 1-8　套筒灌浆连接

灌浆料是以水泥为基本原料，配以适当的细集料、混凝土外加剂和其他材料组成的干混料，加水搅拌后具有良好的流动、早强、高强、微膨胀等特性，通常填充于套筒与带肋钢筋间隙内。

2. 浆锚搭接连接

浆锚搭接连接是指在预制混凝土构件中预留孔道，在孔道中插入需搭接的钢筋，并灌注水泥基浆料而实现的钢筋搭接连接方式。

浆锚搭接连接是基于黏结锚固原理进行连接的方法，在竖向结构构件下段范围内预留出竖向孔洞，孔洞内壁表面留有螺纹状粗糙面，周围配有横向约束螺旋箍筋，将下部装配式预制构件预留钢筋插入孔洞内，通过灌浆孔注入灌浆料将上下构件连接成一体。浆锚搭接连接常见形式有螺旋箍筋约束浆锚搭接连接和金属波纹管浆锚搭接连接，如图 1-9 所示。

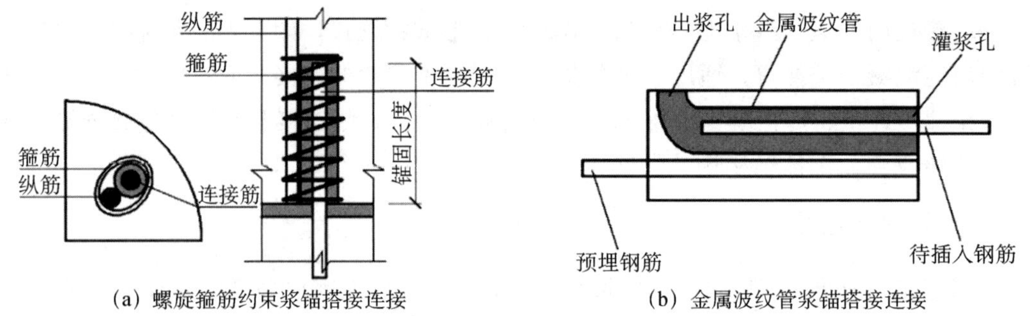

（a）螺旋箍筋约束浆锚搭接连接　　（b）金属波纹管浆锚搭接连接

图 1-9　浆锚搭接连接

3. 后浇混凝土连接

后浇混凝土是指预制构件安装后在预制构件连接区域或叠合层现场浇筑的混凝土。

后浇混凝土连接是后浇混凝土连接节点最重要的环节。钢筋连接可采用现浇结构钢筋的连接方式，主要包括机械螺纹套筒连接、钢筋搭接、钢筋焊接等。

五、预制构件

预制构件是指在工厂或现场预先制作的混凝土构件。预制构件主要有预制柱、预制梁（叠合梁）、预制楼板（叠合楼板）、预制混凝土剪力墙墙板、预制混凝土楼梯、预制混凝土阳台板、预制混凝土空调板、预制混凝土女儿墙、预制外挂墙板、预制内隔墙板等。

1. 预制柱

预制柱（图 1-10）是建筑物的主要竖向受力构件。预制柱的设计除满足承载力及正常使用阶段功能的要求外，还需要考虑生产线、运输限制、堆放等因素。预制柱设计的关键在于节点。

2. 叠合梁

叠合梁（图 1-11）是分两次浇捣混凝土的梁，第一次在预制厂做成预制梁，作为上部现浇混凝土的永久性模板；第二次在施工现场进行，当预制梁吊装安放完成后，再浇捣上部的混凝土，使其连成整体。它是预制构件和现浇结构的结合，同时兼有两者的优点。

图 1-10　预制柱

图 1-11　叠合梁

3. 叠合楼板

叠合楼板是由预制板和现浇钢筋混凝土层叠合而成的装配整体式楼板，常见的预制混凝土叠合楼板有预制桁架钢筋混凝土叠合板（图 1-12）和预制带肋底板混凝土叠合楼板 2 种。

（1）预制桁架钢筋混凝土叠合板

预制桁架钢筋混凝土叠合板属于半预制构件，下部为预制混凝土板，外露部分为桁架钢筋。预制混凝土叠合板的预制部分一般厚度为 60 mm，叠合楼板在工地安装到位后应

图1-12　预制桁架钢筋混凝土叠合板

进行二次浇筑，从而成为整体实心楼板。桁架钢筋的主要作用是将后浇筑的混凝土层与预制底板连接成整体，并在制作和安装过程中提供刚度。伸出预制混凝土层的桁架钢筋和粗糙的混凝土表面能够保证叠合楼板预制部分与现浇部分有效地结合成整体。

（2）预制带肋底板混凝土叠合楼板

预制带肋底板混凝土叠合楼板一般为预应力带肋混凝土叠合楼板（又称 PK 板）。

PK 板具有以下优点：

1）十分轻薄。预制底板厚 3 cm，自重约为 1.1 kN/m^2。

2）用钢量较省。由于采用 1860 级高强度预应力钢丝，比其他叠合板用钢量节省约 60%。

3）承载能力强。PK 板破坏性试验承载力可达 1 100 kN/m^2。

4）抗裂性能好。由于采用了预应力，极大地提高了混凝土的抗裂性能。

5）新老混凝土接合好。由于采用了“T”形肋，新老混凝土互相咬合，新混凝土流入孔中生成销栓作用。

6）可形成双向板。在侧孔中横穿钢筋后，避免了传统叠合板只能做单向板的弊病，且预埋管线方便。

（3）相关规定

1）叠合板应按现行国家标准《混凝土结构设计规范》（GB 50010）的规定进行设计，并应符合下列规定：

①叠合板的预制板厚度不宜小于 60 mm，后浇混凝土叠合层厚度不应小于 60 mm；

②当叠合板的预制板采用空心板时，应封堵板端空腔；

③跨度大于 3 m 的叠合板，宜采用桁架钢筋混凝土叠合板；

④跨度大于 6 m 的叠合板，宜采用预应力混凝土预制板；

⑤板厚大于 180 mm 的叠合板，宜采用混凝土空心板。

2）桁架钢筋混凝土叠合板应满足下列要求：

①桁架钢筋应沿主要受力方向布置；

②桁架钢筋距板边不应大于 300 mm，间距不宜大于 600 mm；

③桁架钢筋弦杆钢筋直径不宜小于 8 mm，腹杆钢筋直径不应小于 4 mm；

④桁架钢筋弦杆混凝土保护层厚度不应小于 15 mm。

4. 预制混凝土剪力墙墙板

（1）预制混凝土夹芯保温外墙板

预制混凝土夹芯保温外墙板（图 1-13）是指在工厂预制，内叶板为预制混凝土剪力墙、中间夹有保温层、外叶板为钢筋混凝土保护层的预制混凝土夹芯保温剪力墙墙板（简称夹芯保温外墙板）。内叶板侧面在施工现场通过预留钢筋与现浇剪力墙边缘构件连接，底部通过钢筋灌浆套筒与下层预制剪力墙预留钢筋相连。

（2）预制混凝土剪力墙内墙板

预制混凝土剪力墙内墙板（图 1-14）是指在工厂预制成的混凝土剪力墙构件。预制混凝土剪力墙内墙板侧面在施工现场通过预留钢筋与现浇剪力墙边缘构件连接，底部通过钢筋灌浆套筒与下层预制剪力墙预留钢筋相连。

图 1-13　预制混凝土夹芯保温外墙板

图 1-14　预制混凝土剪力墙内墙板

5. 预制混凝土楼梯

预制混凝土楼梯分为梯段、平台梁、平台板 3 个部分。梁板梯段由梯斜梁和踏步板组成，一般在梯斜梁支撑踏步板处用水泥砂浆坐浆连接，如需加强，可在梯斜梁上预埋插筋，与踏步板支承端预留孔插接，用高等级水泥砂浆或灌浆料填实。预制混凝土楼梯，如图 1-15 所示。

图 1-15　预制混凝土楼梯

预制混凝土楼梯由工厂预制生产，现场安装，质量、效率可以大大提高，节约工期及人工成本，安装后无须再做饰面，结构施工段支撑少，因此在装配式建筑中应用广泛。

6. 预制混凝土阳台板、预制混凝土空调板、预制混凝土女儿墙

预制混凝土阳台板（图 1-16）能够克服现浇阳台支模复杂，现场高空作业费时、费力以及高空作业时的施工安全问题。

预制混凝土空调板（图 1-17）通常采用预制实心混凝土板，板顶预留钢筋通常与预制叠合板的现浇层相连。

图 1-16　预制混凝土阳台板

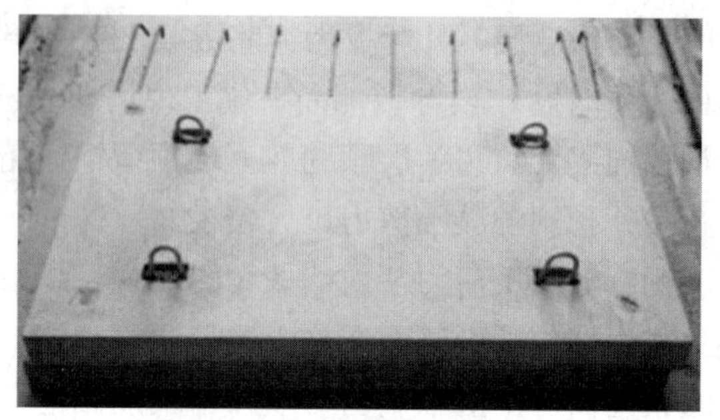

图 1-17　预制混凝土空调板

预制混凝土女儿墙（图 1-18）处于屋顶处外墙的延伸部位，通常有立面造型，采用预制混凝土女儿墙的优势是安装快速，节省工期。

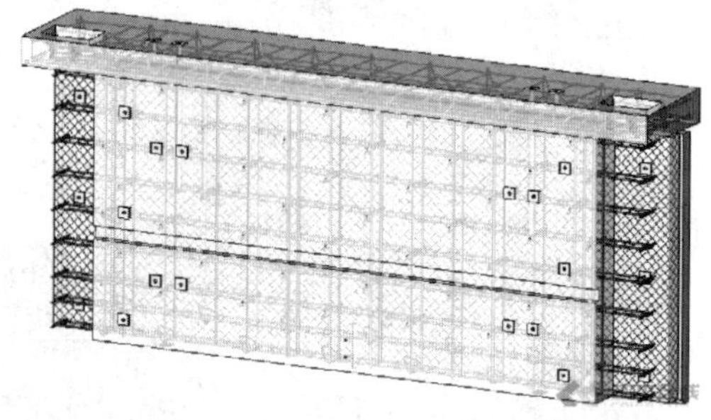

图 1-18　预制混凝土女儿墙

7. 预制外挂墙板

装配式混凝土建筑中外挂墙板是集装饰、围护于一体，并在工厂预制加工成具有各类形态或质感的预制构件。

外挂墙板按其安装方向分为横向外挂墙板和竖向外挂墙板；根据采光方式分为有窗外挂墙板和无窗外挂墙板，有窗外挂墙板一般为连续满布式安装，无窗外挂墙板为分段安装。外挂墙板是装配式结构的非承重外围护构件。外挂墙板与主体的节点以金属连接件连接或螺栓连接，如图 1-19 所示。

图 1-19　外挂墙板连接节点

8. 预制内隔墙板

预制内隔墙板是指在工厂预制后，现场安装的内隔墙非空心条板（以下简称内隔墙板）。内隔墙板的墙体系统通常由内隔墙板、黏结材料、定位钢卡、调整板、嵌缝材料、防裂增强材料及石膏腻子等构成。内隔墙板按材料类型可分为硅酸钙板夹芯复合内隔墙板、增强型发泡水泥无机复合内隔墙板、蒸压加气混凝土内隔墙板、陶粒混凝土内隔墙板以及预制钢筋混凝土带梁隔墙等。

第二章　岗位职责

第一节　岗位说明

2020年2月25日，人力资源和社会保障部与国家市场监督管理总局、国家统计局联合向社会发布了智能制造工程技术人员、装配式建筑施工员、构件工艺员、构件质量检验员等16个新职业。

构件质量检验员在预制构件生产过程中具有极其重要的作用，具体体现在以下几个方面：

1）构件质量检验员是构件生产的质量把关者。预制构件是影响装配式建筑整体质量的关键因素，预制构件的质量会直接影响人民生命财产的安全和建筑物的使用寿命。

2）构件质量检验员是构件生产质量问题的预防者。

3）构件质量检验员是构件生产信息的反馈者。

4）构件质量检验员是构件生产工序的改进者。

第二节　岗位职责内容

一、工作职责

构件质量检验员的主要工作职责宜符合表2-1的规定。

表2-1　构件质量检验员的主要工作职责

项次	分类	主要工作职责
1	质量计划	（1）参与构件生产质量策划； （2）参与编制构件质量控制方案； （3）参与编制构件质量检验方案
2	材料及设备质量	（1）负责核查原材料、模具的质量保证资料和检验原材料、模具； （2）负责使用、保管、维护质量检测检验仪器设备； （3）参与采购构件制作所需原材料、模具

续表

项次	分类	主要工作职责
3	工艺质量	（1）负责检查工艺质量和监督关键工艺、特殊工艺； （2）负责构件的质量验收与质量评定； （3）负责核查出厂构件的质量保证资料； （4）参与构件设计文件交底与会审； （5）参与组织与实施质量交底； （6）参与制定构件生产工序质量控制措施； （7）参与交接检验、隐蔽验收、技术复核； （8）参与制作出厂构件的标识； （9）参与编制构件成品保护、吊运、存放、运输方案； （10）参与分项、分部和单位工程的质量验收评定
4	问题处置	（1）负责监督构件质量缺陷的处理； （2）参与制定构件的质量通病预防和纠正措施； （3）参与分析和处理构件质量问题； （4）参与调查、分析和处理质量事故
5	资料管理	（1）负责构件质量检查的记录； （2）负责汇总、整理、移交质量资料； （3）参与质量相关的信息化管理工作

二、岗位技能

构件质量检验员应具备表 2-2 规定的专业技能。

表 2-2　构件质量检验员应具备的专业技能

项次	分类	专业技能
1	质量计划	（1）能够参与编制构件质量控制方案； （2）能够参与编制构件质量检验方案
2	材料及设备质量	（1）能够核对进场原材料品种、规格、数量、供应商、质量合格证明书； （2）能够核验进场原材料的质量、主要性能指标； （3）能够评价构件的原材料、模具、生产设备质量； （4）能够判断质量试验结果； （5）能够使用、保管、维护仪器设备等质量检测检验工具
3	工艺质量	（1）能够识读构件深化设计图纸； （2）能够参与确定构件制作质量控制点，编写质量控制文件； （3）能够参与制定质量控制措施； （4）能够组织与实施质量交底； （5）能够检查、验收、评定构件质量； （6）能够按有关标准规定进行计量检定或校准，并标明其计量检定或校准状态； （7）能够对成品构件的外观质量和尺寸误差进行检查； （8）能够参与构件标识体系的设计； （9）能够参与论证构件成品保护、吊运、存放、运输方案
4	问题处置	（1）能够参与制定构件的质量通病预防和纠正措施； （2）能够识别构件质量缺陷； （3）能够负责监督构件质量缺陷的处理； （4）能够参与调查、分析质量事故，并提出处理意见

续表

项次	分类	专业技能
5	资料管理	（1）能够建立质量检验台账； （2）能够收集、整理、编制质量资料； （3）能够参与质量相关的信息化管理

三、岗位知识

构件质量检验员应具备表 2-3 规定的岗位知识。

表 2-3　构件质量检验员应具备的岗位知识

项次	分类	岗位知识
1	通用知识	（1）了解工程项目管理的基本知识； （2）了解工程力学一般知识； （3）了解构件制作工艺； （4）熟悉国家工程建设相关法律法规； （5）熟悉施工及验收相关标准； （6）熟悉常见工程材料和设备的基本知识； （7）熟悉装配式混凝土建筑构造与结构的基本知识； （8）熟悉环境与职业健康、安全管理的基本知识； （9）熟悉绿色施工的基本要求； （10）熟悉施工图绘制的基本要求； （11）掌握施工图识读的基本知识； （12）掌握装配式混凝土构件安装工艺
2	专业知识	（1）了解构件深化设计相关知识； （2）熟悉装配式混凝土建筑构造、结构和设备的基本知识； （3）熟悉与本岗位相关的标准和管理规定； （4）熟悉构件质量问题的分析、预防及处理方法； （5）掌握抽样统计分析的基本知识； （6）掌握构件生产过程质检的基本知识； （7）掌握构件生产质量标准要求； （8）掌握构件生产质量计划的内容和编制方法； （9）掌握构件模具、工装的内容、方法和判定标准； （10）掌握成品构件施工检验的内容、方法和判定标准

第三章　相关管理规定和标准

第一节　企业安全生产管理

安全生产是安全与生产的统一，其宗旨是安全促进生产，生产必须安全。安全生产是指为了使劳动过程在符合安全要求的物质条件和工作秩序下进行，防止人身伤亡、财产损失等生产事故，消除或控制危险有害因素，保障劳动者的安全健康和设备设施免受损坏、环境免受破坏的一切行为。

一、企业安全生产要求

1. 一般要求

（1）安全生产管理体系原则

预制构件企业进行构件生产工作，应遵循“安全第一、预防为主、综合治理”的方针，落实企业主体责任，以安全风险管理、隐患排查治理、职业病危害防治为基础，以安全生产责任制为核心，建立安全生产管理体系，全面提升安全生产管理水平，持续改进安全生产工作，不断提升安全生产绩效，预防和减少事故的发生，保障人身安全健康，保证生产经营活动有序进行。

（2）安全生产管理体系的建立和保持

预制构件企业应采用“PDCA”[计划（Plan)、实施（Do)、检查（Check)、处理（Act)]动态循环模式，结合企业自身特点，自主建立并保持安全生产管理体系；通过自我检查、自我纠正和自我完善，构建安全生产长效机制，持续提升安全生产绩效。

（3）安全生产管理体系评估

预制构件企业安全生产管理体系的运行情况，应采用企业自评和评审单位评审的方式进行评估。

2. 核心要求

（1）目标职责

预制构件企业应根据自身安全生产实际，制定文件化的总体和年度安全生产与职业卫生目标，并纳入企业总体生产经营目标，明确目标的制定、分解、实施、检查、考核等环节要求，并按照所属基层单位和部门在生产经营活动中所承担的职能，将目标分解为指标，确保落实。同时，预制构件企业应定期对安全生产与职业卫生目标、指标实施情况进行评估和考核，并结合实际情况及时进行调整。

（2）机构和职责

1）机构设置。

预制构件企业应落实安全生产组织领导机构，成立安全生产委员会，并按照有关规定设置安全生产与职业卫生管理机构，或配备相应的专职或兼职安全生产与职业卫生管理人员，同时按照有关规定配备注册安全工程师，建立健全从管理机构到基层班组的管理网络。

2）主要负责人及领导层职责。

①企业主要负责人全面负责安全生产和职业卫生工作，并履行相应的责任和义务；

②分管负责人应对各自职责范围内的安全生产与职业卫生工作负责；

③各级管理人员应按照安全生产与职业卫生责任制的相关要求，履行安全生产与职业卫生职责。

（3）全员参与

预制构件企业应建立健全安全生产与职业卫生责任制，明确各级部门和从业人员的安全生产与职业卫生职责，并对职责的适宜性、履行情况进行定期评估和监督考核。预制构件生产企业在安全管理过程中应为全员参与安全生产与职业卫生工作创造必要的条件，建立激励约束机制，鼓励从业人员积极建言献策，营造自下而上、自上而下全员重视安全生产与职业卫生的良好氛围，不断提升安全生产与职业卫生管理的水平。

（4）安全生产投入

预制构件企业应建立安全生产投入保障制度，按照有关规定提取和使用安全生产费用，并建立使用台账，按照有关规定为从业人员缴纳相关保险费用。

预制构件企业宜投保安全生产责任险。

（5）安全文化建设

预制构件企业应开展安全文化建设，确立本企业的安全生产与职业病危害防治理念及行为准则，并教育、引导全体人员贯彻执行。企业在安全文化建设过程中，应充分考虑自身内部和外部的文化特征，引导全体员工的安全态度和安全行为，实现在法律和政府监管要求之上的安全自我约束，通过全员参与实现企业安全生产水平持续进步。

（6）安全生产信息化建设

预制构件企业应根据自身实际情况，利用信息化手段加强安全生产管理工作，开展安全生产电子台账管理、重大危险源监控、职业病危害防治、应急管理、安全风险管控和隐患自查自报、安全生产预测预警等信息系统的建设。

3. 安全生产制度化管理

（1）法规、标准识别

预制构件企业应建立符合安全生产与职业卫生法律法规、标准规范的管理制度，明确主管部门，确定获取的渠道和方式，及时识别和获取适用、有效的法律法规、标准规范，建立安全生产与职业卫生法律法规、标准规范清单和文本数据库。

预制构件企业应将适用的安全生产与职业卫生法律法规、标准规范的相关要求转化为本单位的规章制度、操作规程，并及时传达给相关从业人员，确保相关要求落实到位。

（2）规章制度

预制构件企业应建立健全安全生产和职业卫生规章制度，并征求工会及从业人员意见和建议，规范安全生产与职业卫生管理工作，应确保从业人员及时获取制度文本。

企业安全生产与职业卫生规章制度包括但不限于下列内容：

1）目标管理。

安全生产和职业卫生责任制；安全生产承诺；安全生产投入；安全生产信息化。

2）“四新”（新技术、新材料、新工艺、新设备设施）管理。

3）文件、记录和档案管理。

4）安全风险管理、隐患排查治理。

5）职业病危害防治。

6）教育培训。

7）班组安全活动。

8）特种作业人员管理。

9）建设项目安全设施、职业病防护设施“三同时”管理。

10）设备设施管理。

11）施工和检（维）修安全管理。

12）危险物品管理。

13）危险作业安全管理。

14）安全警示标志管理。

15）安全预测预警管理。

16）安全生产奖惩管理。

17）相关方安全管理。

18）变更管理。

19）个体防护用品管理。

20）应急管理。

21）事故管理。

22）安全生产报告。

23）绩效评定管理。

（3）操作规程

预制构件企业应按照有关规定，结合本企业的生产工艺、作业任务特点以及岗位作业安全风险与职业病防护要求，编制齐全适用的岗位安全生产与职业卫生操作规程，发放到相关岗位员工手中，并严格执行，确保从业人员参与岗位安全生产和职业卫生操作规程的编制和修订工作。

预制构件企业应在新技术、新材料、新工艺、新设备设施投入使用前，组织编制、修订相应的安全生产与职业卫生操作规程，确保其适宜性和有效性。

（4）文档管理

1）记录管理。

预制构件企业应建立文件和记录管理制度，明确安全生产与职业卫生规章制度、操作规程的编制、评审、发布、使用、修订、作废以及文件和记录管理的职责、程序和要求，应建立健全主要安全生产与职业卫生过程与结果的记录，并建立和保存有关记录的电子档案，支持查询和检索，便于自身管理使用和行业主管部门调取检查。

2）评估。

预制构件企业应每年至少评估一次安全生产与职业卫生法律法规、标准规范、规章制度、操作规程的适用性、有效性和执行情况。

3）修订。

预制构件企业应根据评估结果、安全检查情况、自评结果、评审情况、事故情况等，及时修订安全生产与职业卫生规章制度、操作规程。

二、安全教育培训

1. 安全教育培训管理

预制构件企业应建立健全安全教育培训制度，按照有关规定进行培训，培训应包括安全生产与职业卫生的内容，培训大纲、内容、时间应满足有关规定。

预制构件企业应明确安全教育培训主管部门，定期识别安全教育培训需求，制订、实施安全教育培训计划，并保证必要的安全教育培训资源，如实记录全体从业人员的安全教育和培训情况，建立企业安全教育培训档案和从业人员个人安全教育培训档案，并对培训效果进行评估和改进。

2. 人员教育培训

（1）主要负责人和安全生产管理人员

预制构件企业的主要负责人和安全生产管理人员应具备与本企业所从事的生产经营活动相适应的安全生产与职业卫生的知识与能力。

预制构件企业应对各级管理人员进行教育培训，确保其具备岗位安全生产与职业卫生职责的知识与能力。法律法规中要求需参加安全生产与职业卫生知识与能力考核的人员，应按照有关规定参加考核并合格。

（2）从业人员

预制构件企业应对从业人员进行安全生产与职业卫生教育培训，保证从业人员具备满足岗位要求的安全生产和职业卫生知识，熟悉有关的安全生产与职业卫生法律法规、规章制度、操作规程，掌握本岗位的安全操作技能和职业危害防护技能、安全风险辨识和管控方法，了解事故现场应急处置措施，并根据实际需要，定期进行复训考核。未经安全教育培训合格的从业人员，不得上岗作业。

从业人员的安全培训要求应符合以下规定：

1）预制构件企业的新入厂从业人员上岗前应经过厂、车间、班组三级安全培训教育，岗前安全教育培训学时和内容应符合国家和行业的有关规定。

2）在新工艺、新技术、新材料、新设备设施投入使用前，企业应对有关从业人员进行专门的安全生产与职业卫生教育培训，确保其具备相应的安全操作、事故预防和应急处置能力。

3）从业人员在企业内部调整工作岗位或离岗一年以上重新上岗时，应重新进行车间和班组级的安全教育培训。

4）从事特种作业、特种设备作业的人员应按照有关规定，经专门的安全作业培训，考核合格，取得相应资格后，方可上岗作业，并定期接受复审。

5）企业专职应急救援人员应按照有关规定，经专门的应急救援培训，考核合格后，方可上岗，并定期参加复训。

6）其他从业人员每年应接受再培训，再培训的时间和内容应符合国家和地方政府的有关规定。

（3）外来人员教育培训

1）预制构件企业应对进入企业从事服务和作业活动的承包商、供应商的从业人员和接收的中等职业学校、高等学校实习生，进行入厂安全教育培训，并保存记录。

2）外来人员进入作业现场前，应由作业现场所在单位对其进行安全教育培训，并保存记录。主要内容包括外来人员入厂有关安全规定、可能接触到的危害因素、所从事作业的安全要求、作业安全风险分析及安全控制措施、职业病危害防护措施、应急知识等。

3）预制构件企业应对进入企业检查、参观、学习等外来人员进行安全教育，主要内容包括安全规定、可能接触到的危险有害因素、职业病危害防护措施、应急知识等。

三、现场管理

1. 设备设施管理

（1）设备设施建设

预制构件企业总平面布置应符合现行国家标准《工业企业总平面设计规范》（GB 50187）的规定，建筑设计防火和建筑灭火器配置应分别符合现行国家标准《建筑防火通用规范》（GB 55037）和《建筑灭火器配置设计规范》（GB 50140）的规定；建设项目的安全设施与职业病防护设施应与建设项目主体工程同时设计、同时施工、同时投入生产和使用。企业应按照有关规定进行建设项目安全生产与职业病危害评价，严格履行建设项目安全设施与职业病防护设施设计审查、施工、试运行、竣工验收等管理程序。

（2）设备设施验收

预制构件企业应执行设备设施采购、到货验收制度，购置、使用设计符合要求、质量合格的设备设施。设备设施安装后企业应进行验收，并对相关过程及结果进行记录。

（3）设备设施运行

预制构件设备设施运行的情况应满足以下要求：

1）预制构件企业应对设备设施进行规范化管理，建立设备设施管理台账。

2）预制构件企业应有专人负责管理各种安全设施以及检测与监测设备，定期检查维护并做好记录。

3）预制构件企业应针对在高温、高压环境下使用和生产、储存易燃、易爆、有毒、有害物质等的高风险设备，以及提升用的特种设备，建立运行、巡检、保养的专项安全管理制度，确保其始终处于安全可靠的运行状态。

4）安全设施与职业病防护设施不应随意拆除、挪用或弃置不用；确因检维修拆除的，应采取临时安全措施，待检维修完毕后立即复原。

（4）设备设施检维修

预制构件企业应建立设备设施检维修管理制度，制订综合检维修计划，加强日常检维修和定期检维修管理，落实“五定”（定检维修方案、定检维修人员、定安全措施、定检维修质量、定检维修进度）原则，并做好记录。检维修方案应包含作业安全风险分析、控制措施、应急处置措施及安全验收标准。检维修过程中应执行安全控制措施，隔离能量和危险物质，并进行监督检查，检维修后应进行安全确认。

（5）检测检验

特种设备应按照有关规定，委托具有专业资质的检测、检验机构进行定期检测、检验，涉及人身安全、危险性较大的特种设备和矿山井下特种设备，应取得产品安全标志或相关安全使用证。

（6）设备设施报废、拆除

预制构件企业应建立设备设施报废、拆除管理制度。设备设施的报废应办理审批手续，在报废设备设施拆除前应制订报废、拆除方案，并在现场设置明显的报废设备设施标志。报废、拆除涉及许可作业的，应按照规定执行，并在作业前对相关作业人员进行培训和安全技术交底。报废、拆除应按报废、拆除方案和许可内容组织落实。

2. 作业安全

（1）作业环境和作业条件

预制构件企业应事先分析和控制生产过程及工艺、物料、设备设施、器材、通道、作业环境等存在的安全风险。生产现场应实行定置管理，保持作业环境整洁，配备相应的安全生产、职业病防护用品（具）及消防设施与器材，按照有关规定设置应急照明、安全通道，并确保安全通道畅通。

预制构件企业应对临近高压输电线路作业、危险场所动火作业、有（受）限空间作业、临时用电作业等危险性较大的作业活动，实施作业许可管理，严格履行作业许可审批手续。作业许可应包含安全风险分析、安全及职业病危害防护措施、应急处置等内容。作业许可实行闭环管理。

预制构件企业应对作业人员的上岗资格、条件等进行作业前的安全检查，做到特种作业人员持证上岗，并安排专人进行现场安全管理，确保作业人员遵守岗位操作规程和落实安全及职业病危害防护措施。企业应采取可靠的安全技术措施，对设备能量和危险有害物质进行屏蔽或隔离。

两个以上作业队伍在同一个作业区域进行作业活动时，不同作业队伍相互之间应明确各自的安全生产、职业卫生管理职责和采取的有效措施，并指定专人进行检查与协调。

（2）作业行为

预制构件企业应依法合理的进行生产作业组织和管理，加强对从业人员作业行为的安全管理，对设备设施、工艺技术以及从业人员作业行为等进行安全风险辨识，采取相应的措施，控制作业行为安全风险。监督、指导从业人员遵守安全生产和职业卫生规章制度、操作规程，杜绝违章指挥、违规作业和违反劳动纪律的“三违”行为。

预制构件企业应为从业人员配备与岗位安全风险相适应的、符合现行国家标准《个体防护装备配备规范　第1部分：总则》（GB 39800.1）规定的个体防护装备配备原则，并监督、指导从业人员按照有关规定正确佩戴、使用、维护、保养和检查个体防护装备与用品。

（3）岗位达标

预制构件企业应建立班组安全活动管理制度，开展岗位达标活动，明确岗位达标的内容和要求。从业人员应熟练掌握本岗位的安全职责、安全生产与职业卫生操作规程、安全风险及管控措施、防护用品使用方法、自救互救及应急处置措施。各班组应按照有关规定开展安全生产与职业卫生教育培训、安全操作技能训练、岗位作业危险预知、作业现场隐患排查、事故分析等工作，并做好记录。

（4）相关方

预制构件企业应建立承包商、供应商等安全管理制度，将承包商、供应商等相关方的安全生产与职业卫生纳入企业内部管理，对承包商、供应商等相关方的资格预审、选择、作业人员培训、作业过程检查监督、提供的产品与服务、绩效评估、续用或退出等进行管理。企业应建立合格承包商、供应商等相关方的名录和档案，定期识别服务行为安全风险，并采取有效的控制措施。

预制构件企业不应将项目委托给不具备相应资质或不符合安全生产、职业病防护条件的承包商、供应商等相关方。企业应与承包商、供应商等签订合作协议，明确规定双方的安全生产及职业病防护的责任和义务。

企业应通过供应链关系促进承包商、供应商等相关方达到安全生产标准化要求。

3. 职业健康

（1）基本要求

预制构件企业应为从业人员提供符合职业卫生要求的工作环境和条件，为解除职业危害的从业人员提供个人使用的职业病防护用品，建立健全职业卫生档案和健康监护档案。存在职业病危害的工作场所应设置相应的职业病防护设施，并符合现行国家标准《工业企业设计卫生标准》（GBZ 1）的相关规定。

预制构件企业应确保使用有毒、有害物品的作业场所与生活区、辅助生产区分开，作业场所不应住人；将有害作业与无害作业分开，高毒工作场所与其他工作场所隔离。对可能发生急性职业危害的有毒、有害工作场所，应设置检验报警装置，制订应急预案，配置现场急救用品、设备，设置应急撤离通道和必要的泄险区，定期检查监测。

预制构件企业应组织从业人员进行上岗前、在岗期间、特殊情况应急后和离岗时的职业健康检查，将检查结果书面告知从业人员并存档。对检查结果异常的从业人员，应提醒其及时就医，并定期复查。企业不应安排未经职业健康检查的从业人员从事、接触有职业病危害的作业；不应安排有职业禁忌的从业人员从事禁忌作业。从业人员的职业健康监护应符合现行国家标准《职业健康监护技术规范》（GBZ 188）的规定。各种防护用品、防护器具应定点存放在安全、便于取用的地方，建立台账，并有专人负责保管，定期校验、维护和更换。

（2）职业危害告知

预制构件企业与从业人员签订劳动合同时，应将工作过程中可能产生的职业危害及其后果和防护措施如实告知从业人员，并在劳动合同中写明。按照有关规定，在醒目位置设置公告栏，公布有关职业病防治的规章制度、操作规程、职业病危害事故应急救援措施和工作场所职业病危害因素检测结果。企业对存在或产生职业病危害的工作场所、作业岗位、设备设施，应在醒目位置设置警示标识和中文警示说明；使用有毒物品的作业场所，应设置黄色区域警示线、警示标识和中文警示说明，高毒作业场所应设置红色区域警示线、警示标识和中文警示说明，并设置通讯报警设备。

（3）职业病危害申报

预制构件企业应按照有关规定，及时、如实向所在地安全生产监督管理部门申报职业病危害项目，并及时更新信息。

（4）职业病危害检测与评价

预制构件企业应改善工作场所的职业卫生条件，控制职业病危害因素浓（强）度不超过现行国家标准《工作场所有害因素职业接触限值　第 1 部分：化学有害因素》（GBZ 2.1）、《工作场所有害因素职业接触限值　第 2 部分：物理因素》（GBZ 2.2）规定的限值。企业应对工作场所职业病危害因素进行日常监测，并保存监测记录。存在职业病危害的，应委托具有相应资质的职业卫生技术服务机构进行定期检测，每年至少进行一次全面的职业病危害因素检测；职业病危害严重的，应委托具有相应资质的职业卫生技术服务机构，每 3 年至少进行一次职业病危害现状评价。检测、评价结果存入职业卫生档案，并向安全监管部门报告，向从业人员公布。

定期检测结果中职业病危害因素浓度或强度超过职业接触限值的，企业应根据职业卫生技术服务机构提出的整改建议，结合本单位的实际情况，制订切实有效的整改方案，立即进行整改。整改落实情况应有明确的记录并存入职业卫生档案备查。

4. 警示标志

预制构件企业应按照有关规定和工作场所的安全风险特点，在有重大危险源、较大危险因素和严重职业病危害因素的工作场所，设置明显的、符合有关规定要求的安全警示标志和职业病危害警示标识。其中，警示标志的安全色和安全标志应分别符合现行国家标准《安全色》（GB 2893）和《安全标志及其使用导则》（GB 2894）的规定，道路交通标志和标线应符合现行国家标准《道路交通标志和标线》（GB 5768）（系列标准）的规定，工业管道安全标识应符合现行国家标准《工业管道的基本识别色、识别符号和安全标识》（GB 7231）的规定，消防安全标志应符合现行国家标准《消防安全标志　第 1 部分：标志》（GB 13495.1）的规定，工作场所职业病危害警示标识应符合现行国家标准《工作场所职业病危害警示标识》（GBZ 158）的规定。安全警示标志和职业病危害警示标识应标明安全风险、危险程度、安全距离、防控办法、应急措施等内容，在有重大隐患的工作场所和设备设施上设置安全警示标志，标明治理责任、期限及应急措施；在有安全风险的工作岗位设置安全告知卡，告知从业人员本企业、本岗位主要危险有害因素、后果、事故预防及应急措施、报告电话等内容。

预制构件企业应定期对安全警示标志进行检查维护，确保其完好有效，在设备设施施工、吊装、检维修等作业现场设置警戒区域和安全警示标志，在检维修现场的坑、井、渠、沟、陡坡等场所设置围栏和安全警示标志，进行危险提示、警示，告知危险的种类、后果及应急措施等。

四、安全风险管理

1. 安全风险管理知识

（1）安全风险辨识

预制构件企业应建立安全风险辨识管理制度，组织全员对本单位安全风险进行全面、系统的辨识。安全风险辨识范围应覆盖本单位的所有活动及区域，并考虑正常、异常和紧急 3 种状态及过去、现在和将来 3 种时态。安全风险辨识应采用适宜的方法和程序，且与现场实际相符，对安全风险辨识资料进行统计、分析、整理和归档。

（2）安全风险评估

预制构件企业应建立安全风险评估管理制度，明确安全风险评估的目的、范围、频次、准则和工作程序等，选择合适的安全风险评估方法，定期对所辨识出的存在安全风险的作业活动、设备设施、物料等进行评估。在进行安全风险评估时，至少应从影响人、财产和环境 3 个方面的可能性和严重程度进行分析。

（3）安全风险控制

预制构件企业应选择工程技术措施、管理控制措施、个体防护措施等，对安全风险进行控制，根据安全风险评估结果及生产经营状况等，确定相应的安全风险等级，并对其进行分级分类管理，实施安全风险差异化动态管理，制定并落实相应的安全风险控制措施。预制构件企业应将安全风险评估结果及所采取的控制措施告知相关从业人员，使其熟悉工作岗位和作业环境中存在的安全风险，掌握、落实应采取的控制措施。

（4）变更管理

预制构件企业应建立安全风险变更管理制度。变更前应对变更过程及变更后可能产生的安全风险进行分析，制定风险控制措施，履行审批及验收程序，并告知和培训相关从业人员。

2. 重大危险源辨识和管理

预制构件企业应建立重大危险源管理制度，全面辨识重大危险源，对确认的重大危险源制定安全管理技术措施和应急预案，对重大危险源进行登记建档，设置重大危险源监控系统，进行日常监控，并按照有关规定向所在地安全监管部门备案。

3. 隐患排查治理

（1）隐患排查

预制构件企业应建立隐患排查治理制度，逐渐建立并落实从主要负责人到每位从业人员的隐患排查治理和防控责任制，并按照有关规定组织开展隐患排查治理工作，及时发现并消除隐患，实行隐患闭环管理。企业依据有关法律法规、标准规范等，组织制定各部门、岗位、场所、设备设施的隐患排查治理标准或排查清单，明确隐患排查的时限、范围、内容和要求，并组织开展相应的培训。隐患排查的范围应包括所有与生产经营相关的场所、人员、设备设施和活动，包括承包商和供应商等相关服务范围。

预制构件企业应按照有关规定，结合安全生产的需要和特点，采用综合检查、专业检查、季节性检查、节假日检查、日常检查等不同方式进行隐患排查。对排查出的隐患，按照隐患的等级进行记录，建立隐患信息档案，并按照职责分工实施监控治理。组织有关人员对本企业可能存在的重大隐患做出认定，并按照有关规定进行管理。企业应将相关方排查出的隐患统一纳入本企业隐患管理。

（2）隐患治理

预制构件企业应根据隐患排查的结果，制订隐患治理方案，对隐患及时进行治理，按照责任分工立即或限期组织整改一般隐患。主要负责人应组织制订并实施重大隐患治理方案。治理方案应包括目标和任务、方法和措施、经费和物资、机构和人员、时限和要求、应急预案。在隐患治理过程中，应采取相应的监控防范措施。隐患排除前或排除过程中无法保证安全的，应从危险区域内撤出作业人员，疏散可能危及的人员，设置警戒标志，暂时停产停业或停止使用相关设备设施。

（3）验收与评估

隐患治理完成后，企业应按照有关规定对治理情况进行评估、验收。重大隐患治理完成后，企业应组织本企业的安全管理人员和有关技术人员进行验收或委托依法设立的为安全生产提供技术、管理服务的机构进行评估。

（4）信息记录、通报和报送

预制构件企业应如实记录隐患排查治理情况，至少每月进行一次统计分析，及时将隐患排查治理情况向从业人员通报。应运用隐患自查、自改、自报信息系统，通过信息系统对隐患排查、报告、治理、销账等过程进行电子化管理和统计分析，并按照当地安全监管部门和有关部门的要求，定期或实时报送隐患排查治理情况。

4. 预测预警

预制构件企业应根据生产经营状况、安全风险管理及隐患排查治理、事故等情况，运用定量或定性的安全生产预测预警技术，建立体现本企业安全生产状况及发展趋势的安全生产预测预警体系。

五、应急管理

1. 应急准备

（1）应急管理组织

企业应按照有关规定建立应急管理组织机构或指定专人负责应急管理工作，建立与本企业安全生产特点相适应的专（兼）职应急救援队伍。按照有关规定可以不单独建立应急救援队伍的，应指定兼职救援人员，并与邻近专业应急救援队伍签订应急救援服务协议。

（2）应急预案

企业应在开展安全风险评估和应急资源调查的基础上，建立生产安全事故应急预案体系，制订符合现行国家标准《生产经营单位生产安全事故应急预案编制导则》（GB/T 29639）规定的生产安全事故应急预案，针对安全风险较大的重点场所（设施）制订现场处置方案，并编制重点岗位、人员应急处置卡。

企业应按照有关规定将应急预案报当地主管部门备案，并通报应急救援队伍、周边企业等有关应急协作单位，企业应定期评估应急预案，及时根据评估结果或实际情况的变化进行修订和完善，并按照有关规定将修订的应急预案及时上报当地主管部门备案。

（3）应急设施、装备、物资

企业应根据可能发生的事故种类特点，按照规定设置应急设施，配备应急装备，储备应急物资，建立管理台账，安排专人管理，并定期检查、维护、保养，确保其完好、可靠。

（4）应急演练

企业应按照现行行业标准《生产安全事故应急演练基本规范》（AQ/T 9007）的规定定期组织公司（厂、矿）、车间（工段、区、队）、班组开展生产安全事故应急演练，做到一线从业人员参与应急演练全覆盖，并按照现行行业标准《生产安全事故应急演练评估规范》（AQ/T 9009）的规定对演练进行总结和评估，根据评估结论和演练发现的问题，修订、完善生产安全事故应急预案，改进应急准备工作。

（5）应急救援信息系统建设

矿山、金属冶炼等企业，生产、经营、运输、储存、使用危险物品或处置废弃危险物品的生产经营单位，应建立生产安全事故应急救援信息系统，并与所在地县级以上地方人民政府负有安全生产监督管理职责部门的安全生产应急管理信息系统互联互通。

2. 应急处置

发生事故后，企业应根据预案要求，立即启动应急响应程序，按照有关规定报告事故情况，并开展先期处置：

发出警报，在不危及人身安全的情况下，现场人员采取阻断或隔离事故源、危险源等措施；严重危及人身安全时，应迅速停止现场作业，现场人员采取必要的或可能的应急措施后撤离危险区域。

立即按照有关规定和程序向本企业有关负责人报告，有关负责人应立即将事故发生的时间、地点、当前状态等简要信息向所在地县级以上地方人民政府负有安全生产监督管理职责的有关部门报告，并按照有关规定及时补报、续报有关情况；情况紧急时，事故现场有关人员可以直接向有关部门报告；对可能引发次生事故灾害的，应及时向相关主管部门报告。

研判事故危害及发展趋势，将可能危及周边生命、财产、环境安全的危险性和防护措施等告知相关单位与人员；遇有重大紧急情况时，应立即封闭事故现场，组织本单位从业人员和周边人员疏散，采取转移重要物资、避免或减轻环境危害等措施。

请求周边应急救援队伍参加事故救援，维护事故现场秩序，保护事故现场证据。准备事故救援技术资料，做好向所在地人民政府及其负有安全生产监督管理职责的部门移交救援工作指挥权的各项准备。

3. 应急评估

预制构件企业应对应急准备、应急处置工作进行评估，生产、经营、运输、储存、使用危险物品或处置废弃危险物品时，应每年进行一次应急准备评估。完成险情或事故应急处置后，企业应主动配合有关组织开展应急处置评估。

六、安全事故查处

1. 安全事故报告

预制构件企业应建立安全事故报告程序，明确事故内外部报告的责任人、时限、内容等，并教育、指导从业人员严格按照有关规定的程序报告发生的生产安全事故，妥善保护事故现场以及相关证据，事故报告后出现新情况的，应当及时补报。

2. 调查和处理

预制构件企业应建立内部事故调查和处理制度，按照有关规定、行业标准和国际通行做法，将造成人员伤亡（轻伤、重伤、死亡等人身伤害和急性中毒）和财产损失的事故纳入事故调查和处理范畴。

企业发生事故后，应及时成立事故调查组，明确其职责与权限，进行事故调查。事故调查应查明事故发生的时间、经过、原因、波及范围、人员伤亡情况及直接经济损失等。事故调查组应根据有关证据、资料，分析事故的直接原因、间接原因和事故责任，提出应吸取的教训、整改措施和处理建议，编制事故调查报告。企业应开展事故案例警示教育活动，认真吸取事故教训，落实防范和整改措施，防止类似事故再次发生。根据事故等级，预制构件企业应积极配合有关人民政府开展事故调查。

七、持续改进

预制构件企业每年至少应对安全生产管理体系的运行情况进行一次自评，验证各项安全生产制度措施的适宜性、充分性和有效性，检查安全生产和职业卫生管理目标、指标的完成情况。企业主要负责人应全面负责组织自评工作，并将自评结果向本企业所有部门、单位和从业人员通报。自评结果应形成正式文件，并作为年度安全绩效考评的重要依据。落实安全生产报告制度，定期向业绩考核等有关部门报告安全生产情况，并向社会公示，发生过生产安全责任死亡事故的企业，应重新进行安全绩效评定，全面查找安全生产管理体系中存在的缺陷。

预制构件企业应根据安全生产管理体系的自评结果和安全生产预测预警系统所反映的趋势，以及绩效评定情况，客观分析企业安全生产管理体系的运行质量，及时调整、完善相关制度文件和过程管控，持续改进，不断提高安全生产绩效。

第二节　预制构件质量管理

一、产品质量监督管理

在我国从事产品生产、销售活动，必须遵守《中华人民共和国产品质量法》，虽然建设工程不适用该法规定，但是建设工程使用的建筑材料、建筑构配件和设备适用该法的规定。

1. 质量监督

国务院市场监督管理部门主管全国产品质量监督工作；国务院有关部门在各自的职责

范围内负责产品质量监督工作。

县级以上地方市场监督管理部门主管本行政区域内的产品质量监督工作；县级以上地方人民政府有关部门在各自的职责范围内负责产品质量监督工作。

法律对产品质量的监督部门另有规定的，依照有关法律的规定执行。

2. 质量认证制度

国家根据国际通用的质量管理标准，推行企业质量体系认证制度。企业根据自愿原则可以向国务院市场监督管理部门认可的或国务院市场监督管理部门授权的部门认可的认证机构申请企业质量体系认证。经认证合格的，由认证机构颁发企业质量体系认证证书。

国家参照国际先进的产品标准和技术要求，推行产品质量认证制度。企业根据自愿原则可以向国务院市场监督管理部门认可的或国务院市场监督管理部门授权的部门认可的认证机构申请产品质量认证。经认证合格的，由认证机构颁发产品质量认证证书，准许企业在产品或其包装上使用产品质量认证标志。

生产者、销售者应当建立健全内部产品质量管理制度，严格实施岗位质量规范、质量责任以及相应的考核办法。

国家鼓励推行科学的质量管理方法，采用先进的科学技术，鼓励企业产品质量达到并且超过行业标准、国家标准和国际标准。对产品质量管理先进和产品质量达到国际先进水平、成绩显著的单位和个人，给予奖励。

3. 生产者责任和义务

（1）产品质量

生产者应当对其生产的产品质量负责，产品质量应当检验合格，不得以不合格产品冒充合格产品。产品质量应当符合下列要求：

1）不存在危及人身、财产安全的不合理的危险，有保障人体健康和人身、财产安全的国家标准、行业标准的，应当符合该标准；未制定国家标准、行业标准的，必须符合保障人体健康和人身、财产安全的要求。禁止生产、销售不符合保障人体健康和人身、财产安全的标准和要求的工业产品。

2）具备产品应当具备的使用性能，但是，对产品存在使用性能的瑕疵做出说明的除外。

3）符合在产品或其包装上注明采用的产品标准，符合以产品说明、实物样品等方式表明的质量状况。

（2）产品标识

产品或其包装上的标识必须真实，并符合下列要求：

1）有产品质量检验合格证明。

2）有中文标明的产品名称、生产厂厂名和厂址。

3）根据产品的特点和使用要求，需要标明产品规格、等级、所含主要成分的名称和含量的，用中文相应予以标明；需要事先让消费者知晓的，应当在外包装上标明，或预先向消费者提供有关资料。

4）限期使用的产品，应当在显著位置清晰地标明生产日期和安全使用期或失效日期；

5）使用不当，容易造成产品本身损坏或者可能危及人身、财产安全的产品，应当有警示标志或者中文警示说明。

（3）其他要求

1）生产者不得生产国家明令淘汰的产品。

2）生产者不得伪造产地，不得伪造或冒用他人的厂名、厂址。

3）生产者不得伪造或冒用认证标志等质量标志。

4）生产者生产产品，不得掺杂、掺假，不得以假充真、以次充好，不得以不合格产品冒充合格产品。

二、预制构件工厂质量管理

质量保证体系分为外部质量保证体系和内部质量保证体系。外部质量保证体系一般是指官方成立的组织，如市场监督机构，这些官方组织主要是对企业产品质量管理起领导、监督、协调等作用。内部质量保证体系则是企业为了保证生产质量而主动产生的行为动力和制定的制度保障等，属于内生动力支持下的行为。预制构件质量体系应遵守现行行业标准《工厂预制混凝土构件质量管理标准》（JG/T 565）的要求，预制构件质量体系的规定如下：

1. 质量保证体系

预制构件工厂应建立质量保证体系，并应通过第三方的认证，确保质量保证体系有效地实施。

2. 人员

（1）技术负责人和质量负责人

预制构件工厂应明确技术负责人和质量负责人的职责和权利，由技术负责人对技术和质量工作负总责。技术负责人应具有 10 年以上从事工程施工技术或管理工作经历，具有工程序列高级职称或一级注册建造师执业资格。工厂质量负责人应具有 5 年以上从事工程施工质量管理工作经历，具有工程序列高级职称或注册监理工程师执业资格。技术负责人和质量负责人均应为全职，不应兼职。

（2）主要技术人员、管理人员

预制构件工厂具有工程序列中级以上职称人数应不少于 5 人，专业应包括结构设计、施工、试验、物流安装等。对主要技术人员、管理人员和重要岗位的工作人员进行任职资格确认，有上岗要求的应持证上岗。工厂应制订教育、培训计划，对员工进行教育和培训，建立必要的人员档案，内容包括任职经历、教育背景、职称证书和教育培训记录等。

除上述要求以外，对任职资格有专门规定的，还应符合有关规定。

3. 组织结构

工厂应有能够满足正常生产和质量管理要求的组织结构。

工厂应明确组织结构中各部门的职能和要求，并应明确组织结构中各部门之间的关系。

4. 文件控制

工厂应建立文件形成和控制的程序，包括文件的编制、审核、批准、变更、发放和保存等，应对文件的有效性和适应性进行评审。文件应至少包括：

1）行政法规和规范性文件；

2）技术标准；

3）质量手册、程序文件和规章制度等质量体系文件；

4）图集和图纸等；

5）生产技术规程、操作规程；

6）与生产和产品有关的设计文件和资料。

文件应有受控标识，并应按照规定发放和保存。

直接影响生产和质量管理的各个场合都应能方便得到相应文件的有效版本。有关人员应能正确理解相关文件，并应有效执行。

工厂应及时收回无效或作废文件，不应使用无效或作废文件。为满足法律或积累知识所需要的无效或已作废的文件，应进行适当的标识。

5. 生产工艺与设备

生产设备、设施和机具的数量及其性能以及生产工艺应符合工厂的生产规模、预制构件生产特点和质量要求，并应符合环境保护和安全生产要求。

生产设备应至少包括混凝土生产设备、成型设备、养护设备和吊装设备。

生产设备、设施和机具应维护良好，运行可靠。

工厂应对直接影响生产和预制构件质量的设备进行有效管理，主要包括：

1）建立并保存设备操作规程、使用记录；

2）建立设备维修保养计划和日常检查保养制度；

3）建立并保存设备使用说明书等档案。

计量设备应按有关标准规定进行计量检定或校准，并应采用适宜的方法标明其计量检定或校准状态。

6. 环境

工厂总体布局应合理、环境整洁、道路平整。厂房和生产车间应能满足生产要求。各种设备、设施和机具等应布置合理，各类物品应堆放有序。

各类储仓应维护良好、运行可靠、无明显的锈蚀和污损。各类堆场应平整、分隔清晰。

堆场宜采用硬地坪，并应有可靠的排水系统，各类堆场不应有积水和扬尘。

工厂应通过环境评价和审核批准，生产时产生的噪声、粉尘和污水排放等应有处理措施。

生产过程中产生的废弃物，工厂应有回收利用或合理处置的措施。

7. 试验检测

工厂应有与其生产规模、预制构件生产特点和质量管理要求相适应的试验检测能力，能满足原材料、生产过程和预制构件质量检测的需要。试验检测部门应满足以下要求：

1）试验检验负责人具有工程序列中级及以上职称、5 年以上相关质量检验工作经历；

2）专职检验人员不少于 5 人；

3）试验检验能力满足原材料、混凝土配合比以及生产过程和预制构件质量检验的需要；

4）对于试验检测资质、资格或试验能力等有专门规定的，还应符合有关规定。

检测仪器和设备的数量及其性能等应符合试验检测的要求，并应维护良好、运行可靠。

检测仪器和设备应按有关标准的规定进行检定或校准，并应采用适宜的方法标明其计量检定或校准状态。

检测室的工作条件、采光、温度和湿度等应符合试验检测标准规范的要求。

试验检测的取样、样品制作、养护、试验检测操作等应符合有关标准规范的规定。

8. 纠正和预防

当生产过程中出现缺陷或质量问题时，应及时分析原因，并采取纠正措施。

对潜在的缺陷或质量问题应采取适宜的预防措施，防止产生缺陷或质量问题。

9. 统计分析和持续改进

工厂应定期进行统计分析，正确评价生产过程的质量控制和产品质量以及工厂的质量管理水平和质量保证能力。

工厂应在统计分析的基础上，积极采取措施，持续改进提高质量管理水平和质量保证能力，不断提高产品质量。

工厂宜建立物联网质量控制与追溯机制，运用信息化技术进行质量管理。

10. 记录

预制构件的原材料检验报告及生产过程中质量控制的记录应齐全，结果应满足有关标准、设计文件的要求。记录应包括以下内容：

1）设计及变更文件；

2）原材料质量证明文件和检验报告；

3）混凝土的质量证明文件；

4）钢筋接头的试验报告；

5）钢筋套筒与灌浆连接的匹配性工艺检验报告；

6）预应力筋用锚具、连接器质量证明文件和抽样检验报告；

7）预应力筋安装、张拉的检验记录；

8）预制构件质量处理的方案和验收记录；

9）隐蔽验收记录；

10）其他必要的文件和记录。

第三节　装配式混凝土建筑相关标准和规范

一、国家标准与规范

部分常用装配式混凝土建筑的国家标准与规范、图集汇总见表 3-1。

表 3-1　常用装配式混凝土建筑的国家标准与规范、图集汇总

序号	名称	编号	类型	备注
1	混凝土结构通用规范	GB 55008	强制性国家标准	用于指导装配式混凝土构件的设计，明确构件的构造要求；指导装配式结构工程的现场连接和后浇施工
2	混凝土结构设计规范	GB 50010	强制性国家标准	明确了装配式、装配整体式混凝土结构中各类预制构件及连接构造、吊环的设计和验算原则
3	混凝土结构工程施工质量验收规范	GB 50204	强制性国家标准	用于指导装配式混凝土的隐蔽工程、防水施工、预制构件成型质量、构件进场与性能检验、现场安装连接施工等环节的验收
4	混凝土结构工程施工规范	GB 50666	强制性国家标准	用于指导装配式混凝土结构工程的构件制作、现场吊运与安装、构件连接固定、后处理等环节的施工
5	装配式建筑评价标准	GB/T 51129	推荐性国家标准	采用装配率作为指标，明确了计算参数，对民用建筑进行装配式建筑等级评价
6	建筑结构检测技术标准	GB/T 50344	推荐性国家标准	将装配式混凝土结构分成预制构件、局部现浇混凝土和连接节点等检测专项，提供检测指标，对预制构件质量、构件性能和安装质量等进行分项检测
7	装配式混凝土建筑技术标准	GB/T 51231	推荐性国家标准	用于指导抗震设防烈度为 8 度及 8 度以下地区装配式混凝土建筑的设计、生产运输、施工安装和质量验收
8	绿色建筑评价标准	GB/T 50378	推荐性国家标准	在《装配式建筑评价标准》（GB/T 51129）基础上进一步明确要求，工业化内装部品主要包括整体卫浴、整体厨房、装配式吊顶、干式工法地面、装配式内墙、管线集成与设备设施等

续表

序号	名称	编号	类型	备注
9	装配式混凝土结构技术规程	JGJ 1	行业标准	用于指导民用建筑非抗震设计及抗震设防烈度为6度至8度抗震设计的装配式混凝土结构的设计、施工及验收
10	钢筋机械连接技术规程	JGJ 107	行业标准	用于指导装配式结构混凝土中钢筋机械连接的设计、施工及验收
11	钢筋套筒灌浆连接应用技术规程	JGJ 355	行业标准	用于规范混凝土工程中钢筋套筒灌浆连接的应用
12	预制预应力混凝土装配整体式框架结构技术规程	JGJ 224	行业标准	用于指导非抗震设防区及抗震设防烈度为6度和7度地区的除甲类以外的预制预应力混凝土装配整体式框架结构和框架-剪力墙结构的设计、施工及验收
13	装配式住宅建筑设计标准	JGJ/T 398	推荐性行业标准	用于指导装配式建筑结构体与建筑内浆体集成化建造的新建、改建和扩建住宅建筑设计
14	装配式整体厨房应用技术标准	JGJ/T 477	推荐性行业标准	用于指导住宅建筑装配式整体厨房的设计与选型、施工安装、质量验收和使用维护
15	装配式住宅建筑检测技术标准	JGJ/T 485	推荐性行业标准	用于指导新建装配式住宅建筑在工程施工与竣工验收阶段的现场检测
16	装配式混凝土结构住宅建筑设计示例（剪力墙结构）	15J939-1	国家建筑标准设计图集	用于指导装配式混凝土剪力墙结构住宅建筑的设计
17	装配式混凝土结构表示方法及示例（剪力墙结构）	15G107-1	国家建筑标准设计图集	用于指导装配式混凝土结构中的预制剪力墙构件的制作、吊装
18	预制混凝土剪力墙外墙板	15G365-1	国家建筑标准设计图集	用于指导装配式混凝土结构中的预制混凝土剪力墙外墙板的制作、吊装
19	预制混凝土剪力墙内墙板	15G365-2	国家建筑标准设计图集	用于指导装配式混凝土结构中的预制混凝土剪力墙内墙板的制作、吊装
20	桁架钢筋混凝土叠合板（60 mm 厚底板）	15G366-1	国家建筑标准设计图集	用于指导装配式混凝土结构中的预制桁架钢筋混凝土叠合板的制作、吊装
21	预制钢筋混凝土板式楼梯	15G367-1	国家建筑标准设计图集	用于指导装配式混凝土结构中的预制钢筋混凝土板式楼梯的制作、吊装
22	预制钢筋混凝土阳台板、空调板及女儿墙	15G368-1	国家建筑标准设计图集	用于指导装配式混凝土结构中的预制钢筋混凝土阳台板、空调板及女儿墙的制作、吊装
23	装配式混凝土结构连接节点构造（楼盖和楼梯）	15G310-1	国家建筑标准设计图集	用于指导装配式混凝土结构中的楼盖结构和楼梯连接节点构造的制作与施工
24	装配式混凝土结构连接节点构造（剪力墙）	15G310-2	国家建筑标准设计图集	用于指导装配式混凝土结构中的剪力墙结构连接节点构造的制作与施工

二、实施工程建设强制性标准监督内容、方式、违规处罚决定

《实施工程建设强制性标准监督规定》（中华人民共和国建设部令 第81号）对实施工程建设强制性标准监督内容、监督方式、违规处罚决定如下：

1. 实施工程建设强制性标准监督检查的内容

1）有关工程技术人员是否熟悉、掌握强制性标准；

2）工程项目的规划、勘察、设计、施工、验收等是否符合强制性标准的规定；

3）工程项目采用的材料、设备是否符合强制性标准的规定：

4）工程项目的安全、质量是否符合强制性标准的规定；

5）工程中采用的导则、指南、手册、计算机软件的内容是否符合强制性标准的规定。

2. 实施工程建设强制性标准监督方式

1）国务院建设行政主管部门负责全国实施工程建设强制性标准的监督管理工作。国务院有关行政主管部门按照国务院的职能分工负责实施工程建设强制性标准的监督管理工作。县级以上地方人民政府建设行政主管部门负责本行政区域内实施工程建设强制性标准的监督管理工作。

2）工程建设中拟采用的新技术、新工艺、新材料，不符合现行强制性标准规定的，应当由拟采用单位提请建设单位组织专题技术论证，报批准标准的建设行政主管部门或者国务院有关主管部门审定。工程建设中采用国际标准或者国外标准，现行强制性标准未作规定的，建设单位应当向国务院建设行政主管部门或者国务院有关行政主管部门备案。

3）建设项目规划审查机构应当对工程建设规划阶段执行强制性标准的情况实施监督。施工图设计文件审查单位应当对工程建设勘察、设计阶段执行强制性标准的情况实施监督。建筑安全监督管理机构应当对工程建设施工阶段执行施工安全强制性标准的情况实施监督。工程质量监督机构应当对工程建设施工、监理、验收等阶段执行强制性标准的情况实施监督。

4）建设项目规划审查机关、施工图设计文件审查单位、建筑安全监督管理机构、工程质量监督机构的技术人员必须熟悉、掌握工程建设强制性标准。

5）工程建设标准批准部门应当定期对建设项目规划审查机关、施工图设计文件审查单位、建筑安全监督管理机构、工程质量监督机构实施强制性标准的监督进行检查，对监督不力的单位和个人，给予通报批评，建议有关部门处理。

6）工程建设标准批准部门应当对工程项目执行强制性标准情况进行监督检查。监督检查可以采取重点检查、抽查和专项检查的方式。

3. 实施工程建设强制性标准监督违规处罚决定

1）建设单位有下列行为之一的，责令改正，并处以20万元以上50万元以下的罚款：

①明示或者暗示施工单位使用不合格的建筑材料、建筑构配件和设备的；

②明示或者暗示设计单位或者施工单位违反工程建设强制性标准，降低工程质量的。

2）勘察、设计单位违反工程建设强制性标准进行勘察、设计的，责令改正，并处以10万元以上30万元以下的罚款。有前款行为，造成工程质量事故的，责令停业整顿，降低资质等级；情节严重的，吊销资质证书；造成损失的，依法承担赔偿责任。

3）施工单位违反工程建设强制性标准的，责令改正，处工程合同价款2%以上4%以下的罚款；造成建设工程质量不符合规定的质量标准的，负责返工、修理，并赔偿因此造成的损失；情节严重的，责令停业整顿，降低资质等级或者吊销资质证书。

4）工程监理单位违反强制性标准规定，将不合格的建设工程以及建筑材料、建筑构配件和设备按照合格签字的，责令改正，处50万元以上100万元以下的罚款，降低资质等级或者吊销资质证书；有违法所得的，予以没收；造成损失的，承担连带赔偿责任。

5）违反工程建设强制性标准造成工程质量、安全隐患或工程事故的，按照《建设工程质量管理条例》《建设工程勘察设计管理条例》和《建设工程安全生产管理条例》的有关规定对事故责任单位和责任人进行处罚。

6）有关责令停业整顿、降低资质等级和吊销资质证书的行政处罚，由颁发资质证书的机关决定；其他行政处罚，由建设行政主管部门或有关部门依照法定职权决定。

7）建设行政主管部门和有关行政主管部门工作人员，玩忽职守、滥用职权、徇私舞弊的，给予行政处分；构成犯罪的，依法追究刑事责任。

第四章　抽样统计分析

第一节　统计学概述

统计质量管理是20世纪30年代发展起来的科学管理理论与方法，它把数理统计方法应用于产品生产过程的抽样检验，通过研究样本质量特性数据的分布规律，分析和推断生产过程质量的总体状况，改变了传统的事后把关的质量控制方式，为工业生产的事前质量控制和过程质量控制，提供了有效的科学手段。可以说，没有数理统计方法就没有现代工业质量管理。建筑业虽然是现场型的单件性建筑产品生产，数理统计方法直接在现场施工过程质量检验中的应用，受到客观条件的某些限制，但在装配式预制构件的生产、半成品加工和进场材料的抽样检验、试块试件的检测试验等方面，仍然有广泛的应用。尤其是人们应用数理统计原理所创立的分层法、因果分析图法、排列图法、直方图法等定量和定性方法，对预制构件生产施工环节质量管理都有实际的应用价值。

一、统计学的分科

统计学按照研究的领域和研究的重点不同，可以分为许多类型和分支。各种统计方法从实践中产生之后，经过概括、归纳、总结，形成了统计学的一般理论和方法，即理论统计学。理论统计学又可分为描述统计学和推断统计学。将统计方法运用于某些特定领域的统计问题，又形成了各种应用统计学，如国民经济统计学、企业经营统计学、人口统计学、卫生统计学等。正确认识统计学学科体系，对于全面促进统计科学的繁荣与发展至关重要。

1. 理论统计学

（1）描述统计学

描述统计学研究对现象数量特征的度量与表现方式，包括调查方案的设计、收集数据和整理数据的方法，以及显示数据与分析数据并从中提取有用信息的方法，它是整个统计学的重要基础。在客观世界中，有的现象的数量特征比较直观，如一个学校的学生人数，可以直接对现象的数量特征加以观测和描述。而有的现象，特别是一些复杂的社会经济现象，其数量特征并不容易描述，如对一个国家居民生活水平的描述，涉及居民生活的诸多方面；又如对通货膨胀的描述，涉及众多商品和服务的价格变动；再如对整个国民经济运行整体状况的描述，所涉及的问题就更为复杂。对这类问题的描述涉及许多方面的问题，需要结合所研究现象的实质，确定一些能够反映数量特征的变量或范畴，这些变量或范畴在统计学中也常被称为统计指标。由于一个统计指标只能说明某一个方面的问题，或者同一方面的问题可能用多种统计指标去说明，因此确定各种统计指标时需要对现象进行深入的研究，并且要运用一些特定的统计方法。有的社会经济现象还需要运用若干个相互联系的统计指标，同时反映所研究问题的各个侧面，这些相互联系的统计指标形成一定的统计指标体系。例如，对整个国民经济运行的描述，就要求建立国民经济核算体系去规范有关的概念、分类和指标，规范各种数据的收集方法和数据的处理方式，并规范数据的描述形式。因为统计学研究的领域十分广泛，各种现象的数量特征又有不同的性质和特点，如何正确地运用统计方法描述这些现象的数量特征，是需要专门加以研究的问题。

（2）推断统计学

推断统计学是研究如何根据部分样本数据推论总体数量特征的方法。在某些情况下，我们可以收集到总体的有关数据（如人口普查），这时或许可以直接得到总体的数量特征并揭示其数量规律。但是通常由于客观条件的限制，对总体所有数量特征并不能直接调查与观测，有时可能仅从观测成本考虑，没有必要对构成总体的所有数量特征进行直接观测。如对所生产的灯泡的使用寿命，就不可能将生产的所有产品都用于其使用寿命检验；又如研究全国人口的年龄结构和婚姻状况时，就没有必要对全国每一个人都进行调查。特别是自然现象的总体很多是无限的，如在气象学研究中，气温是随时随地在变化的，事实上我们不可能每时每刻对每个地点全部进行观测。在这些情况下，通常会抽取部分样本进行观测，在此基础上对总体的数量特征做出推断。由于样本只是总体的一部分，样本所包含的总体信息并不完备，而且样本是随机抽取出来的，用样本去推断总体会出现一定的误差，推断的结论是否可靠也不确定。推断统计学根据概率论的原理对推断所产生的不确定性加以度量，研究用样本对总体特征做出更为可靠推断的理论与方法。

显然，描述统计和推断统计都是统计方法论的组成部分。应当强调的是，描述统计是统计学的基础，如果没有描述统计去确定应该观测现象的哪些特征，应该用哪种方式去度量这些数量特征，怎样科学地去描述其数量特征等问题，就没有有效的样本信息，推断统计方法也就只能是无源之水。如果没有描述统计提供准确的样本数据，再高明的推断统计方法也将难以得出正确的结论。同时也应强调，从样本去推断总体的特征是现代统计学的核心，没有推断统计学就不能从数据中揭示总体更深层次的数量规律性，没有推断统计学就不可能使统计方法论更为完善。所以学习和应用统计学既要熟悉描述统计的基本原理，又要掌握推断统计的基本思想和方法。

2. 应用统计学

统计学是一门收集和分析数据的科学。由于在社会科学、自然科学和工程技术的几乎所有研究和实际工作中，都要运用数据来分析和解决问题，因此，统计方法的应用也自然扩展到几乎所有的研究领域。

在经济学、管理学、社会学、人口学、教育学等社会科学研究中，很多问题都需要用统计学方法去描述或分析。例如，研究某些社会或自然因素与犯罪率的关系；研究交通规则及交通设施与交通事故发生率的关系；分析某种教学方式的有效性，就要研究这种教学方式与学生学习成绩分布的关系。人口学中关于人口的出生、死亡、结婚、离婚、就业、性别比例的研究，以及生命表的编制和应用等，都离不开统计方法。在自然科学研究中，统计方法也得到广泛应用。例如，某种实验结果的可靠性研究，需要用统计方法处理实验数据；在农业实验的设计和分析中，对各类种子增产效果的研究，各种配合饲料和喂养方式获得的家禽、家畜增重效果分析；在医药卫生学中，关于吸烟与肺癌发病率关系的分析，关于某种新药治疗效果的研究，都普遍使用统计学方法。在气象学和气象预报科学中，以及地质学、地震学中统计学更是被广泛应用。

从应用的角度看，人们把统计学一般方法论与各领域的实质科学结合起来，形成了各领域的应用统计学。例如，统计方法在生物学中的应用形成了生物统计学；统计方法在医学中的应用形成了医疗卫生统计学；统计方法在风险管理与保险中的应用形成了保险精算学；统计方法在微观企业管理中的应用形成了管理统计学；统计方法在宏观经济中的应用形成了国民经济统计学等。

二、统计学的若干基本概念

1. 变量及统计数据

在统计研究中，说明现象某一特征的概念常被称为变量（variable），变量具有随不同时间或不同空间而变化的特征。变量的具体取值称为变量值或者数据（data）。对于统计所研究的现象来说，数据是有特定内涵的、表明所研究现象某种特征的具体数值。统计数据是所研究的总体或总体单位某一特征的具体表现，是对客观现象进行观测与统计分析的结果。在社会经济统计中，通常把反映现象特征的概念（变量的名称）称为标志，把反映现象数量特征的概念和数值（变量的名称和变量值）称为统计指标。通过实际观测与统计调查取得的变量值，以及运用统计方法加工整理与分析得到的数据，都可称为统计数据。

（1）计量方式

无论是收集总体的数据还是样本的数据，都要对客观现象进行具体的计量，才能获得用来表现客观现象数量特征的数据。由于所表现事物的性质不同，对数据计量的尺度不同，也就可能有多种计量方式。

第一类计量方式为定量尺度，变量表现的是现象的数量特征，如每个工人的年龄、工资收入、工作时间等，这类说明事物数量特征的变量被称为数值型变量或定量变量，其取值是数值型数据。例如，人的体重、身高分别都是变量。某个人的体重为 65 kg，身高为 1.70 m，这些具体数值则是体重和身高这两个定量变量的变量值，即数据。

第二类计量方式为定类尺度，其特点是只能对事物进行平行的分类和分组，各组或各类之间的关系是并列的或平等的，例如，人口的性别、民族、婚姻状况和所在行政区域等。这类数值只是作为各种分类的代码，并不能反映各类的优劣、数量的大小或顺序的前后。由于这种尺度各组或各类间是并列的或平等的，因此这些组或类别的顺序是可以改变的。例如，人口的民族，将哪一类放在前面都是一样的，但各组或各类之间是互相排斥的，也就是说某一个人只能属于其中的一类。

第三类计量方式为定序尺度，是对客观现象各类之间的等级差或顺序差的一种测度，表现为各类或各组之间有一定的顺序，可以比较其大小。利用定序尺度不仅可以将研究对象分成不同的类别，还可以反映各个类别的优劣和顺序。例如，产品的等级可以分为“一等品”“二等品”“三等品”；人们的收入可分为“高”“中”“低”；考试成绩可以分为“优秀”“良好”“中等”“及格”“不及格”等。虽然定序尺度不能表明考试成绩一个“优秀”等于几个“良好”，但是显然“优秀”要好于“良好”，“良好”要好于“中等”。

与定类尺度相比，定序尺度可以区分不同的类别，而且相互之间可以比较其大小或顺序，所以定类尺度比定序尺度的精确性高一些。但定序尺度不同类别之间的差别还不能量化，其差异还不能精确地计量。需要指出的是，有时定量尺度可以转换为定序尺度，例如，百分制的考试成绩可以转化为“优秀”“良好”“中等”“及格”“不及格”五级分制成绩，但是五级分制成绩却不能确切转换为百分制成绩。

（2）变量分类

按照变量的可能取值是否连续，变量可分为连续型变量和离散型变量。连续型变量的取值在数轴上是连续不断的，任意两个变量值之间可有无穷多个变量值，无法一一列举，也就是说在一定区间内可以取任意值。例如，某类物体的尺度、某区域某时间范围的温度、某件产品的使用寿命，均无法将可能的结果全部列举，都是连续型变量。离散型变量是只能用计数的方式取得可数值的变量，通常只能取有限个值的整数值，是可以一一列举的。例如，某地区的人口数，企业的个数等，都是离散型变量。

按照变量的取值是否确定，变量又可分为确定型变量和随机型变量。当变量的影响因素是确定的或可事先控制的时候，变量取值的大小和方向是可以确定的。例如，过去某特定时期的利率、存款准备金率是由中央银行规定的；在研究本年居民消费时，上一年居民的消费支出是既定的；某特定时点全国的人口数是客观存在的确定数值，对于这样的变量称为确定型变量。当变量的影响因素是不确定的随机因素，或变量取决于众多细小的不确定因素时，变量的取值带有随机性，变量的取值不能事先确定。例如，投掷一枚骰子可能出现的点数、当年的消费品价格指数，这样的变量称为随机型变量。在社会经济现象中，既有确定型变量，也有随机型变量。

2. 总体

前面讨论过统计具有总体性，统计所研究的是由同类事物构成的总体的数量特征。所谓总体是根据一定的目的确定的所要研究的事物的全部，它是由客观存在的、具有某种共同性质的众多个别事物构成的整体。例如，要研究中国的人口状况，可以将“中国的全部人口”作为一个总体；要研究预制构件生产企业某月叠合板产品的质量情况，可以将“该企业该月所生产的全部叠合板产品”作为一个总体。可见，某类人的总和、某类物的总和、某类事件（交易）的总和，都可能成为包含众多基本单位的总体。总体是我们所研究的对象的全体。构成总体基本单位的个别事物称为总体单位或称为个体。例如，相对于“中国的全部人口”这个总体，“中国的每一个人”是总体单位或个体，相对于“某企业某月所生产的全部叠合板产品”这个总体，“该企业该月所生产的每块叠合板产品”是相应总体的个体或总体单位。

统计实务所面对的是非常具体的现象，总是强调总体是在一定研究目的下所要面对的具体事物的全部。由于总体中个体的某种特征存在差异，其取值具有不确定性，总体中个体的该特征是随机变量，某特定个体该特征的具体数值是这个随机变量的具体取值。所以，如果不考虑事物的具体内涵，有时也将总体界定为某随机变量，而将该随机变量的取值界定为个体。在这种意义上强调的是一种观念总体而不是实质总体。

（1）总体单位

总体单位是所要研究具体问题的属性，数据的表现者，是总体数量特征的最原始承担者，是从中收集数据的实体，而不是数据本身。总体的数量特征通常无法通过直接观测得到，我们只能对总体单位的特征进行观测。例如，研究全校男学生的平均身高，只能对本校全部或部分男学生的身高加以测量，然后用统计的方法进行测算。原始的统计数据是从对总体单位的观测取得的，所以正确界定总体单位是很重要的。

作为统计研究对象的总体，具有客观性、大量性、同质性、变异性等特征。

首先，统计总体总是与某种研究目的相联系的客观事物，例如，与研究工业企业流动资金周转速度的目的相联系的，是由全部工业企业形成的统计总体；与研究某市居民家庭消费水平的目的相联系的，是由该市所有居民家庭构成的统计总体，它们都是与特定研究目的有关的客观事物。

其次，统计总体总是由大量的总体单位构成，所谓“大量”单位是相对于“个别”单位而言的。各种现象的数量规律性，要在有足够数量的单位组成的总体中才能体现出来。“个别”单位的数量特征可能各不相同，只有大量单位在总体中的综合，才能表现出客观规律发生作用的结果，也才能体现出总体的内在数量规律性。总体这种内在的数量规律性正是统计研究所要寻求的。所以总体总是由相当数量的总体单位所构成。

此外，总体总是依据一定的研究目的由具有同类性质的事物组成。作为一个总体的各个总体单位，至少在某一个方面具有相同性质的特征。总体单位的同质性是它们能够构成一个总体的基础。

在总体中，由于多种因素的影响，各总体单位的数量特征经常存在差异，或者说存在“变异性”，总体内各总体单位的这种变异性是事物的客观属性。在同类事物的总体中，不同的个体除受某些共同因素的影响外，还会受到很多其他非共同因素的影响，因而显示出各自的个体差异。总体单位的数量特征的变异性，与统计学研究对象的差异性或不确定性是相联系的，正是存在这样的变异性，才需要我们运用统计方法去寻求整个总体的共同规律性。反之，对于各个总体单位的特征没有差异的总体，只需从中随意抽取一个单位加以观测，即可知道总体的状况，严格来说也就不需要统计了。

（2）总体分类

总体可分为有限总体和无限总体。构成一个总体的单位数量无论有多少，只要其数量是有限的，就称为有限总体。例如全国人口普查，尽管总体单位数量达十多亿，但它还是有限总体。在现实生活中绝大多数社会经济现象都是有限总体。当总体的单位数量多到无限时，这种总体称为无限总体。例如，一个区域一段时间的平均气温，由于可以在这个区域的任意测量点观测其温度，也可以在这段时间内的任意时点观测其温度，从理论上说可以有无限多个观测点和无限多种观测方式，所取得的观测值可以是无限多的，这样的总体可视为无限总体。

3. 样本

统计研究的目的是确定总体的数量特征，但是通常构成总体的单位数很多，不可能或不必要对每个总体单位逐一加以调查，通常以某种方式从总体中抽取一部分单位作为总体的代表加以研究。例如，从生产的全部灯泡中抽取若干个检验其使用寿命。一般把这种从总体中抽取的部分单位组成的整体，称为该总体的样本。

样本是统计学中非常重要的概念。样本既然是从总体中以某种方式抽取出来的，构成样本的每个单位都是构成该总体的总体单位，它们具有与总体同质的数量特征。一个样本包含的个体数量称为样本容量。由于样本容量可大可小，抽取的方式也各种各样，对于既定的总体来说，用不同方式抽取的样本可能有很多个，每次抽取的样本并不完全相同，所以样本具有随机性。

样本只是总体的代表，要想根据样本得出有关总体特征的结论，必须首先明确该样本代表的总体是什么。抽取样本的目的在于根据样本提供的信息去推断总体的特征。样本毕竟只是总体的一部分，抽取的样本以及获得的样本数量特征均具有随机性，根据样本去推断总体的特征就会存在一定的代表性误差。如何科学地从总体中抽取样本，怎样控制样本对总体的代表性误差，这是推断统计学研究的重要问题。

第二节　统计数据与抽样方法

一、数据的种类和来源

数据是一种未经加工的原始资料，数字、文字、符号、图像、音频、视频等都是数据。现代科学技术使得我们可以获得广阔的数据来源，例如，条形码技术的成熟产生了大量的超市、商品扫描数据；企业资源计划（ERP）系统的广泛实施产生了详细的业务流程数据；客户关系管理（CRM）系统的成熟应用产生了大量客户的消费行为数据；地磁技术的应用产生了大量的交通路况监控数据；城市中铺天盖地的监控摄像头产生了海量的视频图像数据；全球定位系统（GPS）技术的发展产生了巨大的位置数据；以微博微信为代表的移动社交软件的普及产生了海量的文本以及社交关系网络数据等。

1. 数据的种类

（1）按性质分

数据的种类按性质可以分为：

1）定位的，如各种坐标数据；

2）定性的，如表示事物属性的数据（城镇、河流、道路等）；

3）定量的，反映事物数量特征的数据，如长度、面积、体积等几何量或重量、速度等物理量；

4）定时的，反映事物时间特性的数据，如年、月、日、时、分、秒等。

（2）按表现形式分

数据的种类按表现形式可以分为：

1）结构型数据，如各种数字、测量数据及其解释；

2）非结构型数据，如网络日志、音频、视频、图片和地理位置信息等。本章讨论的统计方法主要适用于结构型数据，也可以称为统计数据。

2. 数据的来源

统计数据源于直接组织的调查、观察和科学试验，我们称之为第一手数据或直接的数据；或源于已有的数据，我们称之为第二手数据或间接的数据。

（1）直接获取的数据

在进行科学研究和管理决策时，若没有现成的数据可以利用，就需要专门组织调查、进行科学试验或者从网络上获取。对于社会经济管理和决策而言，主要是通过统计调查的方式获取数据，如客户满意度调查、电视收视率调查、家庭收支情况调查、居民闲暇时间利用调查等。由于抽样调查是一项技术含量相当高的工作，从制订调查方案到抽取样本，从调查到数据整理，从质量控制到研究报告的撰写等，都需要有专门的技能和培训，因此调查公司和调查业因市场的需求而发展迅速。统计调查的方法主要有以下几种。

1）普查。

普查是为某一特定目的，专门组织的一次性全面调查。这是一种摸清国情、国力的重要调查方法。世界各国都定期地（一般是 10 年）进行人口普查、农业普查等。例如，我国在 1982 年进行了第三次全国人口普查，1985 年进行了全国工业普查，1990 年、2000 年和 2010 年分别进行了第四次、第五次和第六次全国人口普查，2004 年年底、2008 年年底和 2013 年年底进行了经济普查。

全国及各省（自治区、直辖市）、市、地区的普查可以摸清基本情况，获得丰富的统计数据。但普查涉及千家万户，所花费的时间、人力、财力和物力都较大，因而只能间隔较长时间进行一次，而两次普查之间的年份以抽样调查方法获得连续的统计数据。

2）抽样调查。

抽样调查是统计调查中应用最广、最为重要的调查方法，它是通过随机样本对总体数量规律性进行推断的调查研究方法。虽然抽样调查不可避免地存在由样本推断总体产生的抽样误差，但统计方法不仅可以估计出误差的大小，而且可以进一步控制这些误差。由于以上这些特点，加之其节省人力、财力、物力，又能保证实效性的特点，抽样调查已经成为科学研究及管理决策最重要的方法之一。

3）科学试验。

在自然科学和工程的研究领域，通常是通过科学试验的方法获得研究的统计数据。例如，某化工厂生产一种新产品，要在不同原料配方的不同水平中选择最优搭配，就要通过最少搭配试验的数据找出最佳方案。在医学研究中通过临床试验的数据分析某种药物或治疗方案的疗效，这部分内容可以参阅试验设计的相关图书资料。

4）网络获取。

由于互联网的普及，从网络上获取各种数据已经相当方便，因而越来越成为数据分析的重要来源。数据库、数据挖掘、机器学习等相关领域的知识和能力已经成为现代数据分析人才的基本技能。但要强调的是，网络参与人群只是一国、一地人口的一部分，网络参与人群的数据不能简单代表总体，不能简单代表全部人群。

除了以上 4 种直接数据来源外，还有音频、视频、图片和地理位置信息等大量非结构型直接数据可以得到，分析的工具也多种多样，读者可以参阅相关书籍进一步学习提高。

（2）间接获取的数据

在科学研究和管理决策中，要善于利用各种现成的数据。这种数据既可以从报纸、图书、杂志、统计年鉴、网络等渠道获得，也可以从调查公司或数据库公司等处购买。近年来，互联网已经成为数据来源的重要渠道，几乎所有的政府机构和大公司都有自己的网站并提供公共访问端口，访问者可以从中获得有用的数据。

二、统计数据的质量

统计的整个工作过程就是对数据的加工过程，从原始数据的收集开始，经过整理、显示、样本信息的提取到总体数量规律性的科学推断，都有一个减少误差、提高数据质量的问题。也就是说，统计数据的质量控制问题是贯穿于统计研究全过程的重要问题。但在不同的统计工作阶段，统计数据误差产生的原因是不同的，严重程度也不同。

统计调查阶段是统计研究的第一步，是直接收集统计数据的阶段。因而这一阶段统计数据的质量如何，直接影响整个统计工作。在这一阶段，从不同的角度分类，可以分为非抽样误差与抽样误差。

非抽样误差是由于调查过程中各有关环节工作失误造成的。它包括调查方案中有关规定或解释不明确所导致的填报错误、抄录错误、汇总错误，不完整的抽样框导致的误差，调查中不回答产生的误差等。非抽样误差在普查、抽样调查中都可能发生。显然，从理论上看，这类误差是可以避免的。克服或降低非抽样误差时，一方面要加强统计调查人员的培训，使他们树立很强的责任心和数据质量意识，加强填报和汇总时的检查：另一方面要掌握获取完整抽样框的方法，以及科学抽样的方法与技术。在非抽样误差中还有一种人为干扰造成的误差，即有意瞒报或低报数据，这是需要给予特别注意的。例如，在填报产量产值时，某些领导好大喜功，虚报产值以图高升；又如，在调查市场物价时，某些负责人为表现自己的工作业绩，无视有关统计的法律法规，强行调低物价指数。这种虚报、低报等瞒报的行为都触犯了《统计法》， 统计人员要坚决抵制并予以揭露。

抽样误差是利用样本推断总体时产生的误差。由于样本只是总体的一部分，用样本的信息去推断总体，或多或少总会存在误差，因而抽样误差对任何一个随机样本来讲都是不可避免的。但它又是可以计量的，并且是可以控制的。在坚持随机原则的条件下，一般来讲，样本的容量越大，抽样误差就越小。确切地说，抽样误差与样本容量的平方根成反比。因而在抽样调查中，随机的原则极其重要。

概括地讲，非抽样误差特别是其中的系统偏差是可以避免的。但如果不注意，这类偏差造成的结果对调查质量来说又是致命的。美国统计学会于 1995 年专门编写了一本题为《调查误差的主要来源是什么？》的小册子，列出了 10 种容易犯的错误并给出了应采取的措施。加强统计数据质量的管理要体现在统计研究的全过程，在描述统计和推断统计阶段都要时刻注意统计方法的科学、准确，注意统计方法的前提条件和假设，要根据统计数据的特点和研究的目的选择统计方法，在统计分析时要注意定性分析与定量分析的结合等。

三、常用的抽样方法

抽样调查是一种常用的统计方法，其目的在于用样本统计量推断人们所关心的总体参数。本节将介绍一些常用的抽样方法。

样本是按照一定的抽样规则从总体中抽取的一部分单位的集合。根据抽取的原则不同，抽样方法有概率抽样和非概率抽样 2 种。概率抽样是根据一个已知的概率来抽取样本单位，也就是说，哪个单位被抽中与否不取决于研究人员的主观意愿，而是取决于客观的机会，即概率。因此，哪个单位被抽中与否完全是随机的。非概率抽样则是研究人员有意识地选取样本单位，样本单位的抽取不是随机的。一般的抽样推断都建立在概率抽样的基础上。因此本节主要介绍一些常用的概率抽样方法。

1. 简单随机抽样

在从总体中抽取 n 个单位作为样本时，要使得每一个总体单位都有相同的机会（概率）被抽中，这样的抽样方式称为简单随机抽样，也称纯随机抽样。它是抽样调查中应用最多的方法之一，也是最基本的抽样方法之一。

简单随机抽样有两种抽取单位的具体方法，即重复抽样和不重复抽样。当从总体中抽取一个单位并加以计量后，把这个单位放回到总体中再抽取第二个单位，直至抽取 n 个单位为止，这样的抽样方法可能会使某一个单位被重复抽中，所以称为重复抽样。例如，扑克牌游戏从 52 张牌中随机地抽出 4 张牌，观察其花色和数字。在随机抽出一张牌并记录其花色与数字后，将这张牌插入全部牌中，洗匀后再抽出第二张牌。由于第一次被抽中的牌在第二次仍有同样被抽中的机会，因而是重复抽样。

如果一个单位被抽中后不再放回总体，然后再从所剩下的单位中抽取第二个单位，直到抽出 n 个单位为止，这样的抽样方法不可能使一个总体单位被重复抽中，所以称为不重复抽样。例如，体育彩票或福利彩票抽奖时，用一个装有若干乒乓球的透明摇号机搅拌均匀后，随机地一个一个地抽出几个乒乓球。某号乒乓球一旦抽出后就不再返回摇号机，因而是不重复抽样。

2. 分层抽样

在抽样之前先将总体的单位划分为若干层（类），然后从各个层中抽取一定数量的单位组成一个样本，这样的抽样方式称为分层抽样，也称分类抽样。

在分层或分类时，应使层内各单位的差异尽可能小，而使层与层之间的差异尽可能大。各层的划分可根据研究者的判断或研究的需要进行。例如，研究的对象为人时，可按性别、年龄等分层；研究收入的差异时，可按城镇、农村分层等。

分层抽样是一种常用的抽样方式。它具有以下优点：第一，分层抽样除可以对总体进行估计外，还可以对各层的子总体进行估计；第二，分层抽样可以按自然区域或行政区域进行分层，使抽样的组织和实施都比较方便；第三，分层抽样的样本分布在各个层内，从而使样本在总体中的分布比较均匀；第四，如果分层抽样做得好，可以提高估计的精度。

例如，假定某大学的商学院想对当年的毕业生进行一次调查，以便了解他们的就业倾向。该学院有 5 个专业：会计、金融、市场营销、经营管理、信息系统。共有 1 500 名毕业生，其中会计专业 500 名，金融专业 300 名，市场营销专业 300 名，经营管理专业 250 名，信息系统专业 150 名。假定要选取 180 人作为样本，各专业按比例应抽取的人数分别为会计专业 60 人，金融专业 36 人，市场营销专业 36 人，经营管理专业 30 人，信息系统专业 18 人。

3. 系统抽样

在抽样中先将总体各单位按某种顺序排列，并按某种规则确定一个随机起点，然后，每隔一定的间隔抽取一个单位，直至抽取 n 个单位形成一个样本。这样的抽样方式称为系统抽样，也称等距抽样或机械抽样。

系统抽样具有以下优点：第一，简便易行。当样本量很大时，简单随机抽样要逐个使用随机数字表抽选也是相当麻烦的，而系统抽样有了总体单位的排序，只要确定抽样的随机起点和间隔后，样本单位也就随之确定，而且可以利用现有的排列顺序，以方便操作。例如，抽选学生时利用学校的花名册，抽选居民时可利用居委会的户口本，等等。因此系统抽样常用来代替简单随机抽样。第二，系统抽样的样本在总体中的分布一般也比较均匀，由此抽样误差通常要小于简单随机抽样。如果掌握了总体的有关信息，将总体各单位按有关标志排列，就可以提高估计的精度。例如，我国农产量调查就是先对一个地区按照过去3年的平均粮食产量从高到低排列，然后从高产量地块随机地找到一个起点，按照一定的距离由高到低抽取地块作为样本。这种方法能够保证抽出的地块产量由高到低均匀分布，因而对总体估计与推断的代表性较高。

4. 整群抽样

调查时先将总体划分成若干群，然后再以群作为调查单位从中抽取部分群，进而对抽中的各个群中所包含的所有个体单位进行调查或观察，这样的抽样方式称为整群抽样。

整群抽样时，群的划分可以是按自然的或行政的区域进行，也可以是人为地组成群。例如，在抽选地区时，可以将一个地区作为一群，然后对该地区全部单位进行调查。在抽取居民进行调查时，可以将一个居民户作为一群，然后对户中每位居民都进行调查。整群抽样的优点是不需要有总体单位的具体名单，而只要有群的名单就可以进行抽样，而群的名单比较容易得到。此外，整群抽样时，群内各单位比较集中，对样本进行调查比较方便，节约费用。当群内的各单位存在差异时，整群抽样可以得到较好的结果，理想的情况是每一群都是整个总体的一个缩影。在这种情况下，抽取很少的群就可以提供有关总体特征的信息。如果实际情况不是这样，整群抽样的误差会较大，效果也就较差。

第三节　质量统计分析方法

一、产品质量检验概念

1. 单位产品与检查批

单位产品是为实施抽样检查的需要而划分的基本单位。它可以自然划分，如一道门或一扇窗等。有些则不可能自然划分，而根据抽样检查的需要划分，如连续体的钢丝，可以将1 m长的钢筋作为单位产品；对于液态产品（外加剂）或散状产品（水泥、粉煤灰等），则可按包装单位划分。

检查批是为实施抽样检查汇集起来的单位产品，称为检查批或批次，它是抽样检查和判定的对象。一个批次通常是由在基本稳定的生产条件下，在同一生产周期内生产出来的同形式、同等级、同尺寸以及同成分的单位产品构成的。该批次包含的单位产品数，称为批量。

2. 单位产品质量及特性

单位产品的质量是以其质量性质特性表示的，简单产品可能只有一项特性，大多数产品具有多项特性。质量特性可分为计量值和计数值两类，计数值又可分为计点值和计件值。计量值在数轴上是连续分布的，用连续的量值来表示产品的质量特性。例如材料的力学性能、化学成分等。当单位产品的质量特性是用某类缺陷的个数度量时，即称为计点的表示方法；当某些质量特性不能定量地度量，而只能简单地分成合格和不合格，或者分成若干等级，这时就称为计件的表示方法，如产品的外观特性。计点值和计件值统称计数值，计数值在数轴上是离散分布的。

在产品的技术标准或技术合同中，通常都要规定质量特性的判定标准。对于用计量值表示的质量特性，可以用明确的量值作为判定标准；对于用计点值表示的质量特性，可以对缺陷数规定一个界限。例如，某材料的某种瑕疵点直径超过 2.0 mm 的才算缺陷。对于用计件值表示的质量特性，则不能用一个明确的量值作为标准，而是直接判定该项是否合格。

在产品质量检验中，通常先按技术标准对有关项目分别进行检查，然后对各项质量特性按标准分别进行判定，最后对单位产品的质量做出判定。这里涉及“不合格”和“不合格品”两个概念。前者是对质量特性的判定；后者是对单位产品的判定，单位产品的质量特性不符合规定时，即为不合格。

3. 抽样的方法

通常是利用数理统计的基本原理在产品的生产过程中或一批产品中随机抽取样本，并对抽取的样本进行检测和评价，从中获取样本的质量数据信息。以获取的信息为依据，通过统计的手段对总体的质量情况做出分析和判断（图 4-1）。

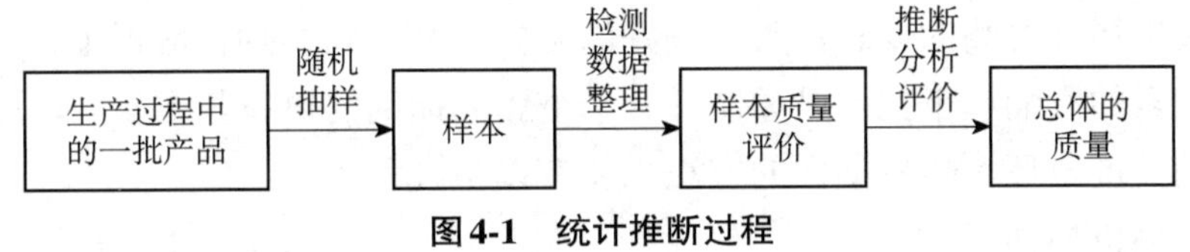

图 4-1　统计推断过程

二、质量数据的收集

从检查批中抽取样本的方法称为抽样方法。抽样方法的正确性主要是指抽样的代表性和随机性。代表性反映样本与批质量的接近程度，而随机性反映检查批中单位产品被抽入样本纯属偶然，即由随机因素决定。在对总体质量状况一无所知的情况下，显然不能以主观的限制条件去提高抽样的代表性，抽样应当是完全随机的，这时采用简单随机抽样最为合理。在对总体质量构成有所了解的情况下，可以采用分层随机抽样或系统随机抽样来提高抽样的代表性。

在采用简单随机抽样有困难的情况下，可以采用代表性和随机性较差的分段随机抽样或整群随机抽样。这些抽样方法除简单随机抽样外，都是带有主观限制条件的随机抽样法。通常只要不是有意识地抽取质量好或坏的产品，尽量从批次的各部分抽样，都可以近似地认为是随机抽样。质量数据的收集方法主要有全数检验和随机抽样检验两种方式，在工程项目上经常采用随机抽样检验的方法。

1. 全数检验

全数检验是一种对总体中的全部个体进行逐个检测，并对所获取的数据进行统计和分析，从而判断每一件产品是否合格的检验方法，从而获得质量评价结论的方法，又称全面检验、普遍检验。全数检验一般应用于重要的、关键的和贵重的制品；对以后工序加工有决定性影响的项目；质量严重不匀的工序和制品；不能互换的装配件；批量小，不必抽样检验的产品。全数检验的最大优势是质量数据全面、丰富，可以获取可靠的评价结论。但是在采集数据过程中要消耗很多人力、物力和财力，需要的时间也较长，检验涉及的费用也较高，增加质量成本。如果总体的数量较少、检测项目比较重要，而且检测方法不会对产品造成破坏时，可以采取这种方法；而对总体数量较多，检测用时较长，或会对产品产生破坏作用时，就不宜采用这种评价方法。

2. 随机抽样检验

随机抽样检验是一种按照随机抽样的原则，从总体中随机抽取部分个体组成样本，并对其进行检测，根据检测的评价结果来推断总体质量状况的方法。它与全面检验的不同之处在于后者需要对整批产品逐个进行检验，把其中的不合格产品拣出来，而抽样检验则根据样本中产品的检验结果来推断整批产品的质量。如果推断结果认为该批产品符合预先规定的合格标准，就予以接收；否则就拒收。所以，经过抽样检验认为合格的一批产品中，还可能含有一些不合格品。随机抽样的方法具有省时、省力、省钱的优势，可以适应产品生产过程中及破坏性检测的要求，具有较好的可操作性。随机抽样应保证抽样的客观性，不能受人为因素的影响和干扰，尽量使每一个个体被抽到的概率基本相同，这是保证检测结果准确性的关键一环。随机抽样的方法主要有以下几种：

（1）完全随机抽样

这是一种简单的抽样方法，是对总体中的所有个体进行随机获取样本的方法，即不对总体进行任何加工，而对所有个体进行事先编号，然后采用客观形成的方式（如抽签、摇号等）确定中选的个体，并以其为样本进行检测。

（2）等距抽样

这是一种机械、系统的抽样方法，通常是将个体按照某一规律进行系统排列、编号，然后均分为若干组（n 组），这时每组有 $K=N/n$ 个个体，并在第一组抽取第一件样品，然后每隔一定间隔抽取出其余样品最终组成样本的方法。在抽取时应当注意所选定的间距（K 值）不能与总体质量特征性值的变动周期一致，以避免抽取到的样品均为同一班次生产的，影响到样本的客观性。

（3）分层抽样

这是一种把总体按照研究目的的某些特性分组，然后在每一组中随机抽取样品组成样本的方法。由于分层抽样要求对每一组都要抽取样品，因此可以保证样品在总体中分布均匀，具有代表性，适合于总体比较复杂的情况。

（4）整群抽样

这是一种把总体按照自然状态分为若干组群，并在其中抽取一定数量的样品组成样本，然后进行检测的方法。这种办法样品相对集中，可能存在分布不均匀、代表性差的问题，在实际操作时需要注意生产周期的变化规律，规避样品抽取的误差。

（5）多阶段抽样

这是一种把单阶段抽样（完全随机抽样、等距抽样、分层抽样、整群抽样的统称）综合运用的方法，适合在总体很大的情况下应用，通过在产品生产的不同阶段进行多次随机抽样，多次评价得出数据，使评价结果更为客观、准确。

3. 全数检验与随机抽样检验的区别

全数抽样检验和随机抽样检验 2 种获取质量数据的方法，各自有不同的优缺点，以及不同的适用范围，两者间主要区别如表 4-1 所示。

表 4-1　随机抽样检验和全数检验的区别

序号	全数检验	随机抽样检验
1	对全部产品逐件进行检验，实际上是判定单位产品是否合格	随机抽取部分产品进行检验，由样本推断产品批是否合格
2	检验工作量大，费时、费力、费用高，经济性差	检验工作量小，可能节省大量人力、物力和时间，有利于降低检验成本
3	当检验本身不出错时，合格批中只有合格品	合格批中可能含有不合格品，不合格批中也可能含有合格品
4	检验工处于长期紧张的工作状态中，易于疲劳，造成检验的无意差错，有可能使不合格品混入合格产品中	检验时间比较充足，有利于减少或避免检验差错，弥补抽样检验固有的缺陷
5	有可能把不合格品判为合格品，或把合格品判为不合格品，错判的是单位产品	有可能把不合格批判定为合格批，或把合格批判定为不合格批，错判的是整批产品
6	当产品不合格时，拒收的仅是单位产品，生产方损失不大	当批不合格时，拒收的是整个产品批，生产方损失严重，迫使生产方不得不重视提高产品质量，强化质量管理
7	检验工无须进行抽样技术的专门训练	检验工需要合理的抽样方案和采样技术，掌握数理统计推断知识和方法
8	适用于费用低、易于判定合格与否的产品检验。对于需要保证每件产品的质量，不允许有不合格品的产品以及涉及人身安全和社会环境安全的产品必须全数检验	适用于大批量生产的产品及广大面积（如资源及社会调查）调查

三、产品质量统计分析方法

数理统计就是用统计的方法，通过收集、整理质量数据，帮助我们分析、发现质量问题，从而及时采取对策措施，纠正和预防质量事故。利用数理统计方法控制质量可以分为3个步骤，即统计调查和整理、统计分析及统计判断：

1）统计调查和整理：收集解决某方面问题需要的数据，将收集到的数据加以整理和归档，用统计表和统计图的方法，并借助一些统计特征值（如平均数、标准差等）来表达这批数据所代表的客观对象的统计性质。

2）统计分析：对经过整理、归档的数据进行统计分析，研究它的统计规律。

3）统计判断：根据统计分析的结果对总体的现状或发展趋势做出有科学根据的判断。

常用的统计分析方法如下。

1. 调查表法

调查表法又称为调查分析法，是利用专门设计的统计表格进行数据收集、整理和统计的一种方法。在材料质量控制活动中，利用统计调查表收集数据，简便灵活，便于整理。它没有固定格式，可根据需要和具体情况，设计出不同的统计调查表。如不合格项目调查表、不合格原因调查表等。表格形式根据需要自行设计，应便于统计和分析。

表4-2混凝土构件外观质量问题调查表为工序质量特性分布统计分析表。该表是为掌握某工序产品质量分布情况而使用的，可以直接把测出的每个质量特性值填在预先制好的频数分布空白表格上，频数分布也就统计出来了。这种方法较简单、直观，但填写统计分析表时易出现差错，而且不易检查，为此，一般都先记录数据，然后用直方图法进行统计分析。

表4-2　混凝土构件外观质量问题调查

产品名称	预制叠合墙板		生产班组		
日生产总数	200块	生产时间	年 月 日	检验时间	年 月 日
检查方式	全数检查		检查员		
项目名称	检查统计			备注	
露筋	7				
蜂窝	11				
孔洞	10				
裂缝	1				
……	……			……	
总计	31				

2. 分层法

分层法又称分类法或分组法，就是将收集到的质量数据按统计分析的需要，进行分类整理，使之系统化、规律化，以便找到产生质量问题的原因，及时采取措施加以预防。分层的结果使数据各层间的差异突出地显示出来，层内的数据差异有所减少。在此基础上进行层间、层内的比较分析，可以更深入地发现和认识质量问题的原因。由于影响产品质量的因素是多方面的，因而对同一批数据，可以按不同性质分层，使我们能从不同角度来考虑、分析产品存在的质量问题和影响因素。

分层抽样的具体程序是把总体各单位分成两个或两个以上的相互独立的完全的组（如钢筋和混凝土），从两个或两个以上的组中进行简单随机抽样，样本相互独立。总体各单位按主要标志加以分组，分组的标志与关心的总体特征相关。

应根据不同情况灵活选用不同的多种分层方法，也可以用几种方法组合进行分层，以便找出问题的症结，如钢筋焊接质量的调查分析，调查了钢筋焊接点 50 个，其中不合格的 19 个，不合格率为 38%，为了查清不合格原因，将收集的数据分层分析。现已查明，这批钢筋是由 3 个师傅操作的，而焊条是 2 个厂家提供的产品，因此，分别按操作者分层和按焊条的供应厂家分层，进行分析。

表 4-3 是按操作者分层，从分析结果中可看出，焊接质量最好的是 A 师傅，不合格率达 35%；表 4-4 是按焊条的供应厂家分层，发现无论是采用甲厂的焊条还是采用乙厂的焊条，不合格率都很高且相差不多。为了找出问题症结所在，笔者又进行了更细的分层，表 4-5 是将操作者与焊条的供应厂家结合起来分层，根据综合分层数据的分析，最终找到了核心是焊条的问题。解决焊接质量问题，可采取以下措施：

1）在使用甲厂焊条时，应采用 B 师傅的操作方法；

2）在使用乙厂焊条时，应采用 A 师傅的操作方法。

表 4-3　按操作者分层

操作者	不合格	合格	不合格率/%
A	6	13	32
B	3	9	35
C	10	9	53
合计	19	11	38

表 4-4　按焊条的供应厂家分层

工厂	合格	不合格	不合格率/%
甲	9	14	39
乙	10	17	37
合计	19	31	38

表 4-5 综合分层分析焊接质量

操作者		甲厂	乙厂	合计
A	合格	6	0	6
	不合格	2	11	13
B	合格	0	3	3
	不合格	5	4	9
C	合格	3	7	10
	不合格	7	2	9
合计	合格	9	10	19
	不合格	14	17	31

3. 排列图法

排列图法也称为主次因素分析图法。

排列图（图 4-2）由两个纵坐标、一个横坐标、几个长方形和一条曲线组成。左侧的纵坐标是频数，右侧的纵坐标是累计频率，横坐标则是影响质量的项目或因素，按影响质量程度的大小，从左到右依次排列，其高度为频数，并根据右侧纵坐标，画出累计频率曲线，又称巴雷特曲线。在排列图上，通常把曲线的累计百分数分为 3 级，与此相对应的因素分 3 类：A 类因素对应频率 0～80%，是影响产品质量的主要因素；B 类因素对应频率为 80%～90%，为次要因素；与频率 90%～100%相对应的为 C 类因素，属一般影响因素。运用排列图，便于找出主次矛盾，使错综复杂的问题一目了然，有利于采取对策，加以改善。

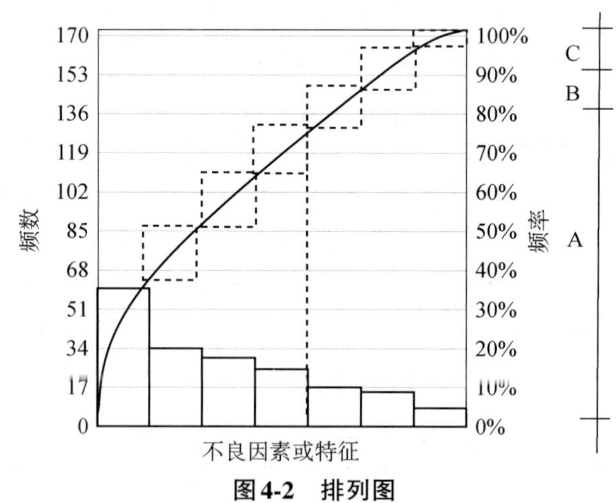

图 4-2 排列图

4. 因果分析图

因果分析图又叫特性要因图、鱼刺图、树枝图，这是一种逐步深入研究和讨论质量问题的图示方法。在工程实践中，任何一种质量问题的产生，往往是多种原因造成的。这些原因有大有小，把这些原因依照大小次序分别用主干、大枝和小枝图形表示出来，便可一目了然地系统观察出产生质量问题的原因。运用因果分析图可以帮助我们制定对策，解决工程质量上存在的问题，从而达到控制质量的目的。

现以混凝土强度不足的质量问题为例来阐明因果分析图的画法（图 4-3）。

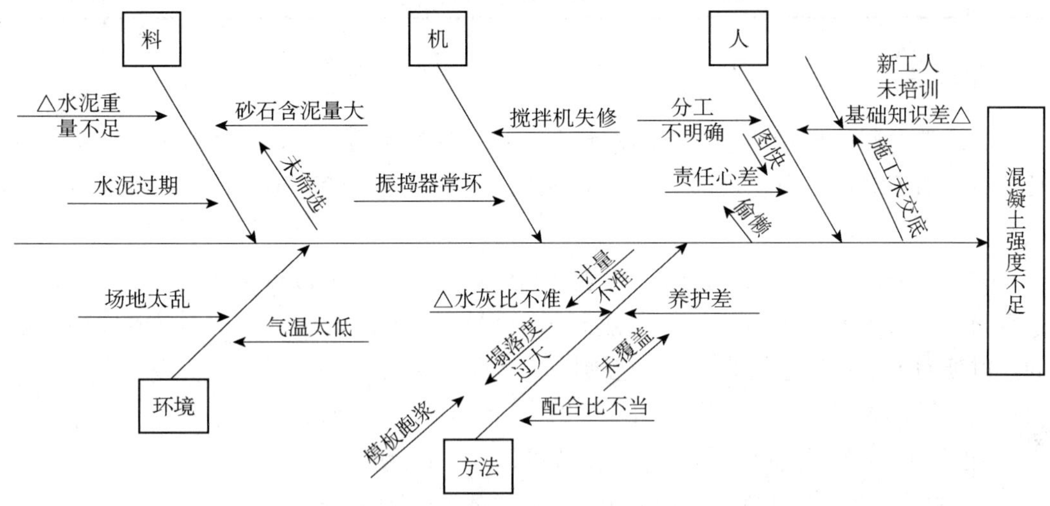

图 4-3　混凝土强度不足因果分析

1）决定特性。特性就是需要解决的质量问题，放在主干箭头的前面。

2）确定影响质量特性的大枝。影响工程质量的因素主要是人、材料、工艺、设备和环境 5 个方面。

3）进一步画出中、小细枝，即找出中小原因。

4）开展技术分析，反复讨论，补充遗漏的因素。

5）针对影响质量的因素制定对策，并落实到解决问题的人和时间，通过对策计划表的形式列出表 4-6，限期改正。

表 4-6　构件质量问题对策计划

项目	序号	问题原因	处理措施	负责人	期限
人	1	基础知识不足	①对新工人进行教育； ②做好技术交底工作； ③学习操作规程及质量标准		
	2	工人责任心不强，有情绪	①加强组织工作，明确分工； ②建立岗位责任制，采取挂牌制； ③关心职工生活		
工艺	3	配合比不准	实验室重新试配		
	4	水灰比控制不严	修理水箱、计量器		
材料	5	水泥量不足	对水泥计量进行检查		
	6	砂石含泥量大	清洗过筛		

续表

项目	序号	问题原因	处理措施	负责人	期限
设备	7	振捣器、搅拌机常坏	增加设备，及时修理		
环境	8	场地乱	清理现场		
	9	气温低	准备草袋覆盖、保温		

5. 相关图

产品质量与影响质量的因素之间常常有一定的依存关系，但它们之间不是一种严格的函数关系，即不能由一个变量的数值精确地求出另一个变量的数值，这种依存关系称为相关关系。

相关图又叫散布图，就是把两个变量之间的相关关系，用直角坐标系表示出来，借以观察判断两个质量特性之间的关系，通过控制容易测定的因素达到控制不易测定的因素的目的，以便对产品或工序进行有效的控制。

相关图的形式：

1）正相关：当 x 增大时，y 也增大，如图 4-4（a）所示；

2）负相关：当 x 增大时，y 却减少，如图 4-4（b）所示；

3）非线性相关：两种因素之间不成直线关系，如图 4-4（c）所示；

4）无相关：y 不随 x 的增减而变化，如图 4-4（d）所示。

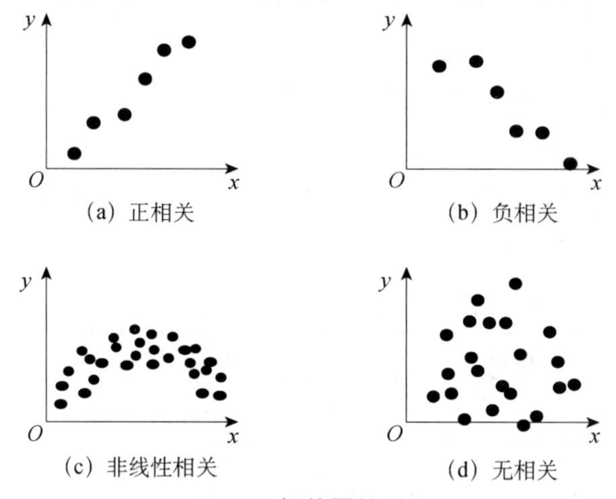

图 4-4　相关图的形式

在质量管理过程中，经常需要对一些重要因素进行分析和控制这些因素大多错综复杂地交织在一起，它们既相互联系又相互制约；既可能存在很强的相关性，也可能不存在相关性。如何对这些因素进行分析，相关图法便是这样一种直观而有效的方法，通过绘制相关图，因素之间繁杂的数据就变成了坐标图上的点，其相关关系便一目了然地呈现出来。

在分析质量事故时，总是希望能够寻找到造成质量事故的主要原因，但影响产品质量的因素往往很多，有时只需要分析具体两个因素之间到底存在着什么关系。此时可将与这两种因素有关的数据列出来，并用一系列点标在直角坐标系上，制作成图形，以观察两种因素之间的关系，这种图就称为相关图，对它进行分析称为相关分析。

6. 直方图

直方图又称质量分布图、矩形图、频数分布直方图，它是将产品质量频数的分布状态用直方形来表示，根据直方的分布形状和与公差界限的距离来探索质量分布规律，分析判断整个生产过程是否正常。

利用直方图，可以制定质量标准，确定公差范围；还可以掌握质量分布规律，判定质量是否符合标准的要求。但其缺点是不能反映动态变化，而且要求收集的数据较多，否则难以体现其规律。

现以大模板边长尺寸误差的测定为例，说明直方图的绘制方法。

1）收集实测数据，见表 4-7。

表 4-7　大模板边长尺寸误差

序号	骨架型号	各次实测的边长误差/mm							
		1	2	3	4	5	6	7	8
1	W1	−2	−3	−3	−4	−3	0	−1	−2
2	W2	−2	−2	−3	−1	+1	−2	−2	−1
3	W3	−2	−1	0	−1	−2	−3	−1	+2
4	W4	0	−5	−1	−4	0	+2	0	−2
5	W5	−1	+3	0	0	−3	−2	−5	+1
6	S1	0	−2	−4	−3	−4	−1	+1	+1
7	S2	−2	−4	−6	−1	−2	+1	−1	−2
8	S3	−3	−1	−4	−1	−3	−1	+2	0
9	S4	−5	−3	0	−2	−4	0	−3	−1
10	S5	−2	0	−3	−4	−2	+1	−1	+1

2）计算极差。

首先从表列数据中找出最大数和最小数，得出误差范围为−6～+4 mm。

$$R=4-(-6)=10\text{ (mm)} \quad (4\text{-}1)$$

3）决定组距和组数。

组数 K 根据数据多少而定，一般数据在 50 个以内时为 5～7 组，数据在 50～100 个时为 6～10 组，数据在 100～250 个时为 7～12 组，数据在 250 个以上时为 10～20 组。

本例共收集 80 个数据，K 取 10 组。

组距 h 则为极差与组数的比值，即

$$h=R/K$$
$$h=R/K=10/10=1\text{ (mm)} \quad (4\text{-}2)$$

4）确定分组的边界值。

所求得的值应为测量单位的整倍数，若不是测量单位的整倍数时可调整其分组数，其目的是使组界值的尾数为测量单位的一半，避免数据落在组界上。

组界的确定应由第一组起。

例：

第一组下界限值 $A_1^{下}=x'_{min}=-6.5$（mm）

第一组上界限值 $A_1^{上}=A_1^{下}+h=-6.5+1=-5.5$（mm）

第二组下界限值 $A_2^{下}=A_1^{上}=-5.5$（mm）

第二组上界限值 $A_2^{上}=A_2^{下}+h=-5.5+1=-4.5$（mm）

其余各组上、下界限值依次类推，各组界限值计算结果见表 4-8。

表 4-8　频数分布

组号	分组区间/mm	频数	频率
1	−6.5～−5.5	1	0.012 5
2	−5.5～−4.5	3	0.037 5
3	−4.5～−3.5	7	0.087 5
4	−3.5～−2.5	13	0.162 5
5	−2.5～−1.5	17	0.212 5
6	−1.5～−0.5	17	0.212 5
7	−0.5～0.5	12	0.15
8	0.5～1.5	6	0.075
9	1.5～2.5	3	0.037 5
10	2.5～3.5	1	0.012 5

编制频数分布表：按上述分组范围，统计数据落入各组的频数，填入表内，计算组的频率并填入表内（表 4-8）。

根据频数分布表中的统计数据可绘制直方图，图 4-5 为频数直方图。

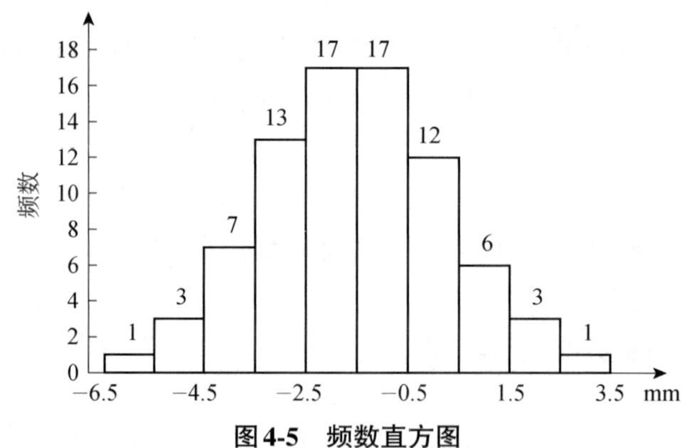

图 4-5　频数直方图

5）直方图的观察分析。

①直方图的图形分析：直方图形象直观地反映了数据分布情况，通过对直方图的观察和分析，可以看出生产是否稳定及其质量的情况。常见的直方图典型形状有以下几种：

正常型：又称对称型，它的特点是中间高、两边低，并呈左右基本对称，说明相应工序处于稳定状态，如图 4-6（a）所示。

孤岛型：在远离主分布中心的地方出现小的直方，形如孤岛，如图 4-6（b）所示。孤岛的存在表明生产过程中出现了异常因素，例如原材料一时发生变化；有人代替操作；短期内工作操作不当等。

双峰型：直方图出现两个中心，呈双峰状。这往往是由于把来自两个总体的数据混在一起作图造成的。如把两个班组或两台设备的数据混为一批，如图 4-6（c）所示。

偏向型：直方图的顶峰偏向一侧，故又称偏坡型，它往往是因计数值或计量值只控制一侧界限造成的，如图 4-6（d）所示。

平顶型：在直方图顶部呈平顶状态。一般是由多个母体数据混在一起造成的，或者在生产过程中有缓慢变化的因素在起作用造成的。如操作者疲劳而造成直方图的平顶状，如图 4-6（e）所示。

陡壁型：直方图的一侧出现陡峭绝壁状态。这是由于人为地剔除一些数据，进行不真实的统计造成的，如图 4-6（f）所示。

锯齿型：直方图出现参差不齐的形状，即频数不是在相邻区间减少，而是隔区间减少，形成了锯齿状。造成这种现象的原因不是生产上的问题，主要是绘制直方图时分组过多或测量仪器精度不够造成的，如图 4-6（g）所示。

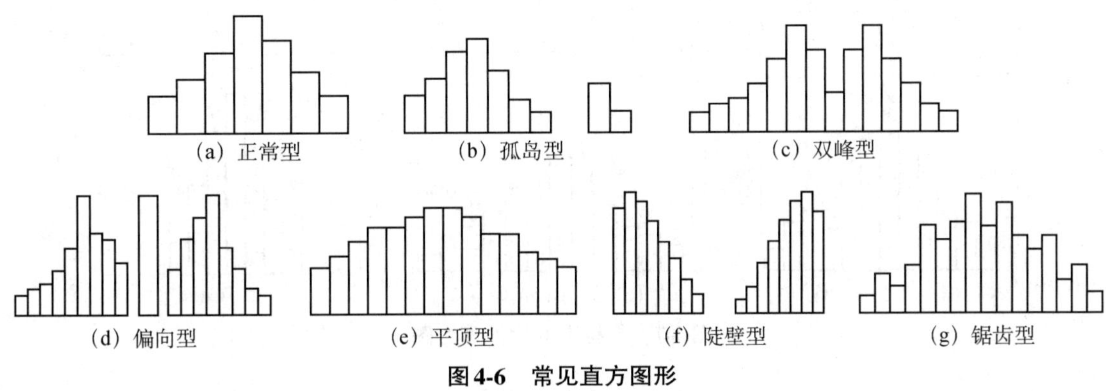

图 4-6　常见直方图形

②对照标准分析比较（图 4-7）：当工序处于稳定状态时，即直方图为正常型，还需进一步将直方图与质量标准进行对比以判定工序满足标准要求的程度。其主要是分析直方图的平均值 x 与质量标准中心重合程度，比较分析直方图的分布范围 B 同公差范围 T 的关系。图 4-7 在直方图中标出了标准范围 T，标准的上偏差 T_U 和下偏差 T_L，实际尺寸范围 B 对照直方图图形可以看出实际产品分布与实际要求标准的差异。各种类型有以下特点：

理想型：实际平均值 $\bar{X}$ 与规格标准中心 μ 重合，实际尺寸分布与标准范围两边有一定余量，约为 $T/8$，如图 4-7（a）所示。

偏向型：虽在标准范围之内，但分布中心偏向一边，说明存在系统偏差，必须采取措施。如果生产状态发生变化，就可能超出质量标准而出现不合格品，如图 4-7（b）所示。

超出型：此种图形反映数据分布过分地偏离规格中心，已经造成超差，出现不合格品。这是由于工序控制不好造成的，应采取措施使数据中心与规格中心重合，如图 4-7（c）所示。

双侧压线型：又称无富余型。分布虽然落在规格范围之内，但两侧均无余地，稍有波动就会出现超差，出现废品。必须立即采取措施，缩小质量分布范围，如图 4-7（d）所示。

能力不足型：又称双侧超越线型。此种图形实际尺寸超出标准线，已产生许多不合格品。说明生产能力不足，应尽快提高能力，缩小质量分布范围，如图 4-7（e）所示。

能力富余型：又称过于集中型。实际尺寸分布与标准范围两边余量过大，属控制过严，质量有富余，不经济。此时对原材料、工艺等适当放宽些，有利于降低成本，如图 4-7（f）所示。

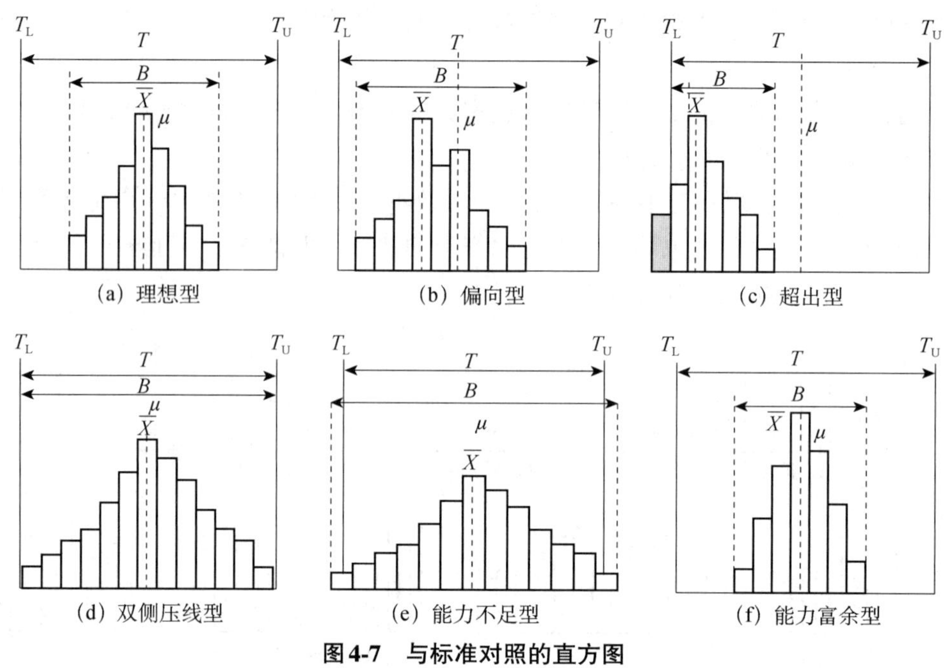

图 4-7　与标准对照的直方图

以上产生质量散布的实际范围与标准范围比较，表明了工序能力满足标准公差范围的程度，也就是施工工序能稳定地生产出合格产品的工序能力。

7. 管理图法

管理图又叫控制图，它是反映生产工序随时间变化而发生的质量变动的状态，即反映生产过程中各个阶段质量波动状态的图形。

质量波动一般有两种情况：一种是偶然性因素引起的波动称为正常波动；另一种是系

统性因素引起的波动则属异常波动。质量控制的目标就是要查找异常波动的因素，并加以排除，使质量只受正常波动因素的影响，符合正态分布的规律。

质量管理图（图 4-8）就是利用上下控制界限，将产品质量特性控制在正常质量波动范围之内。一旦有异常原因引起质量波动，通过管理图就可以看出，能及时采取措施预防不合格品的产生。

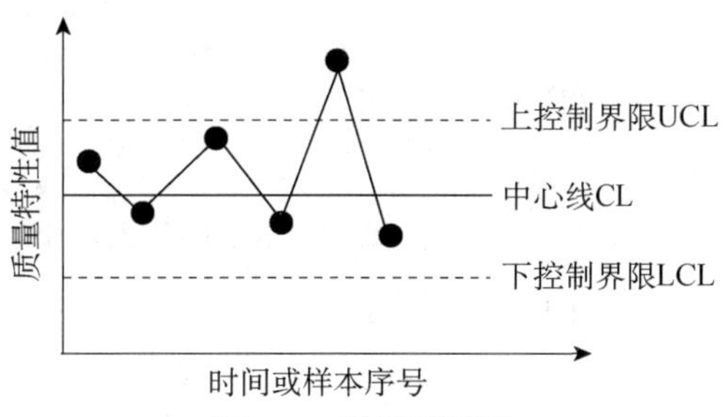

图 4-8　质量管理图

1）管理图分为计量值管理图和计数值管理图两大类（图 4-9）。计量值管理图适用于质量管理中的计量数据，如长度、强度、质量、温度等；计数值管理图则适用于计数数据，如不合格的点数、件数等。

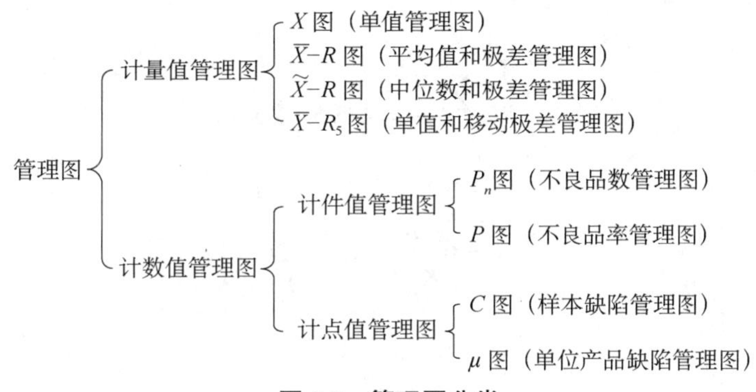

图 4-9　管理图分类

2）管理图的绘制：管理图的种类虽多，但其基本原理是相同的，现仅以常用的 $\bar{X}-R$ 管理图为例介绍作图的步骤。

$\bar{X}-R$ 管理图的作图步骤如下：

①收集数据见表 4-9。

表 4-9　$\bar{X}-R$ 管理图收集数据

样本号	x_1	x_2	x_3	x	R
1	155	166	178	166	23
2	169	161	164	165	8
3	147	152	135	145	17
4	168	155	151	155	17
…	…	…	…	…	…
24	140	165	167	157	27
25	175	169	175	173	6
26	163	171	171	168	8
合计				4 195	407

②计算样本的平均值：

$$\overline{X}_1=\frac{\sum_{i=1}^{n}X_1}{n} \quad (4\text{-}3)$$

本例第一个样本为

$$\overline{X}_1=(155+166+178)/3=166$$

其余类推，计算结果列于表 4-9 中。

③计算样本极差：

$$R_1=X_{max}-X_{min} \quad (4\text{-}4)$$

本例第一个样本为

$$R_1=178-155=23$$

其余类推，计算值列于表 4-9 中。

④计算总平均值：

$$\overline{X}=\frac{\sum\overline{X}}{K}=4\,195\div 26=161 \quad (4\text{-}5)$$

⑤计算极差平均值：

$$\overline{R}=\frac{\sum\overline{R}}{K}=407\div 26=16 \quad (4\text{-}6)$$

⑥计算控制界限：

X 管理图控制界限：

中心线 CL= $\overline{X}$ =161　（4-7）

上控制界限 $UCL=\overline{X}+A_2R=161+1.023\times16=177$　（4-8）

下控制界限 $LCL=\overline{X}-A_2R=161-1.023\times16=145$　（4-9）

上式中 A_2 为 $\overline{X}$ 管理图系数，见表 4-10。

表 4-10　管理图系数

n	A_2	M_3A_2	D_3	D_4	E_2	D_3
2	1.880	1.880		3.267	2.660	0.853
3	1.023	1.187		2.575	1.772	0.888
4	0.729	0.796		2.282	1.457	0.880
5	0.577	0.691		2.115	1.290	0.864
6	0.483	0.549		2.004	1.184	0.848
7	0.419	0.509	0.076	1.924	1.109	0.833
8	0.373	0.432	0.136	1.864	1.054	0.820
9	0.337	0.412	0.148	1.816	1.010	0.808
10	0.308	0.363	0.223	1.727	0.975	0.797

R 管理图的控制界限：

中心线 CL=R=16，因为 n=3，系数表中为 1，故下限不考虑。

式中 D_3、D_4 均为 $\bar{R}$ 管理控制界限系数。

⑦绘制 $\bar{X}-R$ 管理图（图 4-10）。

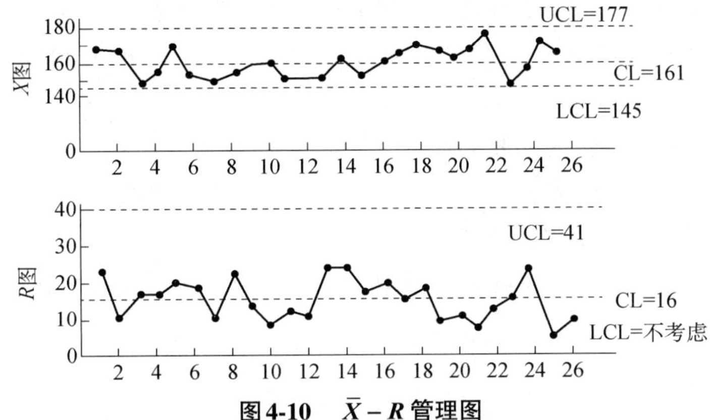

图 4-10　$\bar{X}-R$ 管理图

以横坐标为样本序号或取样时间，纵坐标为所要控制的质量特性值，按计算结果绘出中心线和上下控制界限。

其他各种管理图的作图步骤与 $\bar{X}-R$ 管理图相同，控制界限的计算公式可参见表 4-11。

表 4-11　管理图控制界限的计算公式

分类		图名	中心线	上下控制界限	管理特性
计算值管理图		$\bar{X}$ 图	$\bar{X}$	$\bar{X} \pm A_2\bar{R}$	用于观察分析平均值的变化
		R 图	R	$D_4\bar{R}$ $D_3\bar{R}$	用于观察分析分布的宽度和分散变化的情况
		$\bar{X}$ 图	$\bar{X}$	$\bar{X} \pm \mathrm{m}_3 A_2\bar{R}$	$\bar{X}$ 代 $\bar{X}$ 图，可以不计算平均值
		$\bar{X}$ 图	$\bar{X}$	$\bar{X} \pm E_2\bar{R}$ $X \pm E_2\bar{R}_2$	观察分析单个产品质量特征的变化
		R_S 图	R_S	$D_4\bar{R}_5$	同 R 图，适用于不能同时取得若干数据的工序
计数值管理图	计件值管理图	P 图	$\bar{P}$	$\bar{P} \pm 3\sqrt{\frac{\bar{P}(1-\bar{P})}{n}}$	用不良品率来管理工序
		P_n 图	P_n	$\bar{P}_n \pm \sqrt{P_n(1-p)}$	用不良品数来管理工序
	计点值管理图	C 图	$\bar{C}$	$\bar{C} \pm 3\sqrt{\bar{C}}$	对一个样本的缺陷进行管理
		μ 图	$\bar{\mu}$	$\bar{\mu} \pm \sqrt{\frac{\bar{\mu}}{n}}$	对每一给定单位产品中的缺陷数进行控制

3）管理图的观察与分析：正常管理图的判断规则是图上的点在上下控制界限之间，围绕中心无规律波动，连续 25 个点中，无超出控制界限的点；连续 35 个点中，仅有一点超出控制界限；连续 100 个点中，仅有两点超出控制界限。当点子落在控制界限上时，视为超出界限计算。

管理图出现异常的判断规则：

①连续 7 个点在中心线的同侧。

②有连续 7 个点上升或下降。

③连续 11 个点中，有 10 个点在中心线的同一侧。连续 14 个点中，有 12 个点在中心线的同一侧。连续 17 个点中，有 14 个点在中心线的同一侧。连续 20 个点中，有 16 个点在中心线的同一侧。

④点围绕某一中心线做周期波动。

⑤点接近控制界限，连续 3 点至少 2 点接近控制界限，连续 7 点至少 3 点接近控制界限，连续 10 点至少 4 点接近控制界限。

在观察管理图发生异常后，要分析原因，找出原因，然后采取措施，使管理图所控制的工序恢复正常。

第五章　生产企业质量管理

2018 年以来，装配式建筑受到各地政府和建筑行业的高度关注，各地出台了鼓励装配式建筑产业发展的政策，带动一大批企业和专业人员进入装配式建筑领域，全产业链投资踊跃，全国各地掀起“建设预制工厂和发展装配式建筑的热潮”。目前，装配式建筑正在以北京、上海、深圳等特大城市为引领，迅速拓展到中东部的大中城市，全国推进装配式建筑发展取得了显著成效。但是，预制构件工厂分布不均衡，多数区域预制构件需求市场没有形成，造成预制构件工厂闲置现象比较突出，局部区域预制工厂资源紧缺。

1. 预制构件厂质量管理存在的问题

目前，预制构件工厂主要存在 5 个方面的管理问题：①安全、质量管理水平参差不齐。一些企业的综合水平较高，管理经验较丰富，但是大多数新建工厂的管理人员素质、专业技能一时难以跟上，造成预制构件的质量参差不齐。个别企业在钢筋选用、保温材料、吊装预埋件、内外叶墙拉结件等方面存在安全和质量隐患。②生产效率低，生产成本高。预制构件标准化程度低，工厂专业化分工不够，劳动生产率极低，目前平均效率约 0.5 m^2/（人 • d）。模具摊销成本高、人工费高，造成装配式预制构件生产成本居高不下。虽然销售价格维持在较高水平，但大多数企业也仅仅微利，如果计入土地和流水线设备投资折旧，基本还是无利可图。③企业产品供应不及时。某些企业深化设计水平低，产品错误率高；产业链不完善，模具设计和加工周期长、质量差；信息化管理水平低，预制构件生产计划、储存、运输和安装不协调；多个企业出现不能满足业主需求的违约事件。④人才短缺和人才流动加剧。预制构件工厂数量的爆发式发展，造成有经验的深化设计、产品研发、质量和生产管理人员跳槽频繁，劳务队流动加剧。⑤非本地工厂和挂靠工厂成为安全、质量监管的薄弱地带。

2. 预制构件质量管理要点

预制构件作为工业产品，其出厂合格率应保证 100%。最重要的是要提高预制构件生产时的脱模合格率。根据预制构件生产工艺流程，应重点把控深化设计、模具加工和使用、原材料和配件、混凝土、加工过程以及储存运输等环节的质量。

第一节 构件质量管理基本知识

一、质量与质量管理

1. 质量的概念

（1）质量

在《辞海》中，质量的定义是“事物、产品或工作的优劣程度”。该定义可理解为质量不仅指产品的质量，也包括产品生产活动或过程的工作质量。质量可用形容词来修饰，如“差”“好”“优秀”。

（2）预制构件生产质量

预制构件生产质量是指预制构件生产及其产品的质量，即通过生产使预制构件的固有特性满足建设单位（施工单位）需要并符合国家法律、行政法规和技术标准、规范的要求，包括在安全生产、使用功能、耐久性、环境保护等方面满足所有明示及通常隐含的需要和期望的能力的特性总和。

（3）要求

从质量的概念中可以了解到，质量的内涵是以满足顾客及其他相关要求的能力为标准对产品加以表征（要求指明示的、通常隐含的或必须履行的需求或期望）。在理解质量的概念时，应注意以下几点。

1）“明示的”可以理解为规定的要求，如预制构件混凝土强度是C40。

2）“通常隐含的”是指组织、顾客或其他相关方的惯例或一贯做法，这样的需求或期望是不言而喻的，如化妆品对皮肤的保护等。

3）“必须履行的”是指法律法规的要求或强制性标准的要求。《中华人民共和国产品质量法》第13条规定，可能危及人体健康和人身、财产安全的工业产品，必须符合保障人体健康和人身、财产安全的国家标准、行业标准；《中华人民共和国标准化法》第10条规定，对保障人身健康和生命财产安全、国家安全、生态环境安全以及满足经济社会管理基本需要的技术要求，应当制定强制性国家标准。

4）要求可以由不同的相关方提出，不同的相关方对同一产品的要求可能有所不同。例如，对于汽车产品，顾客的要求是美观、舒适、省油，而社会的要求是不对环境产生污染。

2. 质量概念的发展

随着经济的发展和社会的进步，人们对质量的需求不断提高，质量的概念也不断地深化、发展，具有代表性的质量概念主要有符合性质量、适用性质量、广义质量。

（1）符合性质量

符合性质量将符合现有标准的程度作为衡量的依据。符合标准的质量就是合格的产品质量，符合标准的程度反映了产品质量的一致性。长期以来人们对质量的定义是，只要产品质量符合标准，产品就可以满足顾客的要求，即“合格即质量”。但这个定义忽视了标准有先进和落后之分，一个标准在过去是先进的，到现在可能就是落后的，一个产品即使百分之百符合落后的标准，也不能被认为是质量好的产品。另外，标准也不能将顾客的所有需求和期望都规定出来，尤其是通常隐含的需求和期望。

（2）适用性质量

适用性质量将满足顾客的要求的程度作为衡量的依据。该概念从使用角度定义产品质量，认为产品的质量就是产品适用性，即产品在使用时能成功地满足顾客的要求。

适用性质量的概念要求人们从使用要求和满足程度两个方面去理解质量的实质。在一定程度上，它体现了人们对质量的认识的提升，即逐渐把顾客的要求放在首位。

（3）广义质量

国际标准化组织总结质量的不同概念并加以归纳提炼，得到人们公认的名词术语，即质量是客体的一组固有特性满足要求的程度。这一概念的含义十分广泛，既反映了质量应符合标准的要求（一种狭义的质量概念），也反映了质量应满足顾客及相关方的要求（一种广义的质量概念）。

随着经济的发展和社会的进步，人们对质量的需求不断提高，质量的概念也得到了深化和发展。新的质量观念认为，质量的本质是顾客对一项产品或服务的某些方面做出的评价。质量是顾客通过把产品的各个方面与他感受到的产品所具有的品质联系起来所得出的结论。国外专家对质量的真正内涵做了精辟的概括，一项产品或服务的质量应包括以下几个方面。

1）性能：产品或服务的主要特性，如一辆汽车部件的运行情况，以及乘坐、操作及使用材料的等级等。

2）安全性：产品或服务的危险性、伤害性或有害性，质量合格的产品应把危险性降到最低，如汽车需要安装反锁刹车与安全气囊等。

3）可靠性：产品或服务具备的性能的稳定性，如汽车故障率的高低等。

4）寿命：产品或服务正常发挥功能的持续时间，如汽车的有效行驶公里数、防锈蚀性等。

5）美学性：产品的外观或服务给人的感受。

6）特殊性能：产品或服务的额外特性，如汽车的校准和控制装置通常会为顾客对产品的使用提供一种便利性。

7）一致性：产品或服务满足顾客的要求的程度。

8）会意质量：外界对产品或服务质量的间接评价，如声誉等。

9）售后服务：对顾客提出的问题的解决及对顾客是否满意的确认。

上述9个方面，不仅从企业的角度，而且站在顾客的角度概括了质量的真正内涵。传统的质量观念通常仅关注前4个方面而忽视后5个重要方面。前4个方面是相同性质的产品或服务均应满足的共同质量特性，而后5个方面显示出产品或服务的与众不同，是它们给顾客带来更多的附加价值，从而吸引和留住顾客。面对激烈的市场竞争，企业必须重视质量内涵的后5个方面，尤其是售后服务，它是产品质量的重要内涵之一，是联结企业和顾客的纽带。将产品或服务提供给顾客以后，企业仍要继续关注质量问题。除了应采取措施保证顾客正确使用产品，企业还应了解顾客使用产品或接受服务的现实条件，并认真对待顾客的反馈。许多原因都会导致产品不能像人们希望的那样发挥它们的功能或顾客不能得到优良的服务。然而，无论是什么原因导致了问题的出现，从新的质量观念来看，重要的是要予以补救。

3. 质量特性及特点

（1）质量特性

1）质量特性的概念。

质量特性是指产品、服务、体系和过程与要求有关的属性。特性是指可区分的特征。特性可以是固有的，也可以是赋予的。

①固有特性指某事或某物本来就有的特性，尤其是那种永久的特性，如电池的寿命、螺栓的直径等。

②赋予特性不是固有的，而是人们在完成产品后因不同的要求而使产品增加的特性，如预制构件的价格、预制构件运输方式、手机的售后服务要求等。

③产品的固有特性与赋予特性是相对的，某些产品的赋予特性可能是其他产品的固有特性，如供货时间及运输方式对硬件产品而言属于赋予特性，但对运输服务而言属于固有特性。

质量定义中的关键是“满足要求”。这些“要求”必须转化为有指标的特性，以作为评价、检验和考核的依据。由于顾客的要求是多种多样的，所以反映质量的特性也应该是多种多样的。在质量特性中，有些特性能够定量；有些特性不能定量，只能定性。在实际工作的测量过程中，人们通常把不能定量的特性转换成能够定量的代用质量特性。

预制构件的质量特性主要体现在由预制构件生产、施工形成的建设工程的适用性、安全性、耐久性、可靠性、经济性及与环境的协调性6个方面。

2）质量特性分类。

质量特性可分为真正质量特性和代用质量特性两大类。

①真正质量特性：这类特性为直接反映顾客的要求的质量特性。

②代用质量特性：一般来说，真正质量特性表现为产品的整体质量特性，但它不能完全体现在产品制造规范上。而且在大多数情况下，真正质量特性很难直接进行定量表示，因此人们需要根据真正质量特性确定一些数据和参数来间接反映顾客的要求。这些数据和参数就称为代用质量特性，如轮胎的使用寿命是真正质量特性，而其耐磨度、抗压强度和

抗拉强度属于它的代用质量特性。

由此可见，真正质量特性是顾客的需求或期望，而代用质量特性是企业为实现真正质量特性所作出的规定。

对于产品质量特性，无论是真正质量特性还是代用质量特性，都应定量化，并尽量体现产品在使用时应满足的客观要求。

产品质量特性有内在特性，如结构、性能、精度、化学成分等；有外在特性，如外观、形状、色泽、气味、包装等；有经济特性，如成本、价格、使用费用、维修时间和维修费用等；有商业特性，如交货期、保修期等；还有其他方面的特性，如安全、环境、美观等。质量的适用性是建立在质量特性的基础之上的。

根据质量特性对顾客满意度的影响程度的不同，可对其进行分类管理。常用的质量特性分类方法是将质量特性划分为关键质量特性、重要质量特性和次要质量特性，它们分别如下所述：

①关键质量特性是指超过规定的特性值要求会直接影响产品安全性或使产品整机功能丧失的质量特性。

②重要质量特性是指超过规定的特性值要求会造成产品部分功能丧失的质量特性。

③次要质量特性是指超过规定的特性值要求暂不影响产品功能，但可能会使产品功能逐渐丧失的质量特性。

（2）质量的特点

顾客和其他相关方对产品、服务、体系和过程的质量要求是动态的、发展的和相对的，它将随着时间、地点、环境的变化而变化，即质量具有广义性、时效性和相对性。

1）广义性：在质量管理体系涉及的范畴内，组织的相关方对组织的产品、服务、体系和过程都可能提出要求。而产品、服务、体系和过程都具有固有特性，因此质量不仅指产品的质量，也可指服务、体系和过程的质量。

2）时效性：由于组织的顾客和其他相关方对组织的产品、服务、体系和过程的需求和期望是不断变化的（如原来被顾客认为质量好的产品会因为顾客要求的提高而不再受欢迎），所以，组织应不断地调整质量的要求。

3）相对性：组织的顾客和其他相关方可能会对同一产品提出不同的功能要求，也可能对同一产品的同一功能提出不同的要求。若顾客和其他相关方对产品的功能要求不同，则他们对产品的质量要求也不同，只有满足顾客和其他相关方的不同要求的产品才会被认为是质量好的产品。

4. 质量管理

（1）质量管理概念

质量管理是关于质量的指挥和控制组织的协调活动。质量管理包括制定质量方针和质量目标，以及通过质量策划、质量保证、质量控制和质量改进实现这些质量目标的过程。

（2）预制构件生产质量管理

预制构件生产质量管理是指在预制构件生产和交付验收阶段，指挥和控制生产组织关于质量的相互协调的活动，是预制构件生产围绕着使预制构件产品质量满足质量要求的目标而开展的策划、组织、计划、实施、检查、监督和审核等所有管理活动的总和。它是预制构件生产各级管理职能部门的共同职责，而直接领导预制构件生产的管理人员应负全责。预制构件生产的管理人员必须调动与施工质量有关的所有人员的积极性，共同做好本职工作，才能完成预制构件生产质量管理的任务。

（3）质量管理发展阶段

20 世纪以来，人类跨入了以加工机械化、经营规模化、资本垄断化为特征的工业化时代。质量管理的发展大致经历了如下 3 个阶段。

1）质量检验阶段。

20 世纪初，被誉为科学管理之父的弗雷德里克•泰勒提出了一套新的生产理念，即将计划职能和执行职能分离。管理者和工程师专门负责计划，而监工和工人专门负责执行。质量管理的职能由操作者转移给了工长，从此出现了专职的检验员。随着企业生产规模的扩大和产品复杂程度的提高，产品有了技术标准，大多数企业开始设置检验部门，各种检验工具和检验技术也随之发展。这种质量检验通过在成品中挑出废品来保证出厂产品质量，但这种事后的把关只能剔除次品和废品，不能提高产品质量，无法在生产过程中起到预防作用和控制作用，而且百分之百的检验会增加检验费用，在大批量生产的情况下，其弊端就会凸显出来。

2）统计质量控制阶段。

统计质量控制阶段的特征是数理统计方法与质量管理的结合。1924 年，休哈特提出了控制和预防缺陷的概念，并将数理统计原理运用到质量管理中，还发明了控制图。他认为质量管理不仅要进行事后检验，而且在发现废品出现的先兆时就要进行分析改进，从而预防废品的产生。控制图就是运用数理统计原理进行这种预防的工具。因此，控制图的出现是质量管理从单纯的事后检验进入检验预防的标志，也是一门独立学科开始的标志。

第二次世界大战结束后，美国的许多企业扩大了生产规模，许多民用工业也纷纷采用统计质量控制，统计质量控制得到了广泛应用。20 世纪 50 年代初，这种方法的应用达到高峰，随后又迅速传到许多其他国家。但是，统计质量控制也存在缺陷。它过分强调质量控制的统计方法，使人们误认为质量管理就是统计方法，是统计专家的事情。在计算机和数理软件应用不广泛的情况下，许多人认为质量管理高不可攀、难度很大。

3）全面质量管理阶段。

20 世纪 50 年代以来，随着科学技术和工业生产的发展，人们对质量的要求越来越高。人们运用“系统工程”的概念，把质量问题作为一个有机整体加以综合分析并进行研究，实施全员、全过程、全企业的管理。20 世纪 60 年代，在管理理论上出现了“行为科学”学派，他们主张调动人的积极性、注意人在管理中的作用。随着市场竞争的加剧，尤其是国际市场竞争的加剧，各国企业越来越重视产品责任和质量保证这两个问题，不断加强内部质量管理，确保生产的产品的安全性和可靠性。

在上述背景下，仅仅依赖质量检验和运用统计方法已难以保证和提高产品质量，不能满足社会进步的要求。阿曼德•费根堡姆提出了全面质量管理的概念。所谓全面质量管理，是以质量为中心、以全员参与为基础、以通过使顾客满意并使本组织所有成员及社会受益来实现长期成功为目的的管理途径。日本于 20 世纪 50 年代引进了美国的质量管理方法，并对其进行了发展。其中，最突出的特点就是他们强调从总经理、技术人员、管理人员到工人的全体人员都应参与质量管理。企业对全体职工分层次进行质量管理知识的教育培训，广泛开展群众性质量管理活动，并创造了一些通俗易懂、便于群众参与的管理方法，包括质量管理的“质量控制七工具”（分层法、调查表、排列法、因果图、直方图、控制图和相关图）和新“质量控制七工具”（系统图、关联图、亲和图、矩阵图、箭条图、过程决策程序图以及矩阵数据分析法），为全面质量管理增添了大量新的内容。质量管理的手段也不再局限于数理统计，人们可以运用各种管理技术和方法来进行质量管理。

二、质量检验

1. 质量检验功能

质量检验是对产品的一项或多项质量特性进行观察、测量、试验，并将结果与规定的质量要求进行比较，以确定每项质量特性的合格情况的技术性活动。质量检验在产品质量管理中的主要功能体现在以下 4 个方面。

（1）鉴别功能

根据技术标准、产品图样、作业（工艺）规程或订货合同、技术协议的规定，采用相应的检测方法观察、测量、试验产品的质量特性，判定产品质量是否符合规定的要求，这是质量检验的鉴别功能。鉴别是把关的前提，只有经过鉴别才能判断产品质量是否合格，不进行鉴别就不能确定产品质量的状况，也就难以实现质量把关。因此，鉴别功能是质量检验的各项功能的基础。

（2）把关功能

把关功能是质量检验中最重要、最基本的功能。把关是将鉴别发现的不合格品把住，不交付预期使用的“关口”。

产品的生产过程往往是一个复杂的过程，影响质量的各种因素（人、机、料、法、环）都会在该过程中发生变化，各过程（工序）不可能始终处于相同的技术状态，质量波动是客观存在的。因此，人们必须通过严格的质量检验剔除不合格品并予以隔离，以实现不合格的原材料不投产，不合格的产品组成部分及中间产品不转序、不放行，不合格的产品不交付。

（3）预防功能

现代质量检验区别于传统质量检验的重要之处在于现代质量检验不仅起到把关作用，

而且还起到预防作用。质量检验的预防作用主要表现在以下两个方面。

1）通过测定工序能力和使用控制图起到预防作用。

众所周知，无论是测定工序能力还是使用控制图，都需要通过检验产品来取得一批或一组数据，并对其进行统计处理。进行这种检验不是为了判断该批或该组产品是否合格，而是为了计算工序能力的大小和反映生产过程的状态。若发现工序能力不足，或者通过控制图发现生产过程中出现了异常状态，则要及时采取相应措施，提高工序能力或消除生产过程中的异常因素，预防不合格品的产生。事实证明，这种检验的预防作用是非常有效的。

2）通过工序生产中的首件检验与流动检验起到预防作用。

一批产品在处于初始加工状态时，一般应进行首件检验（首件检验不一定只检查一件），只有当首件检验合格并得到认可时，这批产品才能正式成批投产。此外，当设备进行修理或重新调整后，产品也应进行首件检验，其目的是预防出现大批不合格品。在产品正式成批投产后，为了及时发现生产过程中是否发生变化，以及有无出现不合格品的可能，还要定期或不定期到现场进行巡回检验，一旦发现问题，就要及时采取措施予以纠正，以预防不合格品的产生。

（4）报告功能

为了使相关的管理部门及时掌握产品在生产过程中的质量状况，并评价和分析质量控制的有效性，负责质量检验的人员应对检验获取的数据和信息进行汇总、整理、分析并写成报告，从而为质量控制、质量改进、质量考核、质量监督及管理层进行质量决策提供重要的信息和依据。

2. 质量检验的步骤

（1）质量检验的准备

熟悉规定要求，选择检验方法，制定检验规范。

（2）获取质量检验的样品

样品是质量检验的客观对象，质量特性是客观存在于样品之中的，样品的符合性是客观存在的。在排除其他因素的影响后，可以说样品在客观上决定了质量检验结果。获得样品的途径有两种，一种是送样，另一种是抽样。

（3）试样或试液的制备

在对某些产品或材料进行质量检验时，必须事先制作专门的检测或试验用的试样，或者配制一定浓度、成分的试液。

（4）检测或试验

按已确定的检验方法，对产品质量特性进行定量或定性的观察、测量、试验，得到需要的量值和结果。

（5）记录和描述

对测量的条件、通过测量得到的量值和通过观察得到的技术状态用规范化的格式和要求予以记载或描述，将它们作为客观的质量证据予以保存。

（6）比较和判定

由专职人员将质量检验结果与规定要求进行对照比较，确定每项质量特性是否符合规定要求，从而判定受检产品是否合格。

（7）确认和处置

质量检验人员对质量检验记录和判定结果进行签字确认，并对产品（单件或批）是否可以接收、放行做出处置。

3. 常用的检验方法

在质量检验中，常用的检验方法有很多，人们应根据实际产品的特点和生产过程的需要，选择合适的检验方法。常用检验方法如表 5-1 所示。

表 5-1 常用检验方法

检验分类	检验方法
按检验数量分类	全数检验
	抽样检验
按检验流程分类	进货检验
	过程检验
	最终检验
按判别方法分类	计数检验
	计量检验
按检验的后果性质分类	破坏性检验
	非破坏性检验
按检验人员分类	自检
	互检
	专检
按检验目的分类	生产检验
	验收检验
	监督检验
	验证检验
	仲裁检验
按检验方法分类	感官检验
	理化检验
	试验性使用鉴别
按检验地点分类	固定场所检验
	流动检验（巡回检验）

（1）按检验数量分类

1）全数检验。

全数检验是根据质量标准对送交检验的全部产品逐件进行测定，在挑出不合格品之后，认为其余产品都是合格品的一种检验方法。它又称百分之百检验或全面检验。

虽然全数检验能够提供产品的完整的检验数据和较为充分、可靠的质量信息，给接收者一种心理上的可靠感，但这种方法也存在不足之处。全数检验的缺点主要表现在以下3个方面。

①检验的工作量相对较大，检验的周期长。

②需要配置的资源数量（人力、物力、财力）较多，检验涉及的费用也较高，增加了质量成本。

③可能存在较大的错检率和漏检率。

全数检验的应用场合如下：

①检验对象为重要的、关键的和贵重的制品的场合。

②检验对象为对以后的工序加工有决定性影响的项目的场合。

③检验对象为质量严重不均匀的工序和制品的场合。

④检验对象为不能互换的装配件的场合。

⑤检验对象批量小、不必进行抽样检验的场合。

2）抽样检验。

抽样检验是按照根据数理统计原理预先设计的抽样方案，从待检总体（如一批产品、一个生产过程等）中抽取一个随机样本，对样本中的每一个个体逐一进行检验，获得质量特性的样本统计值，并将所得数据和相应的标准进行比较，从而对总体质量作出判断（接收或拒收、受控或失控）的检验方法。

与全数检验相比，抽样检验具有以下优点：

①检验批量小，避免了过多人力、物力、财力和时间的消耗。

②降低了检验成本。

③缩短了检验周期。

是抽样检验也具有局限性，主要表现在以下几个方面：

①抽样检验是根据数理统计原理设计的，所以在被判为合格的总体中，会混杂一些不合格品。

②抽样检验的结论是对于整批产品而言的，因此错判（如将合格批产品判为不合格批产品而拒收，将不合格批产品判为合格批产品而接收）造成的损失往往很大。

抽样检验的应用场合如下：

①产品批量大、单个产品价值低、质量要求不高的场合。

②检验是破坏性检验的场合。

③检验费用较高的场合。

④检验周期较长的场合。

⑤检验对象是散装或流程性材料的场合。

（2）按检验流程分类

1）进货检验。

进货检验是在企业购进的原材料、外购件和外协件入厂时进行的检验。为了确保外购物料的质量，进货检验应配备专门的质检人员，并按照规定的检验内容、检验方法及检验数量严格认真地进行检验。原材料、外购件和外协件在进厂时必须有合格证或其他合法证明书，否则不予验收。

进货检验的目的是防止不合格品进入仓库，防止因使用不合格品而影响产品质量，进而影响企业信誉或打乱正常的生产秩序。

进货检验应由企业的专职检验人员严格按照技术文件认真检验。进货检验包括首批（件）样品检验和成批进货检验。

①首批（件）样品检验。

首批（件）样品检验是对供应方的样品进行的检验，其目的在于掌握样品的质量水平和审核供应方的质量保证能力，并为今后成批进货提供质量水平的依据。因此，企业必须认真地对首批（件）样品进行检验，必要时还需对其进行破坏性实验、解剖分析等。

首批（件）样品检验的应用场合如下。

a. 首次交货。

b. 在执行合同的过程中，产品设计有较大的改变。

c. 制造过程有较大的变化，如采用了新工艺、新技术或停产 3 个月之后恢复生产等。

d. 对产品质量有新的要求。

②成批进货检验。

成批进货检验是对供应方正常交货的成批货物进行的检验，其目的是防止不符合质量要求的原材料、外购件和外协件等成批进入生产过程，影响产品质量。

根据外购产品的质量要求，应将其按产品质量的影响程度分成 A、B、C 3 类，并在检验时区别对待。

A 类（关键）品：必须进行严格的检验。

B 类（重要）品：可以进行抽检。

C 类（一般）品：可以采用无试验检验，但产品必须有符合要求的合格标识和说明书等。

通过 A、B、C 分类检验，可以将检验工作分出主次，集中力量对 A 类品进行检验，确保产品质量。其中，对 A 类原材料、外购件和外协件的检验应采用全项目检验，当没有条件进行全项目检验时，可采用工艺验证的方式进行检验。

③进货检验中的紧急放行。

紧急放行是因生产需要而对来不及检验的产品放行的做法。

质量部门应在进货检验程序中对紧急放行作出规定，明确紧急放行情况的审批人、责任人，规定可追溯性标识，明确记录的内容及记录如何传递、由谁保存。

对于紧急放行所使用的全部记录，相关人员应按规定认真填写，在保存期内不得丢失或擅自销毁。

紧急放行的操作步骤如下：

a. 当供应商的产品进厂后，对于需要紧急放行的产品，责任部门（一般为资材部或生产部）的责任人根据情况提出紧急放行申请，报经授权人审批。

b. 对紧急放行的产品标注可追溯性标识，同时做好识别记录，记录中应详细记载紧急放行产品的规格、数量、时间、地点、标识方法和供应商的名称及其提供的证据。

c. 在紧急放行的同时，应留取规定数量的样品进行检验，而且检验报告必须尽快完成。

d. 应设置适当的紧急放行的停止点（相应文件规定的某点，未经授权批准，相关人员不能使产品越过该点继续活动），对于流转到停止点上的紧急放行产品，检验人员在接到证明该批产品合格的检验报告后，才能将产品放行。

e. 若经检验发现紧急放行产品不合格，要立即根据可追溯性标识及识别记录将不合格的产品追回。

2）过程检验。

过程检验也称工序检验，是在产品生产过程中对各加工工序之间的产品进行的检验，其目的在于保证各工序生产的不合格半成品不流入下道工序，防止对不合格半成品继续加工，防止出现成批半成品不合格的情况，确保正常的生产秩序。由于过程检验是按生产工艺流程和操作规程进行的检验，所以它能起到验证工艺和保证工艺规程贯彻执行的作用。过程检验通常有以下 3 种形式：

①首件检验。

首件检验是在生产开始时（上班或换班）工序因素调整后（调整工艺、工装、设备等）对制造的第一件或前几件产品进行的检验，其目的是尽早发现过程中的系统因素，防止产品成批报废。

在首件检验中，可实施首件三检制，即操作人员自检、上道工序与下道工序之间的互检和专职检验员检验。当首件产品不合格时，应对其进行质量分析，采取纠正措施，直到再次进行的首件检验合格，才能成批生产产品。

首件检验的应用场合如下：

a. 一批产品开始投产。

b. 设备重新调整或工艺有重大变化。

c. 操作人员变更。

d. 材料发生变化。

②巡回检验。

巡回检验也称流动检验，是检验人员在生产现场按一定的时间间隔对有关工序的产品质量和加工工艺进行的监督检验。

巡回检验人员在过程检验中应进行的检验项目和职责如下：

a. 巡回检验的重点是关键工序处的检验，检验人员应熟悉所负责的检验范围内的工序质量控制点的质量要求、检测方法和加工工艺，并对加工后的产品是否符合质量要求及检验指导书规定的要求负有责任。

b. 检验人员应做好经过检验的合格品、不合格品（返修品）废品的专门存放处理工作。

③末件检验。

末件检验是在当班产品或当批产品加工完毕后，全面检查最后一个（组）加工的产品的检验。通过末件检验可以判断生产结束后的产品质量是否仍在合格状态，同时可以保证下一个班次的首件生产。

末件检验的应用场合如下：

a. 当班交班前。

b. 当批产品生产结束前。

c. 停机生产前。

3）最终检验。

最终检验也称成品检验，其目的在于保证不合格品不出厂。最终检验是在生产结束后、产品入库前对产品进行的全数检验。

最终检验由企业的质量检验机构负责，该检验应按成品检验指导书中的规定进行，对大批量成品的检验一般采用统计抽样检验的方式。

对于最终检验合格的产品，在检验人员签发合格证后，车间才能对其办理入库手续。产品的最终检验主要包含以下 2 个方面：

①外观检验。这种检验一般采用感官检验的方式，有时会结合简单的量具，主要检验产品的外观是否有裂痕、变形、锈蚀、警示语不清楚等情况。

②性能检验。这种检验主要是对产品的技术性能、安全性能和可靠性进行的检验。由于每个产品的技术指标不同，所以技术性能检验因产品而异。安全性能检验主要是为了确保产品使用者的人身安全和产品本身的安全。产品的可靠性是指产品在规定条件下和规定时间内实现规定功能的能力。产品的可靠性检验主要包括环境试验（如高低温试验、盐雾试验、潮热试验等）和寿命试验等。

（3）按判别方法分类

1）计数检验。

计数检验分为计件检验和计点检验。计件检验只区分产品是合格品还是不合格品，通过该检验获得的质量数据为合格品数量、不合格品数量；对于不合格品，不必考虑其偏离标准的程度。计点检验是只需要计算不合格数，不必确定单位产品是否是合格品的检验。

2）计量检验。

计量检验需要测量和记录质量特性的具体数值，取得计量值，并根据所得数据与标准的对比结果判断产品是否合格。该检验方式可用于检验电子元器件的泄漏电流、机械零部件的尺寸、金属材料的机械性能、化工产品的化学成分、灯泡的使用寿命等。

（4）按检验的后果性质分类

1）破坏性检验。

破坏性检验是只有将受检样品破坏才能进行的检验，或在检验过程中受检样品被破坏或被消耗的检验。破坏性检验会使受检样品的完整性遭到破坏，使其不再具有原来的使用功能。寿命试验、强度试验等都属于破坏性检验。随着检验技术的发展，破坏性检验日益减少。破坏性检验只能采用抽样检验的方式来进行。

2）非破坏性检验。

非破坏性检验又称无损检验，是产品在检验时没有受到破坏的检验，或者说是虽然产品在检验过程中有损耗但对产品质量不产生实质性影响的检验。对机械零件的尺寸的检验等都属于非破坏性检验。随着非破坏性检验技术的发展，它的应用范围也逐渐扩大。

（5）按检验人员分类

1）自检。

自检是操作工人对自己加工的产品或零部件进行的检验。自检的目的是使操作工人通过检验了解被加工产品或零部件的质量状况，并据此对生产过程进行不断地调整，从而生产出完全符合质量要求的产品或零部件。

2）互检。

互检是同工种或上道工序的操作工人与下道工序的操作工人相互检验加工产品。互检的目的是使操作工人通过检验及时发现不符合工艺规程的质量问题，以便操作工人及时采取纠正措施，从而保证加工产品的质量。

3）专检。

专检是由企业质量检验机构直接领导且专职从事质量检验的人员进行的检验。

在产品的制程检验中，人们通常采用三检制。

（6）按检验目的分类

1）生产检验。

生产检验是企业在产品的整个生产过程中的各个阶段进行的检验。生产检验的目的在于保证企业生产的产品的质量。

2）验收检验。

验收检验是顾客（需方）在验收企业（供方）提供的产品时进行的检验。它是顾客为了保证验收产品的质量而进行的检验。

3）监督检验。

监督检验是经各级政府主管部门授权的独立检验机构按质量监督管理部门制订的计划，从市场的商品中抽取样品或直接从企业的产品中抽取样品进行的市场抽查监督检验。监督检验的目的是对投入市场的产品的质量进行宏观控制。

4）验证检验。

验证检验是经各级政府主管部门授权的独立检验机构从企业生产的产品中抽取样品，并通过检验来判断企业生产的产品是否符合相关的质量标准要求的检验，如产品质量认证中的型式试验。

5）仲裁检验。

仲裁检验是当供需双方因产品质量发生争议时，经各级政府主管部门授权的独立检验机构抽取样品进行的检验。它可以为仲裁机构提供做出裁决的依据。

（7）按检验方法分类

1）感官检验。

感官检验就是依靠人的感觉器官对质量特性或特征做出评价和判断的检验。例如，对产品的形状、颜色、气味、伤痕、污损、锈蚀和老化程度等特性的检验和评价，往往要靠人的感觉器官来进行。

感觉质量的判定基准用数值表达很难，在检验人员把感觉数量化并进行比较判断的过程中，感官检验结果也常受人的自身个性及状态影响。因此，感官检验的结果往往依赖于检验人员的经验，并有较大的波动性。虽然如此，由于目前理化检验技术发展的局限性及质量检验问题的多样性，感官检验在某些场合仍然可作为质量检验的选择或补充。

感官检验的结果是感觉质量，其表示形式包括如下 4 种。

①数值表示法。该方法将感觉器官作为工具进行计数、计量，并给出检验结果。

②语言表示法。该方法是最常用的感觉质量定性表示方法，它将感觉质量特性的用语和表示程度的质量评价用语组合使用来表示质量。

③图片比较法。该方法将实物质量特性图片和标准图片进行比较，做出质量评价。

④检验样品（件）比较法。该方法将实物产品的质量特性和标准样品（件）、极限样品及程度样品的质量特性进行比较判定。

2）理化检验。

理化检验是主要依靠量检具、仪器、仪表、测量装置或化学方法对产品进行检验来获得检验结果的检验。在条件允许的情况下，对产品的检验应尽可能采用理化检验。

3）试验性使用鉴别。

试验性使用鉴别是通过对产品进行实际使用来观察使用效果的检验。该方法通过对产品进行实际使用，观察产品的使用特性等情况。

（8）按检验地点分类

1）固定场所检验。

固定场所检验是在设立于产品生产过程中的作业场所、场地、工地的固定检验站（点）进行的检验。

固定场所检验适用于检验仪器设备不便移动或使用较频繁的情况。固定检验站（点）的工作环境相对较好，该检验方法也有利于对检验工具或仪器设备的使用和管理。

2）流动检验（巡回检验）。

流动检验是在作业过程中，检验人员到产品生产过程中的作业场地、作业人员和机群处进行检验的方式。

流动检验一般适用于检验工具比较简便且精度要求不高的检验，以及重量大、不适宜搬运的产品。

流动检验的优点如下：

①可及时发现生产过程（工序）中出现的质量问题，使作业人员能及时调整过程参数并纠正不合格的情况，从而避免产生成批废品。

②可以减少搬运和取送中间产品（零件）的工作，防止磕碰、划伤等缺陷的产生。

③可以节省作业人员在检验站排队等待检验的时间。

4. 量检具

（1）常用量检具

1）游标卡尺。

游标卡尺是一种常用的测量长度的精密仪器，它可直接用来测量精度较高的工件的外径、内径、长度、宽度、厚度、高度、深度、角度及齿轮的齿厚等，其应用范围非常广泛。按照其测量功能的不同，游标卡尺通常分为长度游标卡尺、深度游标卡尺和高度游标卡尺。尽管它们的功能不同，但它们都是基于相同的原理设计的。

①长度游标卡尺的结构。游标卡尺主要由主尺、游标尺、内量爪、外量爪、深度尺、紧固螺丝等组成，如图 5-1 所示。主尺上有与钢尺类似的主尺刻度，主尺上的刻度线间距为 1 mm，主尺的长度决定了游标卡尺的测量范围。游标尺上的分格可以为 10 个、20 个或 50 个，它们代表了游标卡尺的精度，10 分度的游标卡尺可精确到 0.1 mm，20 分度的游标卡尺可精确到 0.05 mm，而 50 分度的游标卡尺则可以精确到 0.02 mm。根据精度的不同，游标卡尺通常也可分为 10 分度游标卡尺、20 分度游标卡尺、50 分度游标卡尺。

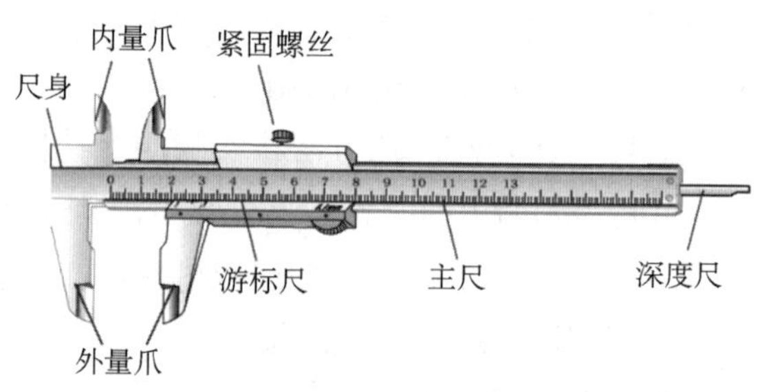

图 5-1 游标卡尺结构

②游标卡尺的读数原理。

以 10 分度游标卡尺为例，其主尺的最小分度是 1 mm，游标上有 10 个小的等分刻度，它们的总长为 9 mm，因此游标的每一分度与主尺的最小分度相差 0.1 mm，当左右量爪贴合在一起时，游标尺的零刻度线与主尺的零刻度线重合，游标尺的第 10 条刻度线与主尺的 9 mm 刻度线重合，其余的刻度线都不重合，如图 5-2 所示。

游标卡尺的读数结构由主尺和游标尺 2 个部分组成。当游标尺向右移动到某一位置时，固定量爪与活动量爪之间的距离就是所测物体的尺寸。此时所测物体尺寸的整数部分可在游标尺零线左边的主尺刻度线上读出来，而对于比 1 mm 小的小数部分，可借助游标尺将其读出。

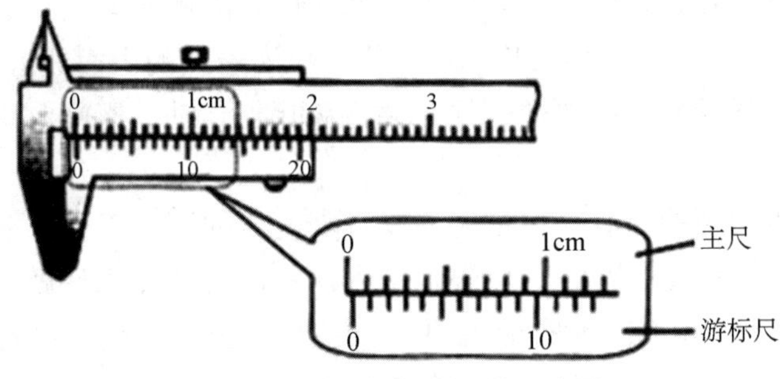

图 5-2　10 分度游标卡尺的制度原理

以 10 分度游标卡尺为例，读数分为 3 个步骤。

a. 读出游标尺零线左侧的主尺上的毫米整数。

b. 查看游标尺上哪一条刻度线与主尺上的刻度线对齐，记录从游标尺零线到对齐的刻度线之间的所有格数，并将格数乘以 0.1（对于 20 分度游标卡尺，应乘以 0.05；对于 50 分度游标卡尺，应乘以 0.02）。

c. 把主尺上的毫米整数和游标尺上的小数加起来，便得到所测物体的尺寸。

③游标卡尺的使用方法。

对量具的使用是否合理，不仅直接影响测量准确度，而且会对量具本身造成影响，因此，人们必须重视对量具的正确使用，提高自身测量技术，以获得正确的测量结果，并保证产品质量。

当使用游标卡尺测量零件尺寸时，必须注意以下几点。

a. 测量前应把卡尺擦干净，检查卡尺的两个测量面和测量刃口是否平直无损，两个量爪在紧密贴合时应无明显的间隙，游标尺和主尺的零刻度线要相互对准。这个过程称为校对游标卡尺的零位。

b. 在移动尺框时，其活动要自如，该过程不应出现过松或过紧的现象，更不能有晃动现象。用紧固螺丝固定尺框时，卡尺的读数不应有所改变。在移动尺框时，不要忘记松开紧固螺丝，也不能使螺丝过松，以免其掉落。

c. 在用游标卡尺测量零件时，不应过分地施加压力，所用压力应使两个量爪刚好接触零件表面。测量压力过大不但会使量爪弯曲或磨损，而且会使量爪在压力作用下产生弹性变形，使测量得到的尺寸不准确（外尺寸小于实际尺寸，内尺寸大于实际尺寸）。

d. 在测量零件的外尺寸时，卡尺的两个测量面的连线应垂直于被测量面，不能歪斜。在测量过程中，可以轻轻摇动卡尺，使其垂直。

测量外尺寸的正确做法是先把卡尺的活动量爪张开，使量爪能自由地卡住工件，把零件贴靠在固定量爪上，然后移动尺框，用轻微的压力使活动量爪接触零件。若卡尺带有微动装置，则可拧紧微动装置上的紧固螺丝，再转动调节螺母，使活动量爪接触零件并读取尺寸。绝不可把卡尺的两个量爪调节到接近甚至小于所测尺寸，再把卡尺强行卡到零件上。

这样会使量爪变形，或使测量面过早受到磨损，使卡尺失去应有的精度。

e. 在测量零件的内尺寸时，要使活动量爪分开的距离小于所测内尺寸，当它进入零件内孔后，再慢慢使其张开并轻轻接触零件内表面，用紧固螺丝固定尺框后，轻轻取出卡尺来读数。在取出活动量爪时，用力要均匀，并使卡尺沿着孔的中心线方向滑出，不可歪斜，以免量爪扭伤、变形或受到不必要的磨损，并避免尺框走动、影响测量精度。

2）圆孔塞规。

圆孔塞规是一种常用的量具，它是一种没有刻度线的测量工具，不能测量工件的实际尺寸，只能测量待测工件是否在它的极限范围内，从而对待测工件做出是否合格的判断。

圆孔塞规为圆柱形状，它有两个圆柱头，一头称为通端，是根据孔径的允许偏差下限制成的；另一头称为止端，是根据孔径的允许偏差上限制成的。这种塞规用来检查孔的直径，其外形如图 5-3 所示。

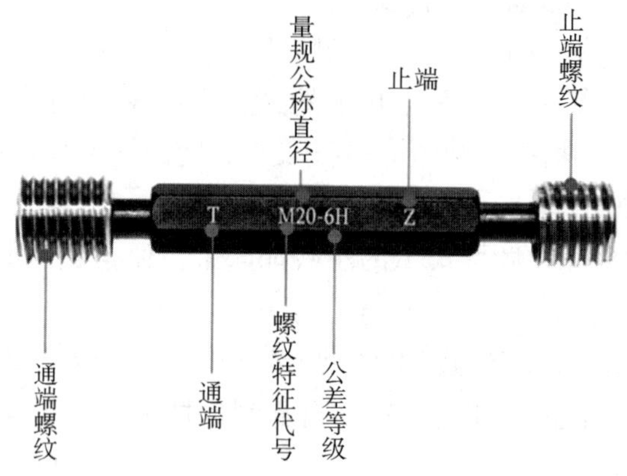

图 5-3　圆孔塞规的外形

在用圆孔塞规检测孔径时，若通端能塞进孔中而止端塞不进去，则此孔径是合格的，即它的尺寸在公差范围之内，否则它就是不合格的，如图 5-4 所示。若止端能通过该孔，则该孔因孔径过大而不合格，而且不能再次加工；如果通端不能通过该孔，则该孔孔径过小，也不合格，但是人们可以通过再次加工使之合格。

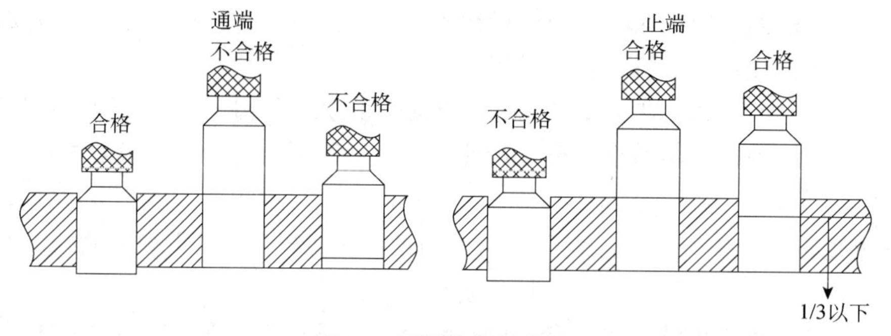

图 5-4　圆孔塞规的使用

在使用圆孔塞规前应先检查测量面，测量面不能有锈迹、坯锋、划痕、黑斑等，不能用圆孔塞规检测不清洁的工件。在测量时，将圆孔塞规顺着孔的轴线插入或拔出，不能使其倾斜；当圆孔塞规塞入孔内后，不能转动或摇晃圆孔塞规。

在测量通孔时，通端能自由贯通孔的全域、止端不能进入超过孔全域的 1/3 的部分的情况为“OK”，若两端都可进入孔全域的 1/3 或其中一端进入了孔全域的 1/3 以上的部分，则该情况为“NG”（No Good）。

在测量不通孔时，应施加 100 N 的力，使通端进入孔全域的 2/3 以上的部分，而止端不能进入超过孔全域的 1/3 的部分，此时的情况为“OK”。止端进入超过孔全域的 1/3 的部分的情况为“NG”。

3）螺纹规。

螺纹规又称螺纹通止规、螺纹量规，通常用来检验判定螺纹的尺寸是否合格。根据不同的螺纹规所检验的螺纹的不同，它们可分为螺纹塞规和螺纹环规。

螺纹塞规是用来检验内螺纹尺寸是否合格的量具，可分为普通粗牙螺纹塞规、细牙螺纹塞规和管子螺纹塞规 3 种。螺纹塞规如图 5-5 所示，与圆孔塞规一样，螺纹塞规也是一头为通端，另一头为止端的量具。

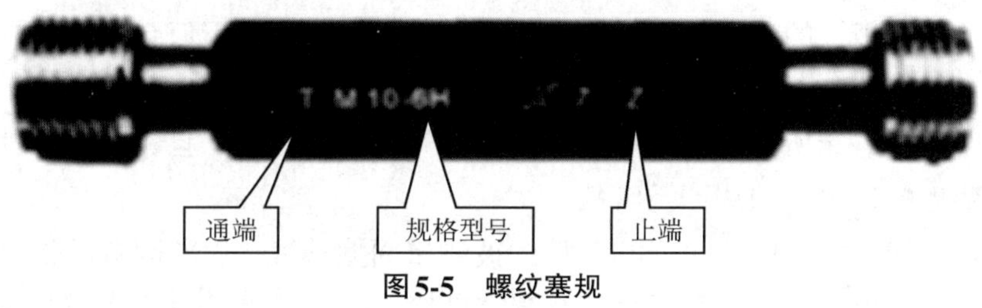

图 5-5　螺纹塞规

在使用螺纹塞规时，应使螺纹塞规的通端与被测螺纹对正，用大拇指与食指转动螺纹塞规或被测螺纹，使其在自由状态下旋转。在通常情况下，通端可以在被测螺纹的任意位置转动，若通端通过全部螺纹长度，则螺纹合格，否则其为不合格品；当止端与被测螺纹对正后，止端旋入螺纹的长度在 2 个螺距之内的情况为合格，若使用者强行用力使止端通过，则螺纹会被判为不合格品。

螺纹环规是用来检验外螺纹尺寸是否合格的量具。螺纹环规一套两件，分为通端和止端，如图 5-6 所示。

图 5-6　螺纹环规

在使用螺纹环规时，应先将被测螺纹上的油污、杂质清理干净，然后用拇指与食指转动通端与被测螺纹，使其在自由状态下旋合通过螺纹长度，判定螺纹是否合格；当止端与被测螺纹对正后，止端旋入螺纹的长度在 2 个螺距之内的情况为合格，若止端旋入螺纹过多，则该螺纹为不良品。

4）塞尺。

塞尺又称测微片或厚薄规，是用于检验间隙的测量器具之一。它由一组具有不同厚度级差的薄钢片组成，如图 5-7 所示。塞尺一般是用薄钢片做成的，它的每个尺面都标示了数字，其所标示的数字就是这个尺面的厚度。

在测量时，测量者根据结合面间隙的大小，将一片或数片钢片重叠在一起塞进间隙内。例如，0.03 mm 的钢片能插入间隙，而 0.04 mm 的钢片不能插入间隙，这说明间隙的厚度大于或等于 0.03 mm，而且小于 0.04 mm，所以塞尺也是一种界限量规。

图 5-7　塞尺

（2）量检具的维护与保养

正确地使用精密量检具是保证产品质量的重要条件之一。要保证量检具的精度和可靠性，除在使用中要按照合理的使用方法进行操作外，还必须做好量检具的维护和保养工作。

在机床上测量工件的过程要在工件完全停稳后进行，否则不但会使量检具的测量面因受到磨损而失去精度，而且会造成事故。尤其是车工在使用外卡时，不能因为卡钳简单，就认为它被磨损一点无所谓，应该注意铸件内的气孔和缩孔。一旦钳脚落入气孔内，就会把操作者的手也拉进去，造成严重事故。

在测量前应把量检具的测量面和工件的被测量面擦干净，以免因有脏物存在而影响测量精度。用游标卡尺、千分尺和百分表等精密量检具去测量锻铸件毛坯或带有研磨剂（如金刚砂等）的表面是错误的，容易导致量检具的测量面受到磨损而失去精度。

在量检具的使用过程中，不要将它们和工具、刀具（如锉刀、榔头、车刀和钻头）等堆放在一起，以免碰伤量检具，也不要将量检具随便放在机床上，以免量检具因机床振动而掉落，从而被损坏。尤其是游标卡尺等量检具，应平放在专用盒子里，以免尺身变形。

量检具是测量工具，绝对不能作为其他工具的代替品。例如，用游标卡尺划线，用千分尺代替小榔头，用钢直尺代替起子旋螺钉，以及用钢直尺清理切屑等行为都是错误的。把量检具当作玩具的行为也是错误的，如把千分尺拿在手中任意挥动或摇转。这些行为都易使量检具失去精度。

由于温度对测量结果的影响很大，所以工件和量检具必须在仪器许可的温度下进行精密测量。一般可在室温下对工件进行精密测量，但必须使工件与量检具的温度一致，否则，金属材料热胀冷缩的特性会导致测量结果不准确。另外，由于温度对量检具精度的影响很大，所以量检具不应放在阳光下，以免量检具因温度升高而无法量出正确尺寸。不要把精密量检具放在热源（如电炉、热交换器等）附近，以免量检具因受热变形而失去精度。

不要把精密量检具放在磁场附近，如磨床的磁性工作台，以免被磁化。

在发现精密量检出现不正常的情况时，如量具表面不平、有毛刺、有锈斑及刻度不准、尺身弯曲、活动不灵活等，使用者不能自行拆修，更不能自行用榔头敲、锉刀锉、砂布打光等粗糙办法进行修理，以免增大量检具误差。当发现上述情况后，使用者应当主动将量检具送至计量室进行检修，并检定量检具精度，之后再继续使用。

在使用量检具后，使用者应及时将其擦干净。除不锈钢量检具或有保护镀层的量检具外，金属量检具表面都需要涂一层防锈油。它们应放在专用的盒子里，并保存在干燥的地方，以免生锈。精密量检具应定期进行检定和保养。对于长期使用的精密量检具，使用者要定期将其送至计量室进行检定和保养，以免量检具的示值误差超过允许误差范围，从而造成产品质量事故。

5. 质量检验计划

质量检验计划是对质量检验涉及的活动、过程和资源及相互关系做出的规范化的书面规定（文件），用以指导质量检验活动正确、有序、协调地进行。

质量检验计划是生产企业对整个检验和试验工作进行的系统策划和总体安排，它确定了在质量检验工作中何时、何地、何人（部门）做什么，以及如何进行技术和管理活动。质量检验计划一般以文字或图表形式明确地规定检验站（组）的设置和资源的配备（包括人员、设备、仪器、量具和检具），选择检验和试验的方式、方法并确定工作量。它是各检验站（组）和检验人员工作的依据，是产品生产者的质量管理体系中质量计划的一个重要组成部分，并为质量检验工作的技术管理和作业指导提供依据。

（1）质量检验计划的目的

产品生产过程的各个阶段，包括从原材料投入到产品完成，都要进行各种不同的复杂生产作业活动，同时还要进行各种不同的质量检验活动。这些质量检验活动是由分散在各生产组织的检验人员完成的。这些人员需要熟悉和掌握产品及其检验和试验工作的基本知识和要求，并掌握正确的检验操作。例如，产品和其组成部分的用途、质量特性、各质量特性对产品功能的影响，以及检验和试验的技术标准、检验和试验的项目、检验和试验的方式和方法、检验和试验的场地及测量误差等。为此，需要有若干文件作为载体来阐述这些信息和资料，这就需要编制质量检验计划来进行阐明，以指导检验人员完成质量检验工作，保证质量检验工作的质量。

现代工业的生产活动从原材料等物资的投入开始，到产品的最后交付结束，是一个有序、复杂的过程，它涉及不同部门、不同作业工种、不同人员、不同过程（工序），以及不同的材料、物资、设备。这些部门、人员和过程都需要协同配合、有序衔接，同时，质量检验活动和生产作业过程也应密切协调、紧密衔接。所以，生产企业需要编制质量检验计划来保证生产过程中的各种配合衔接有序进行。

（2）质量检验计划的作用

质量检验计划是带有规划性的对检验和试验活动的总体安排，它的主要作用如下：

1）质量检验计划按照产品加工及物流的流程，充分利用生产企业现有的资源，统筹安排检验站（组）、点的设置。质量检验计划可以降低质量成本中的鉴别费用，从而降低产品成本。

2）质量检验计划根据产品和过程的作业（工艺）要求，合理地选择检验和试验的项目及方式、方法，对人员、设备、仪器仪表和量检具进行合理的配备使用。这有利于调动每个检验和试验人员的积极性，提高检验和试验的工作质量和效率，减少物质消耗和劳动消耗。

3）质量检验计划对产品不合格的严重性进行分级，并对不合格情况实施管理，能够充分发挥质量检验职能的有效性，并在保证产品质量的前提下降低产品制造成本。

4）质量检验计划使检验和试验工作逐步实现规范化、科学化和标准化，使产品质量能够更好地处于受控状态。

（3）质量检验计划的编制原则

质量检验计划是根据产品的复杂程度、形体大小、作业（工艺）方法、生产规模、特点、批量等方面的不同编制的。它可以由质量管理部门或质量检验的主管部门负责，由检验技术人员编制，也可以由质量检验部门会同其他部门共同编制。编制质量检验计划时应考虑以下原则。

1）充分体现质量检验的目的。编制质量检验计划一是为了防止产生不合格品并及时发现不合格品，二是为了保证通过质量检验的产品符合质量标准的要求。

2）对质量检验活动能起到指导作用。质量检验计划必须对检验项目、检验方式和手段等具体内容进行清楚、准确、简明的叙述和要求，而且应能使质量检验活动的相关人员有与编制者相同的理解。

3）应优先保证关键质量。所谓的关键质量是指产品的关键组成部分（如关键的零部件）的质量特性。对于这些质量环节，在编制质量检验计划时要优先考虑。

4）综合考虑检验成本。在编制质量检验计划时要综合考虑检验成本，在保证产品质量的前提下，应尽可能降低检验费用。

5）采购合同的附件或质量检验计划应详细说明进货检验及验证的场所、方式、方法、数量及要求，并经供需双方共同评审确认。

6）质量检验计划应随着产品生产过程中产品的结构、性能、质量要求、过程方法的变化做出相应的修改和调整，以适应生产作业过程的需要。

（4）质量检验计划的编制内容

质量检验部门根据生产作业组织的技术、生产、计划等部门的有关计划及构件的不同情况来编制质量检验计划，其基本内容如下：

1）编制质量检验流程图，确定适合作业特点的检验程序。

2）合理设置检验站（组）、检验点。

3）编制构件及其组成部分（如主要构件）的质量特性分析表，并制定构件不合格严重性分级表。

4）对关键的和重要的构件组成部分编制检验指导书。

5）编制检验手册。

6）选择适宜的检验方式、方法。

7）编制测量工具及仪器设备明细表，提出补充测量工具及仪器设备的计划。

8）确定检验人员的组织形式、培训计划和资格认定方式，明确检验人员的岗位工作任务等。

表 5-2 为某企业的质量检验计划。

表 5-2　某企业的质量检验计划

文件名称	质量检验计划			页码	
文件编号		修改/版次		生产日期	
编制部门		编制		审批	

质量检验计划

类别	检验项目	检验标准	检验方式	检验时机
进货检验	详见进货验收项目	1. 检验标准详见进货检验标准； 2. 对于检验不合格的购进货物均做退货处理，若生产急需，则可对其进行挑选	按照 GB/T 2828.1 的正常检查一次抽样方案进行一般水平检验，检验标准为 I。AQL（接收质量限值）的取值见该标准表 1、表 2	原材料、外协件、外购件进仓之前
生产过程检验	详见生产过程检验项目	1. 检验标准详见生产过程检验标准； 2. 对于不符合要求的配件，均进行退换	首检 巡检 全检	生产过程中
最终检验	详见最终检验项目	1. 检验标准详见最终检验标准； 2. 对于检验不合格的成品，应将其退回生产车间，经返工后重检，直到其合格为止	按照 GB/T 2828.1 的正常检查一次抽样方案进行特殊水平检验，检验标准为 S-3。AQL（接收质量限值）的取值见该标准表 1、表 2	成品包装之后

6. 质量检验流程图、手册和指导书

（1）质量检验流程图基础

与产品生产过程有关的流程图有质量检验流程图和作业流程图（工艺流程图）2 种。

质量检验流程图是用图形、符号简洁明了地表示质量检验计划中已确定的特定产品的检验流程（路线）、检验工序、位置设置和选定的检验方式、方法及相互顺序的图样。它是检验人员进行质量检验活动的依据。质量检验流程图和检验指导书等一起构成完整的质量检验技术文件。

较为简单的检验操作可以直接采用作业流程图。制图人员可以在图中标明需要进行质量控制和检验的部位、处所连接表示检验的图形和文字，必要时标明检验的具体内容、方法，使作业流程图起到质量检验流程图的作用和效果。

对于比较复杂的检验操作，单靠作业流程图是不够的，还需要在作业流程图的基础上编制质量检验流程图，以明确质量检验的要求和内容及其与各过程之间清晰准确的衔接关系。

对于不同的行业、不同的生产者、不同的产品，质量检验流程图会有不同的形式和表示方法，不会千篇一律。但是一个生产组织内部的流程图的表达方式和图形符号要规范、统一，以便相关人员准确地理解其内容并执行图中的操作。

作业流程图是用简明的图形、符号及文字组合的形式来表示作业全过程中的各过程输入、输出和过程形成要素之间的关联和顺序的图样。

作业流程图包括从产品的原材料、产品组成部分和作业所需的其他物料投入开始，到最终产品完成的全过程的所有备料、制作（工艺反应）、搬运、包装、防护、存储等作业的程序，它的内容还包括每一过程涉及的劳动组织（车间、工段、班组）或场地，并用规范的图形和文字予以表示，以便相关人员对作业进行组织和管理。

作业流程图也称为工艺流程（路线）。它根据设计文件，将工艺流程的名称和实现的方式、方法表示为具体的流程顺序、工艺步骤和加工制作的方法、要求。

（2）质量检验流程图的编制过程

首先，要熟悉和了解有关的产品技术标准及设计技术文件、图样和质量特性分析。其次，要熟悉产品生产过程中的作业工艺文件，了解产品作业工艺流程（路线）。再次，根据作业工艺流程（路线）、作业规范（工艺规程）等作业工艺文件，设计检验工序的检验点位置，确定检验工序和作业工序的衔接点及主要的检验方式、方法、内容，编制质量检验流程图。最后，对编制的质量检验流程图进行评审。由产品设计人员、工艺检验人员、作业管理人员、过程作业人员一起评审质量检验流程图的合理性、适用性、经济性，提出改进意见并进行修改。质量检验流程图经生产组织的技术领导人或质量的最高管理者（如总工程师、质量保证经理）批准后才能使用。

（3）检验手册

检验手册是质量检验活动的管理规定和技术规范的文件集合。它是质量检验工作的指导文件，是质量体系文件的组成部分，是质量检验人员和质量管理人员的工作指南。检验手册对加强生产企业的质量检验工作，以及使质量检验的业务活动标准化、规范化和科学化都具有重要意义。

检验手册基本由程序性文件和技术性文件组成。检验手册的具体内容如图 5-8 所示。

（4）检验指导书

检验指导书又称检验规程或检验卡片，是产品生产过程中用于指导检验人员正确实施产品和工序的观察、测量、试验的技术文件。它是质量检验计划的一个重要组成部分，其目的是为重要零部件和关键工序的质量检验活动提供具体操作指导。它是质量体系文件中的一种作业指导性文件，也可作为检验手册中的技术性文件。其特点是表述明确，可操作性强；其作用是使检验操作达到统一、规范。

1）编制检验指导书的要求。

一般对关键和重要的零件都应编制检验指导书，检验指导书应明确详细地规定需要检验的质量特性及其技术要求，以及检验方法、检验基准、检验量具、样本大小等内容，并清楚地展示检验示意图。因此，编制检验指导书的主要要求如下。

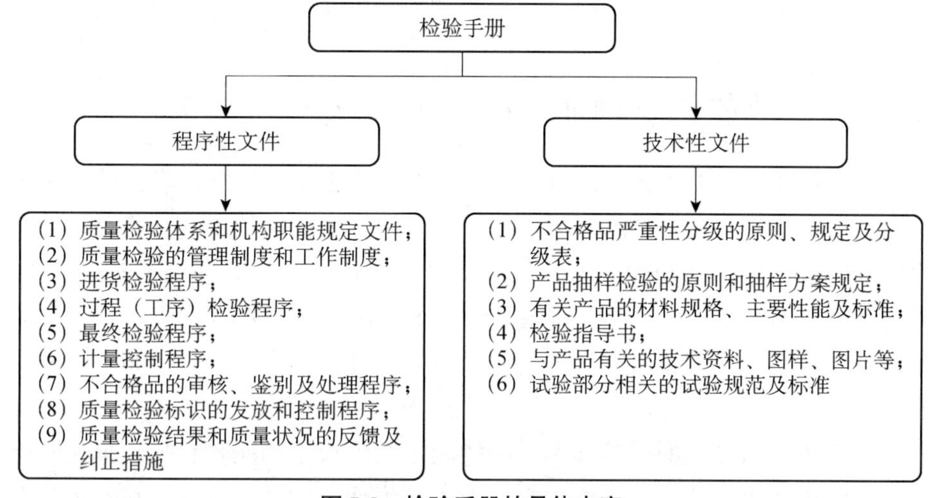

图5-8　检验手册的具体内容

①将所有质量特性逐一列出，不可遗漏。对质量特性的技术要求的规定要明确、具体，使操作人员和检验人员容易掌握和理解。此外，检验指导书还可能包括不合格品严重性分级、尺寸公差、检测顺序、检测频率、样本大小等内容。

②应根据对质量特性和不同精度等级的要求，合理选择适用的测量工具或仪表，并在检验指导书中说明型号、规格、编号及其使用方法。

③采用抽样检验时，应正确选择抽样方案并进行说明。根据具体情况及不合格严重性分级确定AQL（接收质量限的缩写，即当一个连续系列批被提交验收时，可允许的最差过程平均质量水平）的值，正确选择检验水平，根据产品抽样检验的目的、性质、特点选用适当的抽样方案。

2）检验指导书的内容包括以下几点：

①检测对象：受检产品的名称、型号、图号、工序（流程）名称及编号。

②质量特性值：根据产品质量要求转化成的技术要求做出的对检验项目的规定。

③检验方法：对检测基准（或基面）、检验的程序和方法、相关计算（换算）的方法、检测频次，以及抽样检验时的有关规定和数值的规定。

④检测手段：在检测中使用的计量器具、仪器、仪表及设备、工装卡具的名称和编号。

⑤检验判断：对处理数据、判断比较的方法及判断的原则的规定。

⑥记录和报告：对记录的事项、方法和表格的规定，以及对报告的内容与方式、程序与时间的规定。

⑦其他说明：检验指导书的格式应根据企业的不同生产类型、不同工种等具体情况进行设计。

第二节　生产企业质量管理体系

一、生产企业质量管理体系的基本要求

产品质量是企业生存的关键。影响产品质量的因素很多，单纯依靠检验只不过是从生产的产品中挑出合格的产品，这就不可能以最佳成本持续稳定地生产合格品。针对质量管理体系的要求，国际标准化组织质量管理和质量保证技术委员会制定了 ISO 9000 质量体系标准，以适用于不同类型、产品、规模与性质的组织。该类标准由若干相互关联或补充的单个标准组成，其中为大家所熟知的是《质量管理体系要求》(ISO 9001：2015)。它提出的要求是对产品要求的补充，并已经过数次改版。

一个组织所建立和实施的质量体系，应能满足组织规定的质量目标，确保影响产品质量的技术、管理和人的因素处于受控状态。无论是硬件、软件、流程性材料还是服务，所有的控制应针对减少、消除不合格，尤其是预防不合格而设计。这是 ISO 9000 质量体系标准的基本指导思想，具体要求体现在以下几个方面：

1. 控制所有过程的质量

ISO 9000 质量体系标准是建立在“所有工作都是通过过程来完成的”认识基础上的。一个组织的质量管理就是通过对组织内各种过程进行管理来实现的，这是 ISO 9000 质量体系标准关于质量管理的理论基础。当一个组织为了实施质量体系而进行质量体系策划时，首先应结合本组织的具体情况确定应有哪些过程，然后分析每一个过程需要开展的质量活动，确定应采取的有效控制措施和方法。

2. 控制过程的出发点是预防不合格

在产品寿命周期的所有阶段，从最初的识别市场需求到最终满足要求的所有过程的控制都体现了预防为主的思想。例如：

控制市场调研和营销的质量，在准确地确定市场需求的基础上，开发新产品，防止盲目开发而造成不适合市场需要而滞销，浪费人力、物力。

控制设计过程的质量。通过开展设计评审、设计验证、设计确认等活动，确保设计输出满足输入要求，确保产品符合使用者的需求。防止因设计质量问题，造成产品质量先天性的不合格和缺陷，或给以后的过程造成损失。

控制采购的质量。选择合格的供货单位并控制其供货质量，确保生产产品所需的原材料、外购件、协作件等符合规定的质量要求，防止使用不合格外购产品而影响成品质量。

控制生产过程的质量。确定并执行适宜的生产方法，使用适宜的设备，保持设备正常

工作能力和所需的工作环境，控制影响质量的参数和人员技能，确保制造符合设计规定的质量要求的产品，防止不合格品的生产。

控制检验和试验。按质量计划和形成文件的程序进行进货检验、过程检验和成品检验，确保产品质量符合要求，防止不合格的外购产品投入生产，防止将不合格的工序产品转入下一道工序，防止将不合格的成品交付给用户。

控制搬运、贮存、包装、防护和交付。对上述环节采取有效措施保护产品，防止损坏和变质。

控制检验、测量和实验设备的质量，确保使用合格的检测手段进行检验和试验，确保检验和试验结果的有效性，防止因检测手段不合格造成对产品质量不正确的判定。

控制文件和资料，确保所有场所使用的文件和资料都是现行有效的，防止使用过时或作废的文件，造成产品或质量体系要素的不合格。

纠正和预防措施。当发生不合格（包括产品的或质量体系的）或顾客投诉时，应立即查明原因，针对原因采取纠正措施以防止问题的再次发生。还应通过各种质量信息的分析，主动发现潜在的问题，防止问题出现，从而改进产品的质量。

全员培训。对所有从事对质量有影响的工作人员都要进行培训，确保他们能胜任本岗位的工作，防止因知识或技能的不足，造成产品或质量体系的不合格。

3. 质量管理的中心任务是建立并实施文件化的质量体系

质量管理是在整个质量体系中运作的，所以实施质量管理必须建立质量体系。ISO 9000质量体系标准认为，质量体系是有影响的系统，具有很强的可操作性和检查性。要求一个组织所建立的质量体系应形成文件并加以保持。典型质量体系文件的构成分为 3 个层次，即质量手册、质量体系程序和其他质量文件。质量手册是按组织规定的质量方针和适用的 ISO 9000 质量体系标准描述质量体系的文件。质量手册可以包括质量体系程序，也可以指出质量体系程序在何处进行规定。质量体系程序是为了控制每个过程的质量，对如何进行各项质量活动规定有效的措施和方法，是有关职能部门使用的文件。其他质量文件包括作业指导书、报告、表格等，是工作者使用得更加详细的作业文件。对质量体系文件内容的基本要求是该做的要写到，写到的要做到，做的结果要有记录，即“写所需，做所写，记所做”的九字真言。

4. 持续的质量改进

质量改进是一个重要的质量体系要素，当实施质量体系时，企业的管理者应确保其质量体系能够推动和促进持续的质量改进。质量改进包括产品质量改进和工作质量改进。争取使顾客满意和实现持续的质量改进应是组织各级管理者追求的永恒目标。没有质量改进的质量体系只能维持质量。质量改进旨在提高质量。质量改进通过改进过程来实现，目标是追求更高的过程效益和效率。

5. 一个有效的质量体系应满足顾客和组织内部双方的需要和利益

对于顾客而言，需要组织能具备交付期望的质量，并能持续保持该质量的能力；就组织而言，在经营上以适宜的成本，达到并保持所期望的质量。既满足顾客的需要和期望，又保护组织的利益。

6. 定期评价质量体系

定期评价质量体系的目的是确保各项质量活动的实施及其结果符合计划安排，确保质量体系持续的适宜性和有效性。评价时，必须对每一个被评价的过程提出以下 3 个基本问题：

（1）过程是否被确定，过程程序是否恰当地形成文件；

（2）过程是否被充分展开并按文件要求贯彻实施；

（3）在提供预期结果方面，过程是否有效。

二、质量管理的基本原则

质量管理基本原则是在管理实践经验的基础上用高度概括的语言所表述的最基本/最通用的一般规律，可以指导一个组织在通过长期关注顾客及其他相关方面的需求和期望而改进其总体业绩的目的。它是质量文化的一个重要组成部分。

1. 以顾客为中心

以顾客为中心，与所确定的顾客要求保持一致。组织应了解顾客现有的和潜在的需求和期望。测定顾客的满意度并以此作为行动的准则。

企业依存于他们的顾客，因而企业应理解顾客当前和未来的需求，满足顾客需求并争取超过顾客的期望。

企业实施以顾客为中心的原则应开展以下活动：

1）全面理解顾客对产品、价格、可依靠性等方面的需求和期望。

2）谋求在顾客和其他受益者（所有者、员工、供方、社会）的需求和期望之间的平衡。

3）将这些需求和期望传达至整个组织。

4）测定顾客的满意度并为此而努力。

5）管理与顾客之间的关系。

实施以顾客为中心的原则带来的效应：

1）对于方针和战略的制定，使企业能理解顾客以及其他受益者的需求。

2）对于目标的设定，能够保证将企业目标直接与顾客的需求和期望相关联。

3）对于运作管理，能够改进组织满足顾客需求的业绩。

4）对于人力资源管理，保证企业员工具有满足顾客所需的知识与技能。

2. 领导作用

设立方针和可证实的目标，为方针的展开提供资源，建立以质量为中心的企业环境。

明确组织的前景，指明方向，价值共享。设定具有挑战性的目标并努力实现。对员工进行培训、提供帮助并给予授权。领导者建立企业相互统一的宗旨、方向和内部环境，所创造的环境能使员工充分参与实现企业目标的活动。

实施本原则要开展的活动：

1）努力进取，起领导的模范带头作用。

2）了解外部环境条件的变化并对此做出响应。

3）考虑到包括顾客、所有者、员工、供方和社会等所有受益者的需求。

4）明确地提出企业未来的前景。

5）在企业的各个层次树立价值共享和精神道德的典范。

6）建立信任感、消除恐惧心理。

7）向员工提供所需要的资源和在履行其职责和义务方面的自由度。

8）鼓舞、激励和承认员工的贡献。

9）进行开放式的和真诚的交流。

10）教育、培训并指导员工。

11）设定具有挑战性的目标。

12）推行组织的战略以实现这些目标。

实施本原则带来的效应：

1）对于方针和战略的制定，使得企业的未来有明确的前景。

2）对于目标的设定，将企业未来的前景转化为可测量的目标。

3）对于运作管理，通过授权和员工的参与，实现企业的目标。

4）对于人力资源管理，具有一支经充分授权、充满激情、信息灵通和稳定的劳动力队伍。

3. 全员参与

划分技能等级，对员工进行培训和资格评定，明确权限和职责。利用员工的知识和经验，通过培训使他们能够参与决策和对过程的改进，让员工以实现组织的目标为己任。各级人员都是组织的根本，只有他们充分参与才能使他们的才干为组织带来收益。

实施本原则员工要开展的活动：

1）承担起解决问题的责任。

2）主动寻求机会进行改进。

3）主动寻求机会来加强员工的技能、知识和经验。

4）在团队中自由分享知识和经验。

5）关注为顾客创造价值。

6）对组织的目标不断创新。

7）更好地向顾客和社会展示自己的组织。

8）从工作中得到满足感。

9）作为组织的一名成员感到骄傲和自豪。

实施本原则带来的效应：

1）对于方针和战略的制定，使员工能够有效地对改进组织的方针和战略目标做出贡献。

2）对于目标的设定，让员工承担起对组织目标的责任。

3）对于运作管理，让员工参与适当的决策活动和对过程的改进。

4）对于人力资源管理，让员工对他们的工作岗位更加满意，积极地参与有助于个人的成长和发展活动，符合组织的利益。

4. 过程方法

建立、控制和保持文件化的过程，清楚地识别过程外部/内部的顾客和供方。着眼于过程中资源的使用，追求人员、设备、方法和材料的有效使用。将相关的资源和活动作为过程进行管理，可以更高效地达到预期的目的。

实施本原则要开展的活动：

1）对过程给予界定，以实现预期的目标。

2）识别并测量过程的输入和输出。

3）根据组织的作用识别过程的界面。

4）评价可能存在的风险、因果关系以及内部过程与顾客、供方和其他受益者的过程之间可能存在的相互冲突。

5）明确规定过程管理各方的职责、权限和义务。

6）识别过程内部和外部的顾客、供方和其他受益者。

7）在设计过程时，应考虑过程的步骤、活动、流程、控制措施、培训需求、设备、方法、信息、材料和其他资源，以达到预期的结果。

实施本原则带来的效应：

1）对于方针和战略的制定，使整个组织利用确定的过程，能够增强结果的可预见性、更好地使用资源、缩短循环时间、降低成本。

2）对于目标的设定，了解过程能力有助于确立更具挑战性的目标。

3）对于运作管理，采用过程的方法，能够以降低成本、避免失误、控制偏差、缩短循环时间、增强对输出的可预见性的方式得到运作的结果。

4）对于人力资源管理，可降低在人力资源管理（如人员的租赁、教育与培训等）过程中的成本，能够把这些过程与组织的需要相结合，并造就一支有能力的劳动力队伍。

5. 管理的系统方法

系统管理建立并保持实用有效的文件化的质量体系，识别体系中的过程，理解各过程间的相互关系。将过程与组织的目标相联系。针对关键的目标测量其结果。针对制定的目标，识别、理解并管理一个由相互联系的过程所组成的体系，有助于提高组织的有效性和效率。

实施本原则要开展的活动：

1）通过识别或展开影响既定目标的过程来定义体系。

2）以最有效地实现目标的方式建立体系。

3）理解体系的各个过程之间的内在关联性。

4）通过测量和评价持续地改进体系。

5）在采取行动之前确立关于资源的约束条件。

实施本原则带来的效应：

1）对于方针和战略的制定，制定出与组织的作用和过程的输入相关联的全面的和具有挑战性的目标。

2）对于目标的设定，将各个过程的目标与组织的总体目标相关联。

3）对于运作管理，对过程的有效性进行广泛的评审，可了解问题产生的原因并适时地进行改进。

4）对于人力资源管理，加深对于在实现共同目标方面所起作用和职责的理解，能够减少相互交叉职能间的障碍，改进团队工作。

6. 持续改进

通过管理评审、内/外部审核以及纠正/预防措施，持续地改进质量体系的有效性。设定现实的和具有挑战性的改进目标，配备资源，向员工提供工具、机会并激励他们为持续地为改进过程做出贡献。持续改进是一个组织永恒的目标。

实施本原则要开展的活动：

1）将持续地对产品、过程和体系进行改进作为组织每一名员工的目标。

2）应用有关改进的理论进行渐进式的改进和突破性的改进。

3）周期性地按照“卓越”的准则进行评价，以识别具有改进的潜力的区域。

4）持续地改进过程的效率和有效性。

5）鼓励预防性的活动。

6）向组织的每一位员工提供有关持续改进的方法和工具方面的教育及培训，如：

①PDCA 循环；

②解决问题的方法；

③过程重组；

④过程创新。

7）制定措施和目标，以指导和跟踪改进活动。

8）对任何改进给予承认。

实施本原则带来的效应：

1）对于方针和战略的制定，通过对战略和商务策划的持续改进，制订并实现更具竞争力的商务计划。

2）对于目标的设定，设定实际的和具有挑战性的改进目标，并提供资源加以实现。

3）对于运作管理，对过程的持续改进涉及组织内员工的参与。

4）对于人力资源管理，向组织的全体员工提供工具、机会和激励，以改进产品、过程和体系。

7. 基于事实的决策方法

以审核报告、纠正措施、不合格品、顾客投诉以及其他来源的实际数据和信息作为质量管理决策和行动的依据，把决策和行动建立在对数据和信息分析的基础之上，以期最大限度地提高生产率，降低消耗。通过采用适当的管理工具和技术，努力降低成本，改善业绩和提高市场份额。有效的决策建立在对数据和信息进行合乎逻辑和直观的分析基础上。

实施本原则要开展的活动：

1）对相关的目标值进行测量，收集数据和信息。

2）确保数据和信息具有足够的精确度、可靠性和可获取性。

3）使用有效的方法分析数据和信息。

4）理解适宜的统计技术的价值。

5）根据逻辑分析的结果以及经验和直觉进行决策并采取行动。

实施本原则带来的效应：

1）对于方针和战略的制定，根据数据和信息设定的战略方针更加实际、更可能实现。

2）对于目标的设定，利用可比较的数据和信息，可制定出实际的、具有挑战性的目标。

3）对于运作管理，由过程和体系的业绩所得出的数据和信息可加以改进和防止问题再次发生。

4）对于人力资源管理，对从员工监督、建议等来源的数据和信息进行分析，可指导人力资源方针的制定。

8. 互利的供方关系

适当地确定供方应满足的要求并将其文件化，对供方提供的产品和服务的情况进行评审和评价。与供方建立战略伙伴关系，确保其在早期参与确立合作开发以及改进产品、过程和体系的要求。相互信任、相互尊重，共同承诺让顾客满意并持续改进。组织和供方之间保持互利关系，可增进两个组织创造价值的能力。

实施本原则要开展的活动：

1）识别并选择主要的供方。

2）把与供方的关系建立在兼顾组织和社会的短期利益和长远目标的基础之上。

3）清楚地、开放式地进行交流。

4）共同开发、改进产品和过程。

5）共同理解顾客的需求。

6）分享信息和对未来的计划。

7）承认供方的改进和成就。

实施本原则带来的效应：

1）对于方针和战略的制定，通过发展与供方的战略联盟和合作伙伴关系，赢得竞争的优势。

2）对于目标的设定，通过供方早期的参与，可设定更具挑战性的目标。

3）对于运作管理，建立和管理与供方的关系，以确保供方能够按时提供可靠的、无缺陷的产品。

4）对于人力资源管理，通过对供方的培训和共同改进，发展和增强供方的能力。

质量管理八项原则是一个组织在质量管理方面的总体原则，这些原则需要通过具体的活动得到体现，其应用可分为质量保证和质量管理两个层面。就质量保证而言，主要目的是取得足够的信任以表明组织能够满足质量要求。因而所开展的活动主要涉及：测定顾客的质量要求、设定质量方针和目标、建立并实施文件化的质量体系，最终确保质量目标的实现。质量管理则要考虑，作为一个组织经营管理（这里说的不是营销管理）的重要组成部分，怎样保证经营目标的实现。组织要生存、要发展、要提高效率和效益，当然离不开顾客，离不开质量。因而，从质量管理的角度，要开展的活动就其深度和广度来说，要远胜于质量保证所需开展的活动。

三、构件质量管理中实施 ISO 9000 族标准的意义

1. ISO 9000 族标准的特点

概括而言，ISO 9000 族标准具有如下特点：

1）适用于提供所有产品类别、不同规模和各种类型的组织，并可根据组织及其产品的特点对不适用的质量管理体系要求进行删减。

2）采用“以过程为基础的质量管理体系模式”，强调质量管理体系是由相互关联和相互作用的过程构成的一个系统，特别关注过程之间的联系和相互作用，标准内容的逻辑性更强，相关性更好。

3）强调质量管理体系只是组织管理体系的一个组成部分，标准的内容充分考虑了与其他管理体系标准的相容性。

4）更注重质量管理体系的有效性和持续改进，减少了对形成文件的程序的强制性要求。除了满足标准中规定的需要有的质量管理体系文件，组织可以根据其自身的产品和过程的特点，结合其实际运作能力和管理水平，确定其策划、实施运行、控制质量管理体系过程所需的文件。

5）《质量管理体系要求》（ISO 9001）和《质量管理体系业绩改进指南》（ISO 9004：2009）两个标准的内容更加和谐统一，使它们成为一对协调一致的标准。

2. 实施 ISO 9000 族标准的意义

ISO 9000 族标准是在总结了世界经济发达国家的质量管理实践经验的基础上制定的

具有通用性和指导性的国际标准。实施 ISO 9000 族标准，可以促进组织质量管理体系的改进和完善，对促进国际经济贸易活动、消除贸易技术壁垒、提高组织的管理水平都能起到良好的作用。概括起来，实施 ISO 9000 族标准具有以下几个方面的作用和意义：

（1）有利于提高产品质量，保护消费者利益

现代科学技术的高速发展，使产品向高科技、多功能、精细化和复杂化发展。组织是按照技术规范生产产品的，但当技术规范本身不完善或组织质量管理体系不健全时，组织就无法保证持续地提供满足要求的产品；而消费者在购买或使用这些产品时，一般也很难在技术上对产品质量加以鉴别。如果组织按 ISO 9000 族标准建立了质量管理体系，通过体系的有效应用，促进组织持续地改进产品特性和过程的有效性和效率，实现产品质量的稳定和提高，这无疑是对消费者利益的一种最有效的保护，也增加了消费者（采购商）在选购产品时对合格供应商的信任程度。

（2）为提高组织的运作能力提供了有效的方法

ISO 9000 族标准鼓励组织在建立、实施和改进质量管理体系时采用过程方法，通过识别和管理相互关联和相互作用的过程，以及对这些过程进行系统的管理和连续的监测与控制，以实现持续地提供顾客满意的产品的目的。此外，质量管理体系提供了持续改进的框架，帮助组织能够不断地识别并满足顾客及其他相关方的要求，从而不断地增强顾客和其他相关方的满意程度。因此，ISO 9000 族标准为组织有效地提高运作能力和增强市场竞争能力提供了有效的方法。

（3）有利于增进国际贸易，消除技术壁垒

在国际经济技术合作中，ISO 9000 族标准被作为相互认可的基础，ISO 9000 的质量管理体系认证制度也在国际范围内得到互认，并纳入合格评定的程序之中。技术壁垒协定（TBT）是世界贸易组织（WTO）达成的一系列协定之一，它涉及技术法规、标准和合格评定程序。贯彻 ISO 9000 族标准为国际经济技术合作提供了国际通用的共同语言和准则，取得质量管理体系认证，已成为参与国内和国际贸易、增强竞争能力的有力武器。因此，贯彻 ISO 9000 族标准对消除技术壁垒、排除贸易障碍起到了十分积极的促进作用。

（4）有利于组织的持续改进和持续满足顾客的需求和期望

顾客要求产品具有满足其需求和期望的特性，这些需求和期望在产品的技术要求或规范中表述。但是顾客的需求和期望是不断变化的，这就促使组织要持续地改进产品的特性和过程的有效性。而质量管理体系就为组织持续改进其产品和过程提供了一条行之有效的途径。ISO 9000 族标准将质量管理体系要求和产品要求区别开来，它不是取代产品要求，而是把质量管理体系要求作为对产品要求的补充，这样有利于组织的持续改进并满足顾客的需求和期望。

3. 预制构件生产质量管理中实施 ISO 9000 族标准的意义

预制构件产品特性决定了构件质量形成的显著过程特点。一个预制构件的质量形成大体可分为 4 个过程，即策划—设计—生产—保修服务。对于一般预制构件企业来说，设计

作业及其相应的质量职能由专业设计院承担。根据工程本身的规模性、周期性与系列性等特征，要使项目有效地实现由“概念”向“实体”转变，必须重视其质量形成的过程特点，并采用“过程方法”实施质量管理。通过对过程采取策划、实施、控制、改进等措施，优化配置资源，识别关键要素，控制每个过程特别是关键过程的质量，实现过程的最优输出，达到管理和控制目标。ISO 9000 族标准是在总结了世界经济发达国家的质量管理实践经验的基础上制定的具有通用性和指导性的国际标准。实施 ISO 9000 族标准，可以促进组织质量管理体系的改进和完善，对促进国际建设工程活动、消除贸易技术壁垒、提高组织的管理水平都能起到良好的作用。

（1）有助于提高企业本身素质

我国国民经济增长速度逐年提高，人民生活水平得到了较大的改善和进步，很大程度上离不开建筑业。建筑业已逐渐成为仅次于工业、农业的第三大支柱产业。由于建筑业投资少、奏效快，被称为“无烟工厂”。在一些地域，乡镇建筑队伍比较活跃，已成为当地的支柱产业，为当地工业、农业的发展起到了积极的推进作用。但是，由于近年来基建范围的不断扩展，施工队伍急速增加，人员素质、管理程度良莠不齐。

建筑市场竞争非常激烈，唯一能获胜的武器就是质量。优质的工程质量和产品质量来源于优质的工作质量和效劳质量，而优质的工作质量和效劳质量要靠质量体系来体现和保证，并最终去完成。经过建立质量体系，能够最大限度地使用本企业的人力、物力、财力，调动一切积极要素，建立完好的组织系统，制定可行的措施。通过采取牢靠的手腕，制定规则严厉的制度，使企业的各项管理归入正常轨道。在建立质量管理体系的过程中，企业人员素质将得到提高，质量意识将普遍增强，工作质量和效劳质量也将明显提高，企业的整体质量程度也会大大提高。

（2）有助于企业方针目的的完成

建立质量体系的目的是完成企业的方针目的，而质量体系的本质反映了责、权、利三者的关系。通过建立质量体系，能够明确地反映每个部门、每个岗位、每个人的责任义务、权利范围、利益分配，使之有规范可照、有制度可循、有法规可依，为企业方针目的的完成提供了保证。

（3）有助于企业参与市场竞争

完善的质量体系是在思索供需双方本钱、风险利益的基础上，追求最佳本钱，生产出满足用户需求的产品。而建立质量体系全面考虑了用户的需求，它的出发点就是一切满足用户的需求。它让用户坚信其质量体系的建立是可以满足工程质量和产品质量的最终需求。几个不同的企业参与竞争，经过质量体系认证的企业肯定较其他几个企业更具竞争力。

（4）有助于企业的质量管理与国际市场接轨

随着我国经济由计划经济向市场经济过渡，我国对外开放的大门越来越大，我国施工企业涉外工程也越来越多，有更多的机会直接承接国外工程，这就需求一个共同的国际质量管理语言。ISO 9000 系列规范就为我们提供了一个有效的质量管理规范。欧洲共同体决议，自 1993 年起，将对进入欧洲共同体的有关产品实行认证制度，即只有经过认证的产品或企业质量体系方能进入欧洲共同体。当然，建筑产品也不例外。因此，只要我们认真贯彻 ISO 9000 系列规范，树立适合国际建筑市场的质量体系，并获得认证，我们就有了在国际建筑市场上的“通行证”。

ISO 9000 质量管理是一个体系工作，其充分有效的推行将人的重要性体现出来，形成一个自上而下的深入认识的过程，一个全员参与的过程，这样才能保证体系在生产过程中每个环节都能推行并持续有效地实施。在实施过程中要将体系的各个要素与生产、服务的全过程有机结合，这样体系才能在企业自我完善、持续改进的过程中充分发挥作用。

第三节　质量管理体系框架

一、质量管理体系概念

所谓“管理体系”，是制定管理方针和目标并实现这些目标的体系。预制构件生产企业质量管理体系是在质量方面指挥和控制企业的管理体系，即预制构件生产企业为实施质量管理而建立的管理体系。预制构件生产企业质量管理体系应按照我国现行质量管理体系标准建立和认证，提升合规经营能力，为提升企业管理水平和建筑工程品质奠定基础。

二、企业质量管理体系的建立

建立完善的质量管理体系并使之有效运行，是企业质量管理的核心，也是贯彻质量管理和质量保证标准的关键。预制构件生产企业质量管理体系的建立一般可分为 3 个阶段，即质量管理体系的建立、质量管理体系文件的编制和质量管理体系的运行。

1. 质量管理体系的建立

质量管理体系的建立是企业根据质量管理 7 项原则，在确定市场及顾客需求的前提下，制定企业的质量方针、质量目标、质量手册、程序文件和质量记录等体系文件，并将质量目标分解落实到相关层次、相关岗位的职能和职责中，形成企业质量管理体系执行系统的一系列工作。

2. 质量管理体系文件的编制

质量管理体系文件是质量管理体系的重要组成部分，也是企业进行质量管理和质量保证的基础。编制质量体系文件是建立和保持体系有效运行的重要基础工作。质量管理体系文件包括质量手册、质量计划、质量体系程序、详细作业文件和质量记录等。

3. 质量管理体系的运行

质量管理体系的运行即在生产及服务的全过程按质量管理文件体系规定的程序、标准、工作要求及岗位职责进行操作运行，在运行过程中监测其有效性，做好质量记录，并实现持续改进。

三、企业质量管理体系的认证与监督

1. 质量管理体系的认证

质量管理体系由公正的第三方认证机构，依据质量管理体系的要求标准，审核企业质量管理体系要求的符合性和实施的有效性，进行独立、客观、科学、公正的评价，得出结论。认证应按申请、审核、审批与注册发证等程序进行。

2. 获准认证后的监督管理

企业获准认证的有效期为 3 年。企业获准认证后，应进行经常性的内部审核、保持质量管理体系的有效性，并每年一次接受认证机构对企业质量管理体系实施的监督管理。获准认证后监督管理工作的主要内容有企业通报、监督检查、认证注销、认证暂停、认证撤销、复评及重新换证等。

四、技术管理体系框架

（一）技术管理概述

预制构件生产企业是从事建筑构件产品生产和经营的经济实体。构成建筑构件企业的基本条件包括：有一定的生产对象和经营目标；拥有一定数量和相适应的构件生产设备、检测仪器、设备、固定资产和流动资金；有一定的施工组织机构和生产经营等管理人员，并有一定数量的具有较高技术水平的劳务队伍，也就是说必须具有相应的资质条件。

但是，由于构件生产企业的资质条件相差过大，并且生产的构件规格、品种繁杂，劳务队伍不稳定，露天生产构件时受自然环境影响大，因此，要提高构件产品质量和构件企业的经济效益，只有通过加强技术管理工作才能达到。所以技术管理工作是质量管理工作的基础。

要做好技术管理工作，就必须明确技术管理的任务，做好各项构件生产技术基础工作；要建立和完善各种技术管理制度，形成一套完整的技术管理体系。技术管理体系也是组成质量管理体系的核心内容。

1. 技术管理工作的任务和内容

建筑构件产品的生产过程是一系列的技术活动过程，质量管理工作则是建立在技术管理这一基础上的。技术管理工作不是指某项技术问题如何解决，而是研究各项构件生产技术工作和技术活动如何管理，也就是用管理的职能去促进技术工作的开展。

（1）技术管理的工作任务

建筑构件企业技术管理的主要任务：

1）正确贯彻和执行党和国家的各项技术政策、法令，严格执行国家技术部门制定的技术规范、规程和标准。

2）按优质产品的要求，科学地组织各项技术工作的开展，抓好各生产工序的质量管理活动。

3）努力提高构件企业的资质条件，加强对职工的技术培训。运用新技术、新工艺、新材料，使科技成果迅速转化为生产力，不断地总结经验，开展 TQC 和 QC 小组活动。

4）提高全员劳动生产率，实现安全生产。在保证构件产品质量的同时，不断地开发新产品，并且应节省材料消耗，降低产品成本。

综上所述，技术管理的基本形式可用图 5-9 来表达。

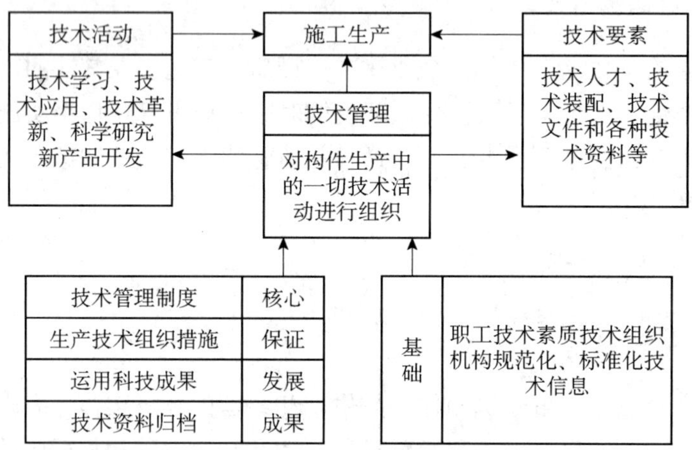

图 5-9　技术管理的基本形式

（2）技术管理的工作内容

技术管理的工作内容包括技术管理基础工作和技术管理基本工作。

1）技术管理基础工作：

①建立与完善技术责任制体系；

②制定贯彻执行技术规范、规程和标准的方法与步骤；

③建立健全构件生产技术的原始记录的整理与入档工作；

④加强质量、技术情报的收集与管理。

2）技术管理基本工作：包括构件生产前的技术准备、生产过程中的技术工作和技术的开发工作。

①建立图集、图纸的会审制度。

②建立生产技术的交底工作。

③加强对所用材料的质量检验、技术性能的制定；对新材料的试验，混凝土配合比的试配等技术工作。

④开展质量管理，对半成品、成品检验开展技术活动。

⑤根据生产阶段存在的问题，制定改进的技术措施。

⑥开展技术革新和技术引进工作。

⑦加强攻关研究，开发新产品。

2. 技术管理工作措施

在根据上述内容开展技术管理时，还应抓住三个环节，落实五个条件。

（1）三个环节

1）构件产品生产前的各项技术准备工作，应结合生产构件的品种规格、材料用量、施工工艺等进行综合考虑，并制订出详细的生产组织计划，这一环节是技术活动的关键。

2）根据第一环节制订的目标计划对生产工序和对半成品质量的检查。

3）对成品的验收评定，也是总结经验的重要环节。

三个环节应紧密衔接、环环相扣、互相促进，使技术管理工作有序地开展。

（2）五个条件

1）有合格、高素质的管理人员和相对稳定的劳务队伍；

2）有切实可行的技术管理制度；

3）有现代化的技术装备；

4）有严格的、合理的技术措施；

5）有严密、精确的试验结论。

只有保证了这些条件，技术管理工作才能有成效，构件产品的质量才能稳步提高。

（二）技术管理体系框架

1. 技术责任制

技术责任制是指在技术管理系统中，将全部技术管理工作分别落实到具体工作岗位、人员和职能部门，达到明确职责、协作分工并形成制度化，以利于整个构件企业的技术管理工作和谐而又有节奏地开展。

技术责任制是构件生产企业技术管理的基础和核心，是保证技术管理工作顺利进行，不断提高企业管理水平的重要手段。

（1）企业技术总负责人的职责

1）负责本企业各方面的技术工作，领导各专职技术机构和各级技术人员开展技术管理工作。

2）贯彻执行国家有关技术政策和上级颁发的技术标准、技术规范、规程以及各项技术管理制度。

3）领导编制和实施各项科学技术发展规划、技术措施计划。

4）主持重要的技术会议，处理重大的构件生产技术、质量事故和安全技术问题。

5）组织审批技术革新、技术改造的建议，安排技术人员的工作。

6）组织领导技术培训工作。

（2）主任工程师的职责

1）认真执行国家的技术政策，严格遵守国家颁发的各种技术规范、规程、规定、技术标准和技术文件。

2）协助总工程师解决与处理技术疑难问题。

3）组织技术人员学习业务技术，不断地提高业务能力和业务素质。

4）负责组织图纸和图集的会审和各项技术交底工作。

5）组织制定保证构件产品质量、安全生产的技术措施。

6）主持构件产品质量的检查验收工作，负责处理产品质量事故和技术问题。

7）参与对技术人员的使用、安排、奖惩等工作。

（3）技术科长的主要职责

1）直接领导技术员及有关职能人员的技术工作。

2）领导各生产班组的技术学习，总结、交流技术经验。

3）参与图纸、图集的会审、技术交底，并向各生产班组的技术员进行有关技术措施的安排。

4）负责指导构件生产工序、工艺的施工操作技术，并负责对各生产工序中的构件产品或半成品的质量进行检查。

5）对新材料、新工艺、新设备的使用情况进行总结，并向主任工程师汇报有关情况。

6）参与重大质量事故的处理。

7）负责各项技术资料签证的、收集和整理工作。

（4）生产现场技术员的职责

1）在技术科长的领导下，负责构件产品的各项技术工作，对生产中发现的问题及时处理并向上一级汇报。

2）负责构件施工组织设计方案的落实，对各道工序编写技术措施，并向生产、操作人员进行技术交底。

3）编制年度创优计划，并带领生产、操作技术人员组织落实。

4）参与构件产品的质量验收工作，并对各工序的质量进行定期和不定期的检查，对质量事故应现场调查，并用文字材料向上一级报告。

5）负责对原材料的试验工作，对混凝土配合比应定期检查和调整，并核查材料的试验结果，对不合格的原材料有权拒绝使用。

6）对违章操作、越级的违章指挥，有权制止和拒绝执行。

7）负责开展 QC 小组活动，对新技术、新材料推广过程中的经验进行总结，按期对混凝土强度进行统计评定。

（5）质量检验员职责

1）应全面掌握构件生产、验收评定的各技术规范、规程和标准，严格执行国家的有关质量法令，对工作应一丝不苟。

2）经常深入构件生产现场检查构件的生产质量，发现不符合质量标准、不符合图集、图纸或设计文件要求的，以及违反操作规程的，有权制止。

3）检查有关原材料的质量和材料出厂合格证并对构件产品质量定期检查和验收，并评定其质量等级。

4）对模板、钢筋、混凝土和构件的制作质量，在班组自检、互检、交接检的基础上，根据标准的规定，可对各分项质量进行复验或抽检。

5）应对所用的检测仪器、仪表等设备进行管理，并按规定对计量器具进行定期校核。

6）对不合格的构件产品，有权进行销毁或进行其他处理。

7）应同厂内有关技术人员和管理人员开展质量回访工作，制定提高产品质量措施，并上报上一级技术负责人。

8）做好质量检验评定资料的入档工作。

2. 技术管理制度

技术管理制度是总结技术管理工作经验教训的结果。建立和健全严格的管理制度，可以把技术管理工作科学地组织起来，保证技术管理任务的顺利完成。因此，技术管理制度应在不断提高产品质量和经济效益的前提下，对构件企业各项技术活动进行科学管理。

（1）图纸和图集的自审和会审制度

这里所说的图纸和图集的自审和会审是构件企业中对图纸和图集以及设计文件的各项技术内容的审查，为技术交底和构件制作提供科学依据，并且领会设计意图，消除图纸中的技术错误。因此，它是一项严肃而又十分重要的技术准备工作。

图纸和图集会审的要点：图纸和图集中设计的内容与说明是否齐全、清楚；是否与国家的规范、标准有矛盾；主要尺寸、孔洞、预埋件等是否有错误；所假定的生产工艺是否与企业的机械装备相适应；对新型材料和特殊材料的技术条件和要求做出会审记录。

例如，构件生产企业在对圆孔板重复使用图集会审时应明确构件的几何尺寸、承载级别；构件生产时应采用哪种混凝土强度等级，它的水灰比、和易性；钢筋或钢丝是哪种级别，各种不同尺寸的构件用钢量是多少；在预应力构件中张拉控制应力是多少；钢丝和钢筋的排列位置如何；结构性能检验方法以及检验参数等，都应认真会审，做到心中有数。

在对图纸和图集的会审过程中，应对每一项技术内容共同遵照有关规范和标准商定合理的方案和技术控制措施，并应形成正式的技术文件，作为构件生产时的主要依据，最后会审人员签字后归入技术档案。

（2）技术交底制度

技术交底是指构件生产前，由各级技术负责人将有关构件生产的各项技术要求通过口头、书面以及必要的示范等方式向下贯彻，直到构件生产的基层。其目的在于使参与构件生产的技术人员和工人明确所承担任务的特点、技术要求、施工工艺等，做到心中有数，保证构件生产的顺利进行。技术交底是技术准备工作的必要环节，应认真执行。

技术交底的主要内容有构件生产工艺、制作方法、标准要求。如采用新材料、新工艺、新设备制作构件时，更应详细地技术交底。

1）应根据标准要求，对模板、钢筋、混凝土、构件和结构性能的 5 个分项，交清保证项目、基本项目和允许偏差项目的技术要求。

2）根据标准图集的规定，对各类不同长度构件的配筋数量和排列位置进行书面交底。

3）在构件的生产过程中，应交清各工序中的技术要求和操作要点，如对钢丝的张拉控制应力、混凝土拌合物的最短搅拌时间、养护制度等。

4）对所用原材料的品质指标、性能必须进行交底，并应对各种材料的用量、配合比通知单，放张时的强度要求进行交底。

5）在对构件的几何尺寸、外观外表和结构性能验收中，应按标准的规定交清验收批量、检验方法和验收的各项技术参数和试验条件。

6）应把环境和气候变化的各类因素，对构件产品造成极大影响时的保证措施交代给所有人员。

7）应把构件生产中的机械设备性能、操作要求、故障排除进行交底。

8）应不断地把市场的变化、科技信息向全体人员传达。

技术交底一般分三级进行，先由总工程师向各技术科长进行交底，再由技术科长向有关技术员交底，最后向各班组长和生产人员进行交底。

（3）技术复核

技术复核是整个构件生产过程中十分重要的技术活动和质量管理工作。它主要依据设计图集、图纸及有关技术标准进行复查和核验，其目的在于避免构件生产技术发生重大差错。技术复核工作应当在操作人员参加的情况下，由专业检查人员负责进行，并应进行签证，对于发现的问题，应当及时处理，然后才能继续进行构件生产。

一般重点复核的内容有：

1）模板尺寸、模板上的内部清理、隔离剂的涂抹情况，以及预埋件、预留孔等。

2）钢筋的级别、规格、数量；弯曲钢筋的弯起点，锚固长度；钢筋的搭接长度等。长线台座上的钢丝排列位置、钢丝的应力值等。

3）混凝土配合比，砂、石、外加剂的材质检验；水泥的标号、用量、合格证和复验报告等。

4）各生产工序的技术要求，如投料顺序、密实成型、构件养护、堆放的各种要求。

（4）技术措施的编制

编制技术措施就是按照构件生产的特点，在完全理解图纸和设计意图的基础上，结合本企业的技术条件，针对性地编制技术措施，以保证构件产品的质量，提高工作效率，降低构件的生产成本。在编制技术措施时，主要应抓好以下 4 个环节：

1）针对性。根据构件的特点，编制针对性的技术措施以满足构件生产的顺利进行。

2）严密性。所制定的构件生产技术措施应考虑到各方因素，方法应得当，所起到的效果应全面。

3）可行性。所制定的技术措施，应结合本企业的资质条件，做到切实可行。

4）严肃性。只要所编制的技术措施一经确定，就必须严格执行，不得任意违反。对需要保密的技术措施，不准任意外露。

第六章　构件生产质量计划

第一节　生产质量计划相关概念

一、产品质量计划

1. 质量计划的概念

“质量计划”是对特定的项目、产品或合同规定由谁及何时应使用哪些程序和相关资源的文件。质量计划提供了一种途径将某一产品、项目或合同的特定要求与现行的通用质量体系程序联系起来。虽然要增加一些书面程序，但质量计划无须开发超出现行规定的一套综合的程序或作业指导书。一个质量计划可以用于监测和评估贯彻质量要求的情况，但这个指南并不是为了用作符合要求的清单。质量计划也可以用于没有文件化质量体系的情况，在这种情况下，需要编制程序以支持质量计划。

质量计划需要回答的是如何通过各种质量相关活动来保证项目达到预期的质量目标。质量计划中的重要输入是质量目标，而质量目标来源于用户需求和商业目标，项目质量计划根据质量目标制订，包括质量保证计划和质量跟踪控制计划。

质量属性既包括正确、可用等功能性属性，也包括性能、安全、易用、可维护等非功能性属性。各质量属性间本身也存在正负相互作用力，提高某个质量属性会导致其他质量属性受到影响，也会使项目进度成本等其他要素受到影响。项目进度成本有限，不可能满足所有的质量要求，因此必须系统地确定各质量属性满足的优先级和程度。

质量计划的作用：首先，质量计划是一种工具，用于组织内部时，应确保特定产品、项目或合同的要求被恰当地纳入质量计划；在合同情况下，质量计划能向其顾客证实具体合同的特定要求已被充分阐述。其次，可在特定产品、项目或合同上代替或减少其他质量体系文件的运用，简化现场管理。最后，质量计划应在合同签订前编制质量计划，并可作为质量文件的一部分参加投标。

2. 质量计划的编制要求

1）以特定产品、项目或合同为对象，将质量保证标准、质量手册和程序文件的通用要求与特定产品、项目或合同联系起来的文件。仅需涉及与特定产品、项目等有关的活动，对一般要求可直接采用或引用现行的质量文件，应保持与现行质量文件要求的一致性。

2）产品结构简单、品种单一或形成系列产品时，一个质量计划可包容，则不必针对每个产品都制订质量计划。

3）质量计划可高于但不能低于通用质量体系文件的要求。应明确质量计划所涉及的质量活动，并对其责任和权限进行分配；质量计划应由技术负责人主持，相关部门及人员参加制订。考虑相互间的协调性和可操作性。

4）当现行产品技术状态发生显著变化时，应考虑编制新的质量计划。

二、项目质量计划

项目质量计划是指为确定项目应该达到的质量标准和如何达到这些项目质量标准而做的项目质量的计划与安排。项目质量计划是质量策划的结果之一。它规定了与项目相关的质量标准，如何满足这些标准，由谁以及何时应使用哪些程序和相关资源。项目质量计划工作的成果：项目质量计划、项目质量工作说明、质量核检清单、可用于其他管理的信息。

项目质量管理计划包含一些程序，要求保证该项目能够兑现其关于满足各种需求的承诺。包括在质量体系中，与决定质量工作的策略、目标和责任的全部管理功能有关的各种活动，并通过诸如质量计划、质量保证和质量提高等手段来完成这些活动。质量计划一般确定哪些质量标准适用于该项目，并决定如何达标。

质量保证——在常规基础上对整个项目执行情况作评估，以提供信用，保证该项目能够达到有关质量标准。

质量控制——监控特定项目的执行结果，以确定它们是否符合有关的质量标准，并确定适当方式消除导致项目绩效令人不满意的原因。

这些工作程序互有影响，并且与其他知识领域中的程序之间也会相互影响。依据项目的需要，每道程序都可能包含一个或更多的个人或团队的努力。在每个项目阶段中，每道程序通常都会至少经历一次。

项目管理小组必须注意，不要把质量与等级相混淆。等级是“一种具有相同使用功能，不同质量要求的实体的类别或级别”。质量低通常是个问题，级别低就可能不是。例如一个软件产品可能是高质量（没有明显问题，具备可读性较强的用户手册）、低等级（数量有限的功能特点）或者是低质量（问题多，用户文件组织混乱）、高等级（无数的功能特点）。决定和传达质量与等级的要求层次是项目经理和项目管理小组的责任。

三、生产项目质量计划

生产项目质量计划就是将生产项目及其合同的特定要求与现行的通用质量体系程序相结合。计划中应明确指出所开展的质量活动，并直接或间接通过相应程序或其他文件，指出如何实施这些活动。质量计划应充分考虑与生产项目管理实施规划、生产方案等文件的协调与匹配要求。

质量计划可以作为项目实施规划的一部分或单独成文。生产项目质量计划应成为对外质量保证和对内质量控制的依据。生产项目质量计划应由生产项目质量经理（质量工程师）在生产项目策划过程中编制，经生产项目经理批准后发布实施，应体现工序、分项工程、分部工程及单位工程的过程控制，体现从资源投入到完成工程的最终检验和试验的全过程质量控制。

生产项目质量计划的基本内容一般应包括：

1）生产特点及生产条件（合同条件、法规条件和现场条件等）分析。

2）质量总目标及其分解目标。

3）质量管理组织机构和职责，人员及资源配置计划。

4）确定生产工艺与操作方法的技术方案和生产组织方案。

5）生产材料、设备等物资的质量管理及控制措施。

6）生产质量检验、检测、试验工作的计划安排及其实施方法与接收准则。

7）生产质量控制点及其跟踪控制的方式与要求、质量记录的要求等。

第二节　生产质量计划编制方法

生产质量计划应由自控主体即预制构件生产企业进行编制。质量计划的编制方法有很多，一般会根据项目所属专业领域的不同而不同。最常用的项目质量计划编制方法有以下几种：

1. 成本/收益分析法

成本/收益分析法是指以货币单位为基础对投入与产出进行估算和衡量的方法。它是一种预先作出的计划方案。在市场经济条件下，任何一个经济主体在进行经济活动时，都要考虑具体经济行为在经济价值上的得失，以便对投入与产出关系有一个尽可能科学的估计。这种方法的内在精神是追求最大收益，但这种对效益的追求带有强烈的自利性。成本/收益分析法的出发点和目的是追求行为者自身的利益，它只不过是行为者获得自身利益的一种计算工具。成本/收益分析法追求的效用是行为者自己的效用，不是他人的效用，这是其指向性，即自利性。

成本/收益分析法也叫经济质量法，这种方法要求在制订项目质量计划时必须同时考虑项目质量的经济性。所谓项目质量成本，是指开展项目质量管理活动所需的开支，而项目质量收益是指开展项目质量活动带来的好处（如质量保障的主要好处是减少返工、提高生产率和降低成本等），项目质量计划中的成本/收益分析法的实质是通过运用这种方法编制出能够保障项目质量收益超过项目质量成本的项目质量管理计划。从项目质量成本的角度出发，任何一个项目的质量管理都需要开展两个方面的工作，一是项目质量的保障工作，这是防止项目产出物出现缺陷的管理工作，二是项目质量检验与恢复工作，这是通过检验发现质量问题并采取措施恢复项目质量的工作。这些工作都会产生质量成本：第一种是项目质量保障成本，第二种是项目质量纠偏（或称质量恢复）成本。项目质量保障成本越高，项目质量的纠偏成本就会越低，反之则相反。项目质量计划的成本/收益分析法就是考虑和合理安排项目这些质量成本，从而使项目质量总成本达到相对最低的一种项目质量计划的方法。

成本/收益分析法包括 3 种主要方法：净现值法（NPV）、现值指数法、内含报酬率法。这 3 种方法各有特点，具有不同的适用性。一般而言，如果投资项目是不可分割的，则应采用净现值法；如果投资项目是可分割的，则应采用现值指数法，优先采用现值指数高的项目；如果投资项目的收益可以用于再投资时，则可采用内含报酬率法。

2. 质量标杆法

质量标杆法又称确定基准计划，就是以其他项目的质量计划和质量管理结果为基准，从而制订出本项目质量管理计划的一种方法，其他项目可以是项目团队以前完成的类似项目，也可以是其他项目团队已经完成的或正在进行的项目。

质量标杆法是指利用其他项目的实际或计划质量结果作为新项目的质量比照目标，通过对照比较这些质量标杆制订出新项目质量计划的方法，它也是最常用的项目质量计划方法之一。这里所说的其他项目可以是项目组织自己以前完成的项目，也可以是其他组织完成的或正在进行的项目。通常的做法是以标杆项目的质量方针、质量标准和规范、质量管理计划、质量核检清单、质量工作说明文件、质量改进记录和原始质量凭证等文件为蓝本，运用相关技术和工具，结合新项目的特点来制定新项目的质量计划文件。使用这一方法时，应充分注意标杆项目的选择和充分考虑标杆项目质量中实际发生的质量问题及教训，对这些问题在制订新项目质量计划时要考虑努力避免，并要制订相应的质量问题的防范措施方案和应急计划，从而尽可能避免类似项目质量事故的发生。实施质量标杆法的必要四环节包括收集信息、分析信息和资料、找出差距、制定对策。

3. 流程图法

流程图法是使用流程图去编制项目质量计划的方法，这也是一种常用的项目质量计划方法。其中的流程图是用于表达一个项目的工作过程和项目不同部分之间相互联系的方法，它也被用于分析和确定项目实施的过程中项目质量的形成过程，所以它也是一种编制项目质量计划的方法。该方法的优点是清晰、直观、简捷，容易使人们了解和掌握制度的核心内容和操作步骤。

在项目质量计划中可以使用的项目流程图包括项目系统流程图、项目实施过程流程图、项目的作业过程流程图等。同时还有许多用于分析项目质量的其他图表，如帕雷斯图、鱼骨图、*X-R* 图等，也属于使用流程图法的工具和技术之列，这些工具和技术从不同侧面给出了项目质量问题的原因以及它们是如何影响项目质量及其后果等方面的信息。通过对项目流程中可能发生的质量问题和对质量问题的原因分析与归类，人们就能够编制出应对项目质量问题的对策和项目质量计划。同时，编制项目流程图还有助于预测项目质量问题的发生环节，有助于分清项目质量管理的责任，有助于找出解决项目质量问题的措施，所以流程图法是一种编制项目质量计划非常有效的方法。在编制流程图时要注意收集必要的信息和实际情况，要将所有的项目活动均考虑进去，尽量避免漏项，而且各个项目活动的时间顺序应可行。这种方法通常是参考其他类似项目使用过的或已编制出的各种流程图，先编制一个粗略的流程图，然后再逐步细化，最终得到新项目的质量计划。

4. 实验设计法

实验设计法是数理统计学的一个分支，主要研究如何制订实验方案以提高实验效率，缩小随机误差的影响，并使实验结果能有效地进行统计分析的理论与方法。

实验设计法是一种计划安排的分析技术方法，它有助于识别在多种变量中何种变量对项目成果的影响最大，从而找出项目质量的关键因素以用于指导项目质量计划的编制。这种方法最广泛的应用范畴是用于寻找解决项目质量问题的措施与方法。在一般项目的实施和科研活动中，为保证质量和降低成本，经常会遇到如何选择最优方案的问题。例如，怎样选择合适的配方、合理的工艺参数、最佳的生产条件，以及怎样安排核查方案能做到最节省成本。这类问题在数学上称为最优化或优选法，实验设计法是这类决策优化的方法之一，它特别适用于对质量方案和质量管理方案的优化分析。常用的实验设计法有对分法、均分法和 0.618 法（又叫黄金分割法）等。这些方法都可以用于计划和安排科学研究和技术开发之类项目的质量计划。实验设计应遵循 3 个原则：随机化、局部控制、重复。随机化的目的是使实验结果尽量避免受到主客观系统性因素的影响而呈现偏倚性；局部控制是用划分区组的方法，使区组内部条件尽可能一致；重复是为了降低随机误差的影响，以保证实验结果的重现性。

5. 生产质量计划的审批

（1）企业内部的审批

生产单位的项目生产质量计划或生产组织设计的编制与审批，应根据企业质量管理程序性文件规定的权限和流程进行。通常是由项目经理部主持编制，报企业组织管理层批准。生产质量计划或生产组织设计文件的审批过程，是构件企业自主技术决策和管理决策的过程，也是发挥企业职能部门与生产项目管理团队的智慧和经验的过程。

（2）项目监理机构的审查

在工程开工前，项目监理机构应审查构件生产单位报审的生产组织设计，符合要求时，应由总监签认后报建设单位。

（3）审批关系的处理原则

1）充分发挥质量自控主体和监控主体的共同作用，生产企业内部的审批，首先应从履行工程承包合同的角度审查实现合同质量目标的合理性和可行性。

2）生产质量计划在审批过程中，对监理工程师审查所提出的建议、希望、要求等意见是否采纳以及采纳的程度，应由负责质量计划编制的生产单位自主决策，并对相应执行结果承担责任。

3）在实施过程中如因条件变化需要对某些重要决定进行修改时，其修改内容仍应按照相应程序经过审批后执行。

第三节　生产质量计划内容

一、质量计划编制依据

质量计划编制依据主要有：

1）工程承包合同、设计图纸及相关文件。

2）企业和项目部的质量管理体系文件及要求。

3）国家和地方相关的法律、法规、技术标准、规范，有关生产操作规程。

4）生产组织设计、专项生产方案及项目计划。

生产组织设计除包含质量计划的内容外，还包括进度计划、安全计划、生产费用计划等方面的内容，生产项目质量计划是对外质量保证和对内质量控制的依据，但生产组织设计是指导生产的指导性文件，只用于生产单位内部的管理和控制。

生产质量计划还要对材料进行质量要求，特别是进口建筑装饰装修材料进场时，对品种、规格、外观和尺寸进行验收，材料包装完好，而且还应该具有产品合格证书、相关性能的检测报告、规定的商品检验报告。例如，钢筋进场时，承包单位的进场验证应检查材质证明，并根据供料计划和有关标准进行现场验证和记录。质量验证包括钢筋的品种、型号、规格、数量、外观检查和见证取样，进行物理机械性能试验。每批供应的钢材必须具有出厂合格证，合格证上的内容应齐全清楚，包括材料名称、品种、规格、型号、出厂日期、批量、炉号、每个炉号的生产数量、供应数量，主要化学成分和物理机械性能，并加盖生产厂家的公章。

二、生产准备及资源配置计划

预制构件的技术准备阶段通常包括以下几个方面内容：

（1）原材料的准备

依据预制构件深化设计图纸及订单要求数量，准备生产所需的预埋预留材料、钢筋、固定工装及配置混凝土所需材料等。

（2）模具制造

模具是预制构件生产过程中极其重要的资源，模具加工之前管理人员还需确定每种类型预制构件的单次生产中可使用最大模具数量即开模数量，以明确需加工模具类型及数量。开模数量是预制构件生产的前置决策，并没有一个固定的数值或公式计算，通常由预制构件厂依据对装配施工的需求、生产时间的限制、预制构件分摊的模具制造成本及模具的周转使用次数等条件偏好确定。

（3）生产方案

生产方案主要由预制构件布局方案和生产调度方案两部分构成，每部分所涵盖的具体内容如下。

1）布局方案。在模具制造完成后，预制构件在模台上进行后续的生产之前，依据模具和预制构件的对应关系、每种类型预制构件的开模数量、模台的尺寸以及每个交付批中预制构件的需求数量，确定布局方案中使用的模台数量及每张模台上排布的预制构件、排布位置，为下一步生产做准备。

2）生产调度方案。在前期布局方案的基础上，通过收集前期模台上预制构件每道工序的操作时间、预制构件布局方案和混凝土需求等数据，合理安排模台生产的先后顺序，协调模具、养护窑和劳动力等资源的分配，确定每个模台各个工序开始时间、结束时间及本批次预制构件生产总的完成时间以满足生产目标的要求。

预制构件的布局方案与生产调度方案是生产流程中的两大关键阶段，二者是相互联系的。一方面，在制订布局方案时要考虑到生产调度阶段的需求；另一方面，布局方案中模台的使用数量、模具的布局次数和每个模台上所布置的预制构件数量及类型等数据是确定生产调度方案的基础数据。这两个阶段之间的数据传递则通过模具和模台实现。模具和模台不仅是重要的生产资源，也是预制构件生产信息的载体，可传递生产数据，如模台的使用数量、每个模台上所布置的预制构件数量及类型，模台各工序的开始时间和结束时间，模具的释放时间等数据，从而建立预制构件布局和生产调度两阶段之间的联系。

三、确定生产工艺和生产方案

生产工艺是否先进合理，技术措施与组织方案是否得当，直接影响工程建设质量进度、投资以及低碳和绿色生产等各个方面，同时生产工艺、生产方法合理可靠也直接影响生产安全，因此在编制工程质量计划时，制订和采用技术先进、经济合理、安全可靠、低排放、符合绿色生产要求等的生产技术方案和组织方案是质量计划的重要内容之一，生产工艺方案应包括以下几个方面：

1）在充分调研生产现场自然环境、生产质量管理环境、生产作业环境等的基础上，群策群力、集思广益地深入正确地分析工程特征、技术关键及环境条件等资料，明确质量目标、验收标准、质量控制的重点和难点，特别是对于“高、大、特、新”以及不熟悉的构件，则需要通过开展 QC 小组活动（质量控制小组活动）、技术攻关及专家论证等方法制订相应的技术方案和组织方案。

2）技术方案应当包括生产准备（材料、机具和模板、脚手架等生产设备、作业条件等）、操作工艺（工艺流程、生产方法、检验试验等）、质量标准（主控项目、一般项目、质量控制资料等）、成品保护以及质量控制的难点重点和应注意的安全问题等。

3）生产工艺的组织方案主要包括生产段的划分，生产的起点、流向，流水生产的形式和劳动组织，合理规划生产临时设施，合理布置生产总平面图和各阶段生产平面图等。

四、生产质量的检验与检测控制

为了加强对建设工程质量检测的管理，根据《中华人民共和国建筑法》《建设工程质量管理条例》，专门制定建设工程质量检测管理办法。申请从事对涉及建筑物、构筑物结构安全的试块、试件以及有关材料检测的工程质量检测机构，实施对建设工程质量检测活动的监督管理应当遵守专门的工程质量检测管理办法。

（1）加强检测控制

质量检测是及时发现和消除不合格工序的主要手段。质量检验的控制主要是从制度上加以保证，例如，技术复核制度、现场材料进货验收和现场见证取样送检制度、工程验收的三检制度、隐蔽验收制度、首件样板制度、质量联查制度和质量奖惩办法等。通过这些检测控制，有效地防止不合格工序转序，并能制定出有针对性的纠正和预防措施。

（2）工程检测项目方法及控制措施

根据工程项目的进度及各个阶段的特点，规定材料、构件、生产条件、结构形式在什么条件、什么时间验，验什么，谁来验等，也就是说要编制检（试）验计划书。如钢材进场必须进行型号、钢种、炉号、批量等内容的检验，要进行外观质量检查、重量偏差检查，要现场随机取样送检等，以上这些检查和检验，什么时间验、谁来验、质量标准是什么等都要在质量计划中明确。同时规定生产现场必须设立试验室（室、员）配置相应的试验设备，完善试验条件，规定试验人员资格和试验内容；对于特定要求要规定试验程序及对程序过程进行控制的措施。当企业和现场条件不能满足所需各项试验要求时，要规定委托上级试验或外单位试验的方案和措施。当有合同要求的专业试验时，应规定有关的试验方案和措施。对于需要进行状态检验和试验的内容，必须规定每个检验试验点所需检验及试验的特性、所采用程序、验收准则、必需的专用工具、技术人员资格、标识方式、记录等要求，如结构的荷载试验等。

五、质量记录

质量记录是指企业已经进行过的质量活动所留下的记录，是用以证明质量体系有效运行的客观证据。质量记录是获得必要的产品质量及有效实施质量体系各要素的客观证据。ISO 标准描述的质量体系，要求供方应制定质量记录的标识、收集、编目、归档、存贮、保管和处理程序，并贯彻执行。

这里讲的质量记录主要是指构件生产质量记录，构件生产质量记录就是预制构件企业从签订合同开始，一直到完成合同规定的生产任务与工程或产品质量相关的记录。

对质量记录进行控制，为证明工程质量满足规定要求提供客观证据，为在有可追溯性要求的场合和制定与实施纠正及预防措施时提供证实。质量记录要求主要有以下几个方面：

1）明确质量记录部门和各个相关岗位的职责。

2）质量记录的规范和内容。

3）质量记录工作程序。

4）构件质量记录的形式和标识。

5）构件质量记录的收集与管理。

6）构件质量记录的处置。

7）质量记录相关支持文件。

第七章　构件检验

第一节　构件检验概述

产品质量检验就是借助某种手段和方法，用检测仪器和必要的检测工具测定产品质量的特征和特性，然后把测定的结果同既定的产品质量标准相比较，从而对原材料、半成品或成品做出质量合格与否的判定。它是质量控制的一种必要手段，是质量管理活动中重要的组成部分。所以，搞好建筑构件产品的质量检验，是构件企业经营活动中的主要环节。

一、质量检验的意义

利用科学的方法对建筑构件产品质量进行检验，实质上就是对构件产品质量进行预防、把关和监督的质量管理活动。

1. 预防不合格产品的产生

通过对建筑构件产品进行检验，可直接预防不合格产品的产生，提高构件质量等级，促进企业的经济发展，并取得良好的企业信誉。所以，这种检验是在企业内部进行的，它具有 3 项职能。

（1）预防职能

构件产品形成是用许多原材料经过优化组合而成为一个完整的结构体。但是由于许多材料的来源不同，就有可能由于原材料质量的差异而影响构件的产品质量。例如钢材的外观质量、力学性能；水泥的强度、安定性等。所以，只有通过检验，才能发现这些材料合格与否，从而防患于未然。

（2）把关职能

如通过对混凝土的强度检测，就可以根据检测结果确定预应力钢丝的放张时间；对混凝土工作性能进行检测，就能把握好构件制作过程中混凝土的流动性、和易性等性能要求的关键；对构件进行结构性能检验后，就可以确定是否能出厂。

（3）反馈职能

产品质量是由数据来反映的，对构件产品进行质量检验后，就可以根据这些数据进行整理和分析，找出不合格的因素，及时反馈到各有关部门和各道工序中去，可有效地改进、提高构件产品质量，为企业的科学管理提供可靠的依据。例如对混凝土强度的检验评定，当其不符合标准要求时，则应调整配合比；当对砂和石子的含水量进行检测后，就可以有效地控制拌合用水量。所以反馈活动是提高构件产品质量的有效途径。

2. 维护社会安定，保护用户利益

混凝土构件产品，不仅仅使用在一般的民用建筑工程中，而且在工业、农业、交通运输、水利枢纽工程中早已广泛地应用，可以说，混凝土构件已成为现代文明世界的主要物资基础之一，与人们的生活息息相关。如果不对构件产品进行严格的检验，就可能使不合格的构件产品流入市场，在一定的条件下，该构件就可能遭到破坏塌落造成人身伤亡。所以，质量检验是极严肃而又认真的质量管理工作。

二、质量检验的方法

（1）强制性检验

强制性检验就是构件质量监督部门定期或不定期地对构件产品进行检验，一般只对工序产品、构件成品进行检验。例如国家计量部门对检测设备压力机、拉力机进行一年一次的强制标定；质量监督部门对产品的结构性能检验等。

（2）自主检验

自主检验是企业内部的一种自觉性检验。它不仅对工序质量、成品质量、生产过程质量进行检验，还可对人员的素质和工作质量进行考核。例如企业中的自检、互检、交接检验；对各种原材料的称量偏差检验；制作过程中的混凝土密实程度等检验都属于自主检验。企业领导对职工进行业务考核、开展技术竞赛就是对人员素质的检验。

（3）目测检验和实测检验

目测检验也叫作观察检验，就是质量检验人员通过目测感觉，通过大脑的分析对成品质量做出定性的判断。例如，构件产品的缺棱掉角、麻面蜂窝、裂缝及变形就是目测检验所发现的质量问题。

实测检验就是检验人员利用直尺、塞尺、千分表等计量器具和设备对构件产品进行的检验，如对构件几何尺寸的测量、结构性能的检验、回弹仪对混凝土强度的测定等。通过检测的统计计算结果来判断产品的质量等级。

（4）全数检验

全数检验指对交验批的所有产品都要进行检验。如对木、竹模板的检验；钢筋网、钢筋骨架主筋的规格、数量的检验；预应力钢丝断裂或滑脱数量的检验等。

全数检验适合以下情况：

1）对产品整体的性能有较大影响的关键件，或主要件的重要尺寸部位；

2）对下道工序加工影响较大的尺寸部位；

3）手工操作，质量又不稳定或者不够稳定的工序；

4）一些批量不大，质量无可靠措施的产品；

5）使用的设备、原材料等的精度或质量不够可靠，不能保证加工质量的产品。

（5）抽样检验

抽样检验是按照预先制订的抽样方案，采用随机抽样，从一批产品中抽取一定数量的样本，根据对样本的检验结果，来判断整批产品的质量水平。抽样检验的好处是可以大大减少检验的工作量，减轻检验人员的劳动强度，减少检测设备、仪器的占用量等。

抽样检验的适用条件如下：

1）协作厂或外购的成批原材料或半成品；

2）生产批量大、自动化程度比较高，企业质量管理措施得力，产品质量比较稳定；

3）使用的设备技术精密度高、原材料质量可靠，能够保证产品质量100%的稳定；

4）需要进行破坏性检验和首件试验产品；

5）构件产品产值高，或者尽量减少检验费用。

例如，对钢筋和钢丝的抗拉强度检验、钢筋和钢丝加工尺寸偏差的检验、钢筋放张时混凝土强度的检验以及结构性能的检验等都属于抽样检验。

第二节　构件检验内容

一、模具检验

1. 模具要求

（1）设计

1）模具方案应根据生产工艺、产品类型等制订，应建立健全模具验收、使用制度。

2）模具材料应满足设计及生产工艺要求。

3）模具应装拆方便，并应满足预制构件质量、生产工艺和周转次数等要求。

4）模具部件宜标准化、定型化，便于组装成多种尺寸形状。

5）模具材料宜采用钢材，能满足设计及生产工艺要求时，可采用其他材料。

6）模具设计应考虑混凝土浇筑、脱模、翻转、起吊的强度、刚度和稳定性要求，且便于支、拆和钢筋安放及混凝土浇筑。

7）模具表面应平整、光滑，不应有划痕、生锈、氧化层脱落等现象。

8）模具设计应考虑防腐防锈。

（2）组装

模具应具有足够的强度、刚度和整体稳固性，并应符合下列规定：

1）模具组装宜采用螺栓或销钉连接；模具组装应牢固、严密不漏浆。各部件之间应连接牢固、接缝紧密，附带的埋件或工装应定位准确、安装牢固。

2）模具底模宜采用固定式，用作底模的台座、胎模、地坪及铺设的底板等应平整光洁，不得有下沉、裂缝、起砂和起鼓。

3）模具应保持清洁，涂刷脱模剂、表面缓凝剂时应均匀、无漏刷、无堆积，且不得沾污钢筋，不得影响预制构件外观效果。

4）模具与平模台间的螺栓、定位销、磁盒等固定方式应可靠，防止混凝土振捣成型时造成模具偏移和漏浆。

5）模具摆放场地应平整、坚固、无积水。

2. 检验项目

模具按下列规定进行检验：

1）模具应具有足够的强度、刚度和整体稳固性，且应符合下列规定：

①模具应装拆方便，应满足预制构件质量、生产工艺和周转次数等要求。

②结构造型复杂、外形有特殊要求的模具应制作样板，经检验合格后方可批量制作。

③模具各部件之间应连接牢固，接缝应紧密，附带的埋件或工装应定位准确，安装牢固。

④用作底模的台座、脱模、地坪及铺设的底板等应平整光洁，不得下沉裂缝、起砂和起鼓。

⑤模具应保持清洁，涂刷脱模剂、表面缓凝剂时应均匀、无漏刷、无堆积，且不得污染钢筋，不得影响预制构件外观质量。

⑥应定期检查侧模、预埋件和预留孔洞定位措施的有效性；应采取防止模具变形和锈蚀的措施；重新启用的模具应检验合格后方可使用。

⑦模具与模台间的螺栓、定位销、磁盒等固定应可靠，以防止混凝土振捣成型时造成模具偏移和漏浆。

2）除设计有特殊要求外，预制构件模具尺寸偏差和检验方法应符合表 7-1 的规定。

表 7-1 预制构件模具尺寸偏差和检验方法

项目	检验项目		允许偏差/mm	检验方法
1	长度	≤6 m	1，−2	用尺量平行构件高度方向，取其中偏差绝对值较大处
		＞6 m 且≤12 m	2，−4	
		＞12 m	3，−5	
2	宽度、高厚度	墙板	1，−2	用尺量两端或中部，取其中偏差绝对值较大处
		其他构件	2，−4	
3	底模表面平整度		2	用 2 m 靠尺和塞尺量
4	对角线偏差		3	用尺量对角线
5	侧向弯曲		L/1 500≤5	拉线，用尺量侧向弯曲最大处
6	翘曲		L/1 500	对角线测量交点间距离值的 2 倍
7	组装缝隙		1	用塞片或塞尺量，取最大值
8	端模和侧模高低差		1	用尺量

3）预埋件与预留孔洞宜通过模具进行定位并安装牢固，其安装偏差应符合表 7-2 的规定。

表 7-2　模具上预埋件、预留孔洞安装允许偏差

项目	检验项目		允许偏差/mm	检验方法
1	预埋钢板、建筑幕墙用槽式预埋组件	中心线位置	3	用尺量测纵、横两个方向的中心线位置，取其中较大值
		平面高差	±2	钢直尺和塞尺检查
2	预埋管、电线盒、电线管水平和垂直方向的中心线位置偏移、预留孔、浆锚搭接预留孔（或波纹管）		2	用尺量测纵、横两个方向的中心线位置，取其中较大值
3	插筋	中心线位置	3	用尺量测纵、横两个方向的中心线位置，取其中较大值
		外露长度	+10，0	用尺量测
4	吊环	中心线位置	3	用尺量测纵、横两个方向的中心线位置，取其中较大值
		外露长度	0，−5	用尺量测
5	预埋螺栓	中心线位置	2	用尺量测纵、横两个方向的中心线位置，取其中较大值
		外露长度	+5，0	用尺量测
6	预埋螺母	中心线位置	2	用尺量测纵、横两个方向的中心线位置，取其中较大值
		平面高差	±1	钢直尺和塞尺检查
7	预留洞口	中心线位置	3	用尺量测纵、横两个方向的中心线位置，取其中较大值
		尺寸	+3，0	用尺量测纵、横两个方向的尺寸，取其中较大值
8	灌浆套筒及连接钢筋	灌浆套筒中心线位置	1	用尺量测纵、横两个方向的中心线位置，取其中较大值
		连接钢筋中心线位置	1	用尺量测纵、横两个方向的中心线位置，取其中较大值
		连接钢筋外露长度	+5，0	用尺量测

4）预埋件用钢材及焊条的性能应符合设计要求，预埋件加工偏差应符合表 7-3 的规定。

表 7-3　预埋件加工允许偏差

项目	检验项目		允许偏差/mm	检验方法
1	预埋件锚板（墩头）边长		0，−5	钢尺检查
2	预埋件锚板平整度		1	直尺、塞尺检查
3	锚筋	长度	10，−5	钢尺检查
4		间距偏差	±10	钢尺检查

5）预埋门窗框时，应在模具上设置限位装置进行固定，并应逐件检验。门窗框安装允许偏差和检验方法应符合表 7-4 的规定。

表 7-4　门窗框安装允许偏差和检验方法

项目	检验项目		允许偏差/mm	检验方法
1	锚固脚片	中心线位置	5	钢尺检查
		外露长度	+5，0	
2	门窗框位置		2	钢尺检查
3	门窗框高、宽		±2	钢尺检查
4	门窗框对角线		±2	钢尺检查
5	门窗框平整度		2	靠尺检查

6）应定期检查侧模、预埋间和预留孔洞定位措施的有效性，应采取防止模具变形和锈蚀的措施。

7）重新启用的模具应检验合格后使用。

3. 质量验收

（1）主控项目检验

1）模具及所用材料、配件的品种、规格等应符合设计要求。

检查数量：全数检查。

检验方法：观察、检查设计图纸要求。

2）用作底模的模台应平整光洁，不得下沉、裂缝、起砂或起鼓。

检查数量：全数检查。

检验方法：观察。

3）模具的件与部件之间、模具与模台之间应连接牢固；预制构件上的预埋件均应有可靠固定措施。

检查数量：全数检查。

检验方法：观察、摇动检查。

（2）一般项目检验

1）模具内表面的隔离剂应涂刷均匀、无堆积，且不得沾污钢筋；在浇筑混凝土前，模具内应无杂物。

检查数量：全数检查。

检验方法：观察。

2）预制构件模具组装后的尺寸偏差及检验方法应符合表 7-1 的规定。

检查数量：首次使用及大修后的模具应全数检查；使用中的模具及同一工作班安装的模具，抽查 10%，且不少于 5 件。

检验方法：观察、拉线、尺量。

3）固定在模具上的预埋件、预留孔洞中心位置的允许偏差应符合表 7-2 的规定。

检查数量：同一工作班安装的模具，抽查 10%，且不少于 5 件。

检验方法：尺量。

二、材料检验

（一）混凝土原材料

1. 水泥

1）水泥应采用强度不低于 42.5 级的硅酸盐、普通硅酸盐水泥。水泥进厂时，应对其品种、代号、强度等级、包装或散装编号、出厂日期等进行检查，并应对水泥的强度、安定性和凝结时间进行检验，检验结果应符合现行国家标准《通用硅酸盐水泥》（GB 175）等相关规定。

检查数量：按同一厂家、同一品种、同一代号、同一强度等级、同一批号且连续进场的水泥，袋装不超过 200 t 为一批，散装不超过 500 t 为一批，每批抽样数量不应少于一次。

检验方法：检查质量证明文件和抽样检验报告。

2）水泥、外加剂进厂检验，当满足下列条件之一时，其检验批容量可扩大 1 倍：

①获得认证的产品；

②同一厂家、同一品种、同一规格的产品，连续 3 次进场检验均一次检验合格。

3）检验方法及要求

①强度检验（ISO 胶砂法）：首先用湿布湿润搅拌锅（图 7-1）待用，再用天平准确称取 450 g 水泥，用量筒量取 225 ml 水待用。将水加入搅拌锅后，把水泥加入搅拌锅，同时将标准砂加入沙漏中，然后启动搅拌机，开始搅拌。

图 7-1　搅拌锅

②将搅拌好的试验样分两次放入振动台[图 7-2（a）]上的试模内，并分两次振动，每次 60 次将成型好的试块放入标准养护箱[图 7-2（b）]中养护，次日将试模拆去，将试块养护到规定的龄期，龄期到达后进行强度试验，并记录数据，形成水泥强度检验报告。

③安定性检验：沸煮法合格。

④凝结性能：硅酸盐水泥初凝不小于 45 min，终凝不大于 390 min；普通硅酸盐水泥、矿渣硅酸盐水泥、火山灰质硅酸盐水泥、粉煤灰硅酸盐水泥和复合硅酸盐水泥初凝不小于 45 min，终凝不大于 600 min。

⑤细度：硅酸盐水泥和普通硅酸盐水泥以比表面积表示，不小于 300 m^2/kg；矿渣硅酸盐水泥、火山灰质硅酸盐水泥、粉煤灰硅酸盐水泥和复合硅酸盐水泥以筛余表示，80 μm 方孔筛筛余不大于 10%或 45 μm 方孔筛筛余不大于 30%。

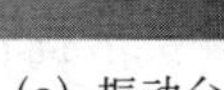

（a）振动台

（b）标准养护箱

图 7-2　水泥检测仪器

2. 骨料

混凝土原材料中的粗骨料、细骨料质量应符合现行行业标准《普通混凝土用砂、石质量及检验方法标准》（JGJ 52）的规定。

检查数量：按现行行业标准《普通混凝土用砂、石质量及检验方法标准》（JGJ 52）的规定确定。

1）砂在使用前应对其含水、含泥量进行检验，并用筛选分析试验对其颗粒级配及细度模数进行检验，预制构件生产不得使用海砂。

①用天平称取烘干后的砂 500 g 待用。

②将标准筛由大到小排好顺序，将砂加入到最顶层的筛子中。

③将筛子放到振动筛上，开动振动筛完成砂子分级操作，砂筛应采用方孔筛。称出不同筛子上的砂子量，做好记录，得出颗粒级配，并由以上数据计算得出砂子的细度模数。

④除特细砂外，砂的颗粒级配可按公称直径 630 μm 筛孔的累计筛余量（以质量百分率计），分成 3 个级配区。砂的实际颗粒级配与累计筛余相比，除公称粒径的 5.00 mm 和 630 μm 的累计筛余外，其余公称粒径的累计筛余总超出量不应大于 5%。当天然砂的实际颗粒级配不符合要求时，宜采取相应的技术措施，并经试验证明能确保混凝土质量后方允许使用。

此外，还要对砂的含水量、含泥量及泥块含量进行检测，符合相关材料规范要求方可使用。

2）石子在使用前应对其含水、含泥量进行检验，并用筛选分析试验对其颗粒级配进行检验，其质量应符合现行行业标准《普通混凝土用砂、石质量及检验方法标准》（JGJ 52）的规定：

①石子采用筛选分析实验方法参见砂筛选分析实验方法。

②石子的公称粒径、石筛筛孔的公称直径与方孔筛筛孔边长应符合相关规定。

③混凝土用石应采用连续粒级。单粒级宜用于组合成满足要求级配的连续粒级，也可与连续粒级混合使用。

3）对于有抗冻、抗渗或其他特殊要求的混凝土，其所用碎石或卵石的含泥量不应大于1.0%。当碎石或卵石的含泥是非黏土质的石粉时，其含泥量由0.5%、1.0%、2.0%分别提高到1.0%、1.5%、3.0%。对于有抗冻、抗渗和其他特殊要求的强度等级小于C30的混凝土，其所用碎石或卵石的泥块含量应不大于0.5%。

3. 减水剂

减水剂品种应通过试验室进行试配后确定，进场前要求提供商出具合格证和质保单等。减水剂产品应均匀、稳定，其质量应符合现行国家标准《混凝土外加剂》（GB 8076）的规定。

4. 水

混凝土拌制和养护用水应符合现行行业标准《混凝土用水标准》（JGJ 63）的规定。采用饮用水时，可不检验；采用中水、搅拌站清洗水、生产现场循环水或其他水源时，应对其成分进行检验。

检查数量：同一水源检查不应少于一次。

检验方法：检查水质检验报告。

5. 矿物掺合料

混凝土中的矿物掺合料应符合现行国家标准《用于水泥与混凝土中的粉煤灰》（GB 1596）、《用于水泥与混凝土中的粒化高炉矿渣粉》（GB/T 18046）和《高强高性能混凝土用矿物外加剂》（GB/T 18736）等相关标准规定的技术要求。

混凝土用矿物掺合料进厂时，应对其品种、技术指标、出厂日期等进行检查，并应对矿物掺合料的相关技术指标进行检验，检验结果应符合国家现行有关标准的规定。

检查数量：选取按同一厂家、同一品种、同一技术指标、同一批号且连续进场的矿物掺合料，粉煤灰、石灰石粉、磷渣粉和钢铁渣粉不超过200 t为一批，硅灰不超过30 t为一批，每批抽样数量不应少于一次。

检验方法：检查质量证明文件和抽样检验报告。

6. 外加剂

外加剂的品种选择与掺量应进行试配确定。混凝土外加剂进厂时，应对其品种、性能、出厂日期等进行检查，并应对外加剂的相关性能指标进行检验，检验结果应符合现行国家标准《混凝土外加剂》（GB 8076）和《混凝土外加剂应用技术规范》（GB 50119）等的规定。

检查数量：按同一厂家、同一品种、同一性能、同一批号且连续进场的混凝土外加剂，不超过50 t为一批，每批抽样数量不应少于一次。

检验方法：检查质量证明文件和抽样检验报告。

7. 其他要求

1）混凝土中氯化物和碱的总含量应符合现行国家标准《混凝土结构耐久性设计标准》（GB/T 50476）的要求。

2）混凝土应按现行行业标准《普通混凝土配合比设计规程》（JGJ 55）的有关规定，根据混凝土强度等级、耐久性和工作性等要求进行配合比设计。

3）混凝土原材料应按品种、规格分别存放，并应符合下列规定：

①水泥和掺合料应使用筒仓存放，不同生产单位的原材料不得混仓，存储时应保持密封、干燥。

②骨料应按品种、规格分别堆放，不得混入杂物。骨料堆放场地应位于室内，如位于室外时地面应做硬化处理，应采取排水、防尘和防雨等措施。

③液体外加剂应放置于阴凉干燥处，应防止日晒、污染、浸水，使用前应搅拌均匀；有离析、变色等现象时，应经检验合格后再使用。

④生产过程中出现下列情况之一时，应对混凝土配合比重新进行设计：

a. 原材料的产地或品质发生显著变化时；

b. 停产时间超过 1 个月，重新生产前；

c. 合同要求时；

d. 混凝土质量出现异常时。

⑤混凝土生产设备和计量装置的使用应符合相关标准规定和生产要求，计量装置在校准周期内，材料的计量误差见表 7-5。

表 7-5　材料的计量误差（重量）　　单位：%

材料种类	每盘计量允许误差	累计计量误差
水泥	±2	±1
粗、细骨料	±3	±2
拌合用水	±1	±1
外加剂	±1	±1

8. 混凝土拌合物性能要求

1）混凝土拌合物性能应满足设计和施工要求。混凝土拌合物性能试验方法应符合现行国家标准《普通混凝土拌合物性能试验方法标准》（GB/T 50080）的有关规定；坍落度经时损失试验方法应符合《混凝土质量控制标准》（GB 50164）附录 A 的规定。

2）混凝土拌合物的稠度可采用坍落度、维勃稠度或扩展度表示。坍落度检验适用于坍落度不小于 10 mm 的混凝土拌合物，维勃稠度检验适用于维勃稠度 5～30 s 的混凝土拌合物，扩展度适用于泵送高强混凝土和自密实混凝土。坍落度、维勃稠度和扩展度的等级划分及其稠度允许偏差应分别符合表 7-6～表 7-9 的规定。

表 7-6　混凝土拌合物的坍落度等级划分

等级	坍落度/mm
S_1	10～40
S_2	50～90
S_3	100～150
S_4	160～210
S_5	≥220

表 7-7　混凝土拌合物的维勃稠度等级划分

等级	维勃稠度/s
V_0	≥31
V_1	30～21
V_2	20～11
V_3	10～6
V_4	5～3

表 7-8　混凝土拌合物的扩展度等级划分

等级	扩展度/mm	等级	扩展度/mm
F_1	≤340	F_4	490～550
F_2	350～410	F_5	560～620
F_3	420～480	F_6	≥630

表 7-9　混凝土拌合物稠度允许偏差

拌合物性能		允许偏差		
坍落度/mm	设计值	≤40	50～90	≥100
	允许偏差	±10	±20	±30
维勃稠度/s	设计值	≥11	10～6	≤5
	允许偏差	±3	±2	±1
扩展度/mm	设计值	≥350		
	允许偏差	±30		

3）混凝土拌合物应在满足施工要求的前提下，尽可能采用较小的坍落度；泵送混凝土拌合物坍落度设计值不宜大于 180 mm。

4）泵送高强混凝土的扩展度不宜小于 500 mm；自密实混凝土的扩展度不宜小于 600 mm。

5）混凝土拌合物的坍落度经时损失不应影响混凝土的正常施工。泵送混凝土拌合物的坍落度经时损失不宜大于 30 mm/h。

6）混凝土拌合物应具有良好的和易性，并不得离析或泌水。

7）混凝土拌合物的凝结时间应满足施工要求和混凝土性能要求。

8）混凝土拌合物中水溶性氯离子最大含量应符合表 7-10 的要求。混凝土拌合物中水溶性氯离子含量应按照现行行业标准《水运工程混凝土试验规程》（JTJ 270）中混凝土拌合物中氯离子含量的快速测定方法或其他准确度更好的方法进行测定。

表 7-10　混凝土拌合物中水溶性氯离子最大含量（水泥用量的质量百分比）

环境条件	水溶性氯离子最大含量/%		
	钢筋混凝土	预应力混凝土	素混凝土
干燥环境	0.30	0.60	1.00
潮湿但不含氯离子的环境	0.20		
潮湿且含有氯离子的环境、岩渍土环境	0.10		
除冰盐等侵蚀性物质的腐蚀环境	0.06		

9）掺用引气剂或引气型外加剂混凝土拌合物的含气量宜符合表 7-11 的规定。

表 7-11　混凝土含气量

粗骨料最大公称粒径/mm	混凝土含气量/%
20	≤5.5
25	≤5.0
40	≤4.5

（二）其他材料

1. 钢纤维和有机合成纤维

钢纤维和有机合成纤维检验数量选取及检验方法见表 7-12。

表 7-12　钢纤维和有机合成纤维检查方法

序号	检验项目	取样数量	取样方法	试验方法
1	形状	100 根	每批任选	YB/T 151（8.2.1 条）
2	尺寸	100 根	每批任选	YB/T 151（8.2.2 条）
3	抗拉强度	20 根	每批任选	YB/T 151（8.2.3 条）
4	弯曲性能	20 根	每批任选	YB/T 151（8.2.4 条）
5	表面质量	500 g	每批任选	YB/T 151（8.2.6 条）
6	加工碎屑	500 g	每批任选	YB/T 151（8.2.7 条）
7	重量偏差	5 袋（箱）	每批任选	YB/T 151（8.2.8 条）

2. 钢筋浆锚连接用镀锌金属波纹管

（1）检查数量

出厂检验应按批进行。每批应由同一钢带生产厂生产的同一批钢带制造的产品组成。每半年或累计 50 000 m 生产量为一批，外观应全数检验，其他项目抽样数量均为 3 件。

（2）型式检验

同一截面形状、同一性能要求的金属波纹管应按下列规定分组，并在每组中各选用一种规格的有代表性的产品进行型式检验：

1）公称内径小于或等于 60 mm 时，为小规格组；

2）公称内径大于 60 mm 小于或等于 90 mm 时，为中规格组；

3）公称内径大于 90 mm 时，为大规格组；

4）公称内短轴相同的扁管为一组。

所有型式检验项目抽样数量均为 6 件。

（3）检验方法

出厂检验和型式检验的检验项目应符合表 7-13 的规定。

表 7-13　产品检验项目

序号	检验项目	出场检验	型式检验	要求	试验方法
1	外观	√	√	4.4	5.1
2	尺寸	√	√	4.2.2，4.4	5.2
3	抗局部横向荷载性能	√	√	4.5	5.3
4	抗均布荷载性能	—	√	4.5	5.3
5	承受局部横向荷载后抗渗漏性能	—	√	4.6	5.4.1
6	弯曲后抗渗漏性能	√	√	4.6	5.4.2

注：“√”表示需要检验项目，“—”表示不需检验项目，要求和试验方法详见现行行业标准《预应力混凝土用金属波纹管》（JG/T 225）。

（三）预应力筋用锚具、夹具和连接器

1. 检查数量

（1）出厂检验

每批产品的数量是指同一种规格的产品，同一批原材料，用同一种工艺一次投料生产的数量。每个抽检组批不应超过 2 000 件（套），并应符合下列规定：

1）外观、尺寸：抽样数量不应少于 5%且不应少于 10 件（套）；

2）硬度（有硬度要求的零件）：抽样数量不应少于热处理每炉装炉量的 3%且不应少于 6 件（套）；

3）静载锚固性能：应在外观及硬度检验合格后的产品中按锚具、夹具或连接器的成套产品抽样，每批抽样数量为 3 个组装件的用量。

（2）连续生产检验方式

连续生产时，出厂检验可按月取样进行，并应符合下列规定：

1）外观、尺寸：抽样数量不应少于月生产量的 5%；

2）硬度（有硬度要求的零件）：抽样数量不应少于月生产量的 3%；

3）静载锚固性能：同一规格锚具、夹具或连接器抽样数量每 2 月不应少于 3 个组装件的用量；

4）上述检验结果如质量不稳定，应增加取样。

（3）型式检验

对同一系列的产品，应按下列规定分组，并在每组中各选用一种规格的有代表性的产品进行型式检验：1～12 孔为小规格组、13～19 孔为中等规格组、20 孔及以上为大规格组。锚固区传力性能试验的分组应符合现行国家标准《预应力筋用锚具、夹具和连接器》（GB/T 14370）附录 A 的规定。

1）锚具及永久留在混凝土结构或构件中的连接器的型式检验组批数量不应少于 30 件（套），抽样数量应符合下列规定：

2）外观、尺寸及硬度（有硬度要求的产品）：12 件（套）；

3）静载锚固性能：3 个组装件的用量；

4）疲劳荷载性能：3 个组装件的用量；

5）锚板强度：应在已通过静载锚固性能试验并合格的锚板中抽取 3 件；

6）内缩量、锚口摩阻损失、锚固区传力性能和张拉锚固工艺：各抽取 3 组试验的用量；

7）低温锚固性能：对有低温锚固性能要求的锚具，应抽取 1 个组装件的用量。

（4）夹具及连接器检验

夹具及张拉后将要放张和拆卸的连接器的型式检验组批数量不应少于 12 件（套），抽样数量应符合下列规定：

1）外观、尺寸及硬度（有硬度要求的产品）：6 件（套）；

2）静载锚固性能：3 个组装件的用量。

2. 检验方法

出厂检验和型式检验的检验项目应符合表 7-14 的规定。

表 7-14　产品检验项目

锚具、夹具和连接器类别	检验项目	出场检验	型式检验	要求	试验方法
锚具及永久留在混凝土结构或构件中的连接器	外观	√	√	5.3.1	7.2.1
	尺寸	√	√	5.3.2	7.2.2
	硬度	√	√	5.3.3	7.2.3
	静载锚固性能	√	√	6.1.1	7.3
	疲劳荷载性能	—	√	6.1.2	7.4
	锚固区传力性能	—	√	6.1.3	附录 A

续表

锚具、夹具和连接器类别	检验项目	出场检验	型式检验	要求	试验方法
锚具及永久留在混凝土结构或构件中的连接器	低温锚固性能（有低温锚固性能要求的锚具）	—	√	6.1.4	附录 B
	锚板强度（夹片式锚具）	—	√	6.1.5	7.7
	内缩量（夹片式锚具）	—	√	6.1.6	附录 C
	锚口摩阻损失（夹片式锚具）	—	√	6.1.7	附录 D
	张拉锚固工艺	—	√	6.1.8	7.10
夹具及张拉后将要放张和拆卸的连接器	外观	√	√	5.3.1	7.2.1
	尺寸	√	√	5.3.2	7.2.2
	硬度	√	√	5.3.3	7.2.3
	静载锚固性能	√	√	6.2	7.3

注：“√”表示需要检验项目，“—”表示不需检验项目，要求和试验方法详见现行国家标准《预应力筋用锚具、夹具和连接器》（GB/T 14370）。

（四）灌浆套筒

1. 检查数量

1）灌浆套筒外观、标记、外形尺寸检验：以连续生产的同原材料、同类型、同型式、同规格、同批号的 1 000 个或少于 1 000 个套筒为 1 个验收批，随机抽取 10%进行检验。当合格率不低于 97%时，应判定为该验收批合格；当合格率低于 97%时，应加倍抽样复检，当加倍抽样复检合格率不低于 97%时，应判定该验收批合格；若仍小于 97%时，该验收批应逐个检验，合格后方可出厂。当连续 10 个验收批 1 次抽检均合格时，验收批抽检比例可由 10%减为 5%。

2）灌浆套筒抗拉强度检验：灌浆套筒连续生产时，1 年宜至少做 1 次灌浆套筒抗拉强度试验。以同原材料、同类型、同规格的灌浆套筒为一个验收批，随机抽取 3 个灌浆套筒试件进行检验。当每个试件都满足要求时，应判定为该验收批合格；当有 1 个试件不合格时，应再随机抽取 6 个试件进行抗拉强度复检，当复检的试件全部合格时，可判定该验收批合格；如果复检试件中仍有 1 个试件不合格，则判定该验收批为不合格。

2. 检验方法

灌浆套筒出厂检验项目应包括灌浆套筒外观、标记、外形尺寸和抗拉强度，并应符合下列规定：

1）灌浆套筒外观、标记、外形尺寸检验项目应符合现行行业标准《钢筋连接用灌浆套筒》（JG/T 398）的规定；

2）灌浆套筒抗拉强度按现行行业标准《钢筋连接用灌浆套筒》（JG/T 398）要求的试验方法，检验套筒灌浆连接接头试件的极限抗拉强度值，检验结果应符合规定。

（五）预埋吊钉、套筒

预制构件上的预埋件、预留插筋、预留孔洞、预埋管线等规格型号、数量应符合设计要求。

检查数量：按批检查。

检验方法：观察、尺量；检查产品合格证。

（六）混凝土脱模剂

1. 检查数量

1）生产厂应将产品分批编号，每 2 t 为一批量编号，不足 2 t 时按一个批量计。从同一批量中 3 个不同的包装随机抽取，每一个包装分别抽取约 0.5 kg，液体产品抽取前应搅拌均匀，同一批量的包装数量不足 3 个时，应从每一个包装的 3 个不同部位分别取约 0.5 kg。

2）每批号取得的试样应充分混匀，分为两等份，一份按现行行业标准《混凝土制品用脱模剂》（JC/T 949）规定的方法与项目进行试验，另一份要密封保存半年，以备有疑问时提交国家指定的检验机构进行复验或仲裁。

2. 检验方法

1）脱模剂应按照现行行业标准《混凝土制品用脱模剂》（JC/T 949）中的项目要求进行检验。

2）有下列情况之一时，应进行型式检验：

①正常生产时，每年进行一次；

②当工艺、原材料有较大改变，可能影响产品性能时；

③停产超过 3 个月，恢复生产时；

④新产品试制，需定型鉴定时；

⑤出厂检验结果与上次型式检验有较大差异时；

⑥国家质量监督机构、行业管理机构提出型式检验要求时；

⑦供需双方合同规定，或对产品质量发生争议时；

⑧全部检验项目检验合格，则该批产品判为合格。若检验项目中有一项不合格，经加倍取样对该项目进行复检且合格，则判定该批产品为合格品，否则判为不合格品。

（七）夹芯保温外墙板

保温板材进厂时，应对其导热系数、吸水率、燃烧性能进行检验，检验结果应符合现行行业标准《装配式混凝土结构技术规程》（JGJ 1）中 4.3.2 的规定。

预制夹芯保温构件的保温材料宜采用挤塑聚苯乙烯板（XPS）、硬泡聚氨酯（PUR）等轻质高效保温材料，选用时除应考虑材料的导热系数外，还应考虑材料的吸水率、燃烧性能、强度等指标。进场前要求供应商出具合格证和质保单，并对产品外观、尺寸、防火性能等进行检验。保温材料除应符合设计要求外，尚应符合现行国家标准《建筑用绝热材料性能选定指南》（GB/T 17369）的规定。夹芯保温材料应委托具有相应资质的检测机构进行检测。

检查数量：同一厂家、同一品种且连续进场的保温板，不超过 10 000 m^2 为一批，每批抽样数量不应少于一次。

检验方法：检查质量证明文件和抽样检验报告。

（八）密封材料

外墙板接缝处、门窗与墙板接缝处的密封材料进场时，应对其变形能力、防水、防火、耐候性能进行检验，检验结果应满足现行国家标准《硅酮和改性硅酮建筑密封胶》（GB/T 14683）、《聚氨酯建筑密封胶》（JC/T 482）、《聚硫建筑密封胶》（JC/T 483）等的规定。

检查数量：同一厂家、同一品种且连续进场的密封材料，不超过 1 t 为一批，每批抽样数量不应少于一次。

检验方法：检查质量证明文件和抽样检验报告。

（九）陶瓷砖胶黏剂

陶瓷砖胶黏剂进场时，应对其品种、技术指标、出厂日期等进行检查，并按照现行行业标准《陶瓷砖胶粘剂》（JC/T 547）中第 8 章的相关规定对黏结剂的相关技术指标进行检验，检验结果应符合国家现行有关标准的规定。

检查数量：连续生产，同一配料工艺条件制得的产品为一批。C 类产品 100 t 为一批，D 类和 R 类产品 10 t 为一批。不足上述数量时也作为一批。

检验方法：检查质量证明文件和抽样检验报告。

抽样规则：每批产品随机抽样，C 类取 20 kg 样品，D 类和 R 类取 5 kg 样品，充分混匀。取样后，将样品一分为二，一份检验，一份留样。

（十）建筑外门窗

1）建筑外门窗进入构件制作现场时，应按地区类型对其下列性能进行复验，复验应为见证取样送检：

夏热冬冷地区：气密性、传热系数、玻璃遮阳系数、可见光透射比、中空玻璃露点。

检查数量：随机抽样送检；核查复验报告。

检验方法：同一厂家、同一品种、同一类型的产品各抽查不少于 3 樘（件）。

2）建筑外门窗工程的检验批应按下列规定划分：

①同一厂家的同一品种、类型、规格的门窗及门窗玻璃每 100 樘划分为一个检验批，不足 100 樘也为一个检验批；

②同一厂家的同一品种、类型、规格的特种门每 50 樘划分为一个检验批，不足 50 樘也为一个检验批；

③对于异型或有特殊要求的门窗，检验批的划分应根据其特点和数量，由监理（建设）

单位和施工单位协商确定。

3）建筑外门窗工程的检查数量应符合下列规定：

①建筑门窗每个检验批应抽查 5%并不少于 3 樘，不足 3 樘时应全数检查；高层建筑的外窗，每个检验批应抽查 10%并不少于 6 樘，不足 6 樘时应全数检查。

②特种门每个检验批应抽查 50%，不少于 10 樘，不足 10 樘时应全数检查。

（十一）特殊预制墙板

带有饰面砖的特殊预制墙板应符合以下要求：

1）生产厂应提供含饰面砖黏结强度检测结果的形式检验报告，饰面砖黏结强度检测结果应符合《建筑工程饰面砖粘结强度检验标准》（JGJ/T 110）的规定。

2）复验应以每 1 000 m^2 同类带饰面砖的预制墙板为一个检验批，不足 1 000 m^2 应按 1 000 m^2 计，每批应取一组，每组应为 3 块，每块板应取一个试样对饰面砖黏结强度进行试验。

三、钢筋工程检验

1. 钢筋进场检验

（1）普通钢筋

钢筋进场时，应按要求进行以下检验：

1）钢筋进场时，应按国家现行相关标准的规定抽取试件做屈服强度、抗拉强度、伸长率、弯曲性能和重量偏差检验，检验结果应符合相关标准的规定。

检查数量：按进场批次和产品的抽样检验方案确定。

检验方法：检查质量证明文件和抽样检验报告。

2）成型钢筋进场时，应抽取试件做屈服强度、抗拉强度、伸长率和重量偏差检验，检验结果应符合相关标准的规定。

检查数量：同一厂家、同一类型、同一钢筋来源的成型钢筋，不超过 30 t 为一批，每批中每种钢筋牌号、规格均应至少抽取 1 个钢筋试件，总数不应少于 3 个。

检验方法：检查质量证明文件和抽样检验报告。

3）钢筋应平直、无损伤，表面不得有裂纹、油污、颗粒状或片状老锈。

检查数量：全数检查。

检查方法：观察。

4）成型钢筋的外观质量和尺寸偏差应符合现行国家有关标准的规定。

检查数量：同一厂家、同一类型的成型钢筋，不超过 30 t 为一批，每批随机抽取 3 个成型钢筋。

检查方法：观察、尺量。

5）钢筋、成型钢筋进场检验，当满足下列条件之一时，其检验批容量可扩大 1 倍。

①获得认证的钢筋、成型钢筋。

②同一厂家、同一牌号、同一规格的钢筋，连续三批均一次检验合格。

③同一厂家、同一类型、同一钢筋来源的成型钢筋，连续三批均一次检验合格。

6）预埋件用钢材及焊条的性能应符合设计要求。

检查数量：按进场批次和产品的抽样检验方案确定。

检验方法：检查质量证明文件和抽样复验报告。

7）内埋式吊装及临时固定用螺母、吊杆进场时，应按其在预制构件中的实际预埋和固定方式制作试件，做抗拔试验，检测结果应符合相应现行国家标准、现行行业标准和产品标准的规定。

检查数量：同一厂家、同一规格、同一批次进场的螺母、吊杆，不超过 5 000 个为一批，制作 3 个试件。

检验方法：检查质量证明文件和抽样检验报告，本项为构件生产厂质量自控，自行制作试件并出具检验报告。

（2）预应力筋

预应力筋的检查和验收由供方进行，需方有权进行检验。

检查数量：预应力筋应按批进行检查和验收，每批应由同一炉号、同一规格、同一交货状态的钢筋组成，每批为 60 t。

检验方法：预应力筋的检验项目、取样数量、取样方法和试验方法应符合现行国家标准《预应力混凝土用螺纹钢筋》（GB/T 20065）和表 7-15 的规定。

表 7-15　预应力筋检验方法

序号	检验项目	取样数量	取样方法	试验方法
1	化学成分	每炉 1 个	《钢和铁　化学成分测定用试样的取样和制样方法》（GB/T 20066）	
2	拉伸	2 个	任选两根钢筋	GB/T 28900
3	松弛	每 1 000 t 一个	任选一根钢筋	GB/T 21839
4	疲劳	每 1 000 t 一个	任选一根钢筋	GB/T 3075
5	非金属夹杂物	1 个	任选一根钢筋	GB/T 10561
6	表面	逐支	—	目视
7	重量偏差	《预应力混凝土用螺纹钢筋》（GB/T 20065）第 6.7 条		

2. 检验方法

钢材进场前要求提供商出具合格证和质保单，按批次对其抗拉伸强度、比重、尺寸、外观等进行检验，其指标应符合现行国家标准《预应力混凝土用螺纹钢筋》（GB/T 20065）、《钢筋混凝土用钢　第 1 部分：热轧光圆钢筋》（GB 1499.1）等的规定。

1）抗拉强度试验方法。

①将钢材拉直除锈。

②根据钢筋直径，按如下要求截取试样：$d \leqslant 25$ mm，试样夹具之间的最小自由长度为

350 mm；25 mm＜d≤32 mm，试样夹具之间的最小自由长度为 400 mm；32 mm＜d≤50 mm，试样夹具之间的最小自由长度为 500 mm。

③将样品用钢筋标距仪标定标距。

④将试样放入万能材料试验机夹具内，关闭回油阀，并夹紧夹具，开启机器进行加载。

⑤试验过程中认真观察万能材料试验机度盘，指针首次逆时针转动时的荷载值即为屈服荷载，记录该荷载。

⑥继续拉伸，直至样品断裂，指针指向的最大值即为破坏荷载，记录该荷载。

⑦用钢尺量取 5 d 的标距拉伸后的长度作为断后标距并记录。

2）延伸率试验方法。

一般延伸率求的是断后伸长率，钢筋拉伸前要先做好原始标记，如果是机器打印标记会比较省事，拉断后按照钢筋的 5 倍直径测量，手工划印可以按照 5 倍直径的一半连续划印；到时测量三点，因为钢筋不一定断裂在什么位置，所以一般整根钢筋都要划印；测量结果精确到 0.25 mm，计算结果精确到 0.5%。

3. 普通钢筋加工检验

（1）加工检验

钢筋宜采用自动化机械设备加工，并应符合下列有关规定：

①钢筋加工宜在专业化加工厂进行。

②钢筋的表面应清洁、无损伤，油渍、漆污和铁锈应在加工前清除干净。带有颗粒状或片状老锈的钢筋不得使用。钢筋除锈后如有严重的表面缺陷，应重新检验该批钢筋的力学性能及其他相关性能指标。

③钢筋加工宜在常温状态下进行，加工过程中不应加热钢筋。钢筋弯折应一次完成，不得反复弯折。

④钢筋宜采用无延伸功能的机械设备进行调直，也可采用冷拉方法调直。当采用冷拉方法调直时，HPB300 光圆钢筋的冷拉率不宜大于 4%；HRB335、HRB400、HRB500、HRBF335、HRBF400、HRBF500 及 RRB400 带肋钢筋的冷拉率不宜大于 1%。钢筋调直过程中不应损伤带肋钢筋的横肋。调直后的钢筋应平直，不应有局部弯折。

⑤受力钢筋的弯折应符合下列规定：

a. 光圆钢筋末端应做 180° 弯钩，弯钩的弯后平直部分长度不应小于钢筋直径的 3 倍。作为受压钢筋使用时，光圆钢筋末端可不做弯钩；

b. 光圆钢筋的弯弧内直径不应小于钢筋直径的 2.5 倍；

c. 335 MPa 级、400 MPa 级带肋钢筋的弯弧内直径不应小于钢筋直径的 4 倍；

d. 直径为 28 mm 以下的 500 MPa 级带肋钢筋的弯弧内直径不应小于钢筋直径的 6 倍，直径为 28 mm 及以上的 500 MPa 级带肋钢筋的弯弧内直径不应小于钢筋直径的 7 倍；

e. 框架结构的顶层端节点，对梁上部纵向钢筋、柱外侧纵向钢筋在节点角部弯折处，当钢筋直径为 28 mm 以下时，弯弧内直径不宜小于钢筋直径的 12 倍，钢筋直径为 28 mm

及以上时，弯弧内直径不宜小于钢筋直径的 16 倍；

f. 箍筋弯折处尚不应小于纵向受力钢筋直径；箍筋弯折处纵向受力钢筋为搭接钢筋或并筋时，应按钢筋实际排布情况确定箍筋弯弧内直径。

⑥除焊接封闭箍筋外，箍筋、拉筋的末端应按设计要求做弯钩。当设计无具体要求时，应符合下列规定：

a. 箍筋、拉筋弯钩的弯弧内直径应符合现行国家标准《混凝土结构工程施工规范》（GB 50666）第 5.3.5 条的规定。

b. 对一般结构构件，箍筋弯钩的弯折角度不应小于 90°，弯折后平直部分长度不应小于箍筋直径的 5 倍；对有抗震设防及设计有专门要求的结构构件，箍筋弯钩的弯折角度不应小于 135°，弯折后平直部分长度不应小于箍筋直径的 10 倍和 75 mm 的较大值。

c. 圆形箍筋的搭接长度不应小于钢筋的锚固长度，两末端均应做不小于 135° 的弯钩。弯折后平直部分长度对一般结构构件不应小于箍筋直径的 5 倍，对有抗震设防要求的结构构件不应小于箍筋直径的 10 倍和 75 mm 的较大值。

d. 拉筋用作梁、柱复合箍筋中单肢箍筋或梁腰筋间拉结筋时，两端弯钩的弯折角度均不应小于 135°，弯折后平直段长度应符合本条第 1 款对箍筋的有关规定；拉筋用作剪力墙、楼板等构件中拉结筋时，两端弯钩可采用一端 135° 另一端 90°，弯折后平直段长度不应小于拉筋直径的 5 倍。

⑦焊接封闭箍筋宜采用闪光对焊，也可采用气压焊或单面搭接焊，并宜采用专用设备进行焊接。焊接封闭箍筋下料长度和端头加工应按不同焊接工艺确定。焊点设置应符合下列规定：

a. 每个箍筋的焊点数量应为 1 个，焊点宜位于多边形箍筋中的某边中部，且距箍筋弯折处的位置不宜小于 100 mm；

b. 矩形柱箍筋焊点宜设在柱短边，等边多边形柱箍筋焊点可设在任一边；不等边多边形柱箍筋焊点位于不同边上；

c. 梁箍筋焊点应设置在顶边或底边。

（2）连接检验

钢筋连接除应符合现行国家标准《混凝土结构工程施工规范》（GB 50666）的有关规定外，还应符合下列规定：

①钢筋接头的方式、位置、同一截面受力钢筋的接头百分率、钢筋的搭接长度及锚固长度等应符合设计要求或现行国家有关标准的规定；

②钢筋焊接接头、机械连接接头和套筒灌浆连接接头均应进行工艺检验，检验结果合格后方可进行预制构件生产；

③螺纹焊接接头和半灌浆套筒连接接头应使用专用扭力扳手拧紧至规定扭力值；

④钢筋焊接接头和机械连接接头应全数进行外观质量检查；

⑤焊接接头、钢筋机械连接接头、钢筋套筒灌浆连接接头力学性能应符合现行行业标准《钢筋焊接及验收规程》（JGJ 18）、《钢筋机械连接技术规程》（JGJ 107）和《钢筋套筒灌浆连接应用技术规程》（JGJ 355）的有关规定，并进行焊接工艺试验，试验结果合格后

方可进行焊接生产。

（3）半成品检验

钢筋半成品应检查合格后方可进行安装，半成品及预埋件应符合表 7-16、表 7-17 的规定，并应符合下列要求：

①钢筋表面不得有油污，不得严重锈蚀。

②金属螺旋管、灌浆套筒、结构预埋件等配件的外观应无污物、锈蚀、机械损伤和裂纹。

③钢筋网片和钢筋骨架宜采用专用吊架进行吊运。

④混凝土保护层厚度应满足设计要求。保护层垫块宜与钢筋骨架或网片绑扎牢固，按梅花状布置，间距满足钢筋限位及控制变形要求，钢筋绑扎丝甩扣应弯向构件内侧。

⑤装配式混凝土构件的吊环严禁采用冷加工钢筋制作。吊装用内埋式螺母或内埋式吊杆及配套的吊具，应根据相应的产品标准和应用技术规定选用。

⑥预制构件采用钢筋套筒灌浆连接时，应在构件生产前进行钢筋套筒灌浆连接接头的抗拉强度试验，每种规格连接接头试件数量不应少于 3 个。

⑦预制构件受力钢筋的连接采用浆锚搭接连接时，所采用的预留孔成孔工艺、孔道形状和长度、灌浆料和被锚固的带肋钢筋，应进行连接适配性的试验验证，经鉴定确认安全可靠后方可采用。

表 7-16 钢筋半成品外观质量要求

<table>
<tr><th>工序名称</th><th colspan="2">检验项目</th><th>质量要求</th></tr>
<tr><td>冷拉</td><td colspan="2">表面裂纹、断面明显粗细不均匀</td><td>不应有</td></tr>
<tr><td>冷拔</td><td colspan="2">钢筋表面斑痕、裂纹、纵向拉痕</td><td>不应有</td></tr>
<tr><td>调直</td><td colspan="2">钢筋表面划伤、锤痕</td><td>不应有</td></tr>
<tr><td>切断</td><td colspan="2">断口马蹄形</td><td>不应有</td></tr>
<tr><td>弯曲</td><td colspan="2">弯曲部位裂纹</td><td>不应有</td></tr>
<tr><td rowspan="3">点焊</td><td rowspan="2">脱点、漏点</td><td>周边两行</td><td>不应有</td></tr>
<tr><td>中间部位</td><td>不应有相邻点</td></tr>
<tr><td colspan="2">错点伤筋、起弧蚀损</td><td>不应有</td></tr>
<tr><td>对焊</td><td colspan="2">接头处表面裂纹、卡具部位钢筋烧伤</td><td>HPB300 级钢筋有轻微烧伤，
HRB400、HRB500 级钢筋不应有</td></tr>
<tr><td>电弧焊</td><td colspan="2">焊缝表面裂纹、较大凹陷、焊瘤、药皮不净</td><td>不应有</td></tr>
</table>

表 7-17 钢筋半成品及预埋尺寸允许偏差

<table>
<tr><th>工序名称</th><th colspan="3">检验项目</th><th>允许偏差/mm</th></tr>
<tr><td>冷拉</td><td colspan="3">表面裂纹、断面明显粗细不均匀</td><td>±1%</td></tr>
<tr><td rowspan="2">调直</td><td rowspan="2">局部弯曲</td><td colspan="2">冷拉调直</td><td>4</td></tr>
<tr><td colspan="2">调直机调直</td><td>3</td></tr>
<tr><td>切断</td><td>长度</td><td>切断机切断</td><td>钢筋</td><td>+5，−5</td></tr>
</table>

续表

工序名称	检验项目		允许偏差/mm
弯曲	箍筋	内径尺寸	±3
	其他钢筋	长度	0，−5
		弓铁高度	0，−3
		起弯点位移	15
		对焊焊口与起弯点距离	＞10 *d*
		弯钩相对位移	8
	折叠	成型尺寸	±10
点焊	焊点压入深度应为较小钢筋直径的百分率	热轧钢筋点焊	18%～25%
		冷拔低碳钢丝点焊	18%～25%
对焊	两根钢筋的轴线	折角	≤2°
		偏移	≤0.1 *d* 且≤1
电弧焊	帮条焊接接头中心线的纵向偏移		≤0.3 *d*
	两根钢筋的轴线	折角	≤2°
		偏移	≤0.1 *d* 且≤1
	焊缝表面气孔和夹渣	2 *d* 长度上	≤2 个且≤6 mm²
		直径	≤3 个
	焊缝厚度		−0.05 *d*
	焊缝宽度		0.1 *d*
	焊缝长度		−0.3 *d*
	横向咬边深度		≤0.05 *d* 且≤0.5
预埋间钢筋埋弧压力焊	钢筋咬边深度		≤0.5
	钢筋相对钢板的直角偏差		≤2°
	钢筋间距		±10
钢筋冲剪与气割	规格尺寸	冲剪	0，−3
		气割	0，−5
	串角		3
	表面平整		2
焊接预埋铁件	规格尺寸		0，−5
	表面平整		2
	锚爪	长度	±5
		偏移	5

注：*d* 为钢筋直径。

4. 预应力钢筋加工检验

（1）材料

1）预应力工程材料的性能应符合现行国家有关标准的规定。

2）预应力筋的品种、级别、规格、数量必须符合设计要求。当预应力筋需要代换时，应进行专门计算，并应经原设计单位确认。

3）预应力工程材料在运输、存放、加工、安装中，应采取防止其损伤、锈蚀或污染的保护措施。

（2）制作与安装

1）预应力筋的下料长度应经计算确定，并应采用砂轮锯或切断机等机械方法切断。预应力筋制作或安装时，应避免焊渣或接地电火花带来损伤。

2）无黏结预应力筋在现场搬运和铺设过程中，不应损伤其塑料护套。当出现轻微破损时，应及时封闭，严重破损的不得使用。

3）钢绞线挤压锚具应采用配套的挤压机制作，并应符合使用说明书的规定。采用的摩擦衬套应沿挤压套筒全长均匀分布；挤压完成后，预应力筋外端应露出挤压套筒不少于 1 mm。

4）钢绞线压花锚具应采用专用的压花机制作成型，梨形头尺寸和直线锚固段长度不应小于设计值。

5）钢丝镦头及下料长度偏差应符合下列规定：

①镦头的头型直径不宜小于钢丝直径的 1.5 倍，高度不宜小于钢丝直径；

②镦头不应出现横向裂纹；

③当钢丝束两端均采用镦头锚具时，同一束中各根钢丝长度的极差不应大于钢丝长度的 1/5 000，且不应大于 5 mm。当成组张拉长度不大于 10 m 的钢丝时，同组钢丝长度的极差不得大于 2 mm。

6）成孔管道的连接应密封，并应符合下列规定：

①圆形金属波纹管接长时，可采用大一规格的同波型波纹管作为接头管，接头管长度可取其直径的 3 倍，且不宜小于 200 mm，两端旋入长度宜相等，且两端接头管应采用防水胶带密封；

②塑料波纹管接长时，可采用塑料焊接机热熔焊接或采用专用连接管；

③钢管连接可采用焊接连接或套筒连接。

7）预应力筋或成孔管道的定位应符合下列规定：

①预应力筋或成孔管道应与定位钢筋绑扎牢固，定位钢筋直径不宜小于 10 mm，间距不宜大于 1.2 m，板中无黏结预应力筋的定位间距可适当放宽，扁形管道、塑料波纹管或预应力筋曲线曲率较大处的定位间距宜适当缩小；

②凡施工时需要预先起拱的构件，预应力筋或成孔管道宜随构件同时起拱；

③预应力筋或成孔管道竖向位置偏差应符合表 7-18 的规定。

表 7-18　预应力筋或成孔管道竖向位置允许偏差

构件截面高（厚）度/mm	≤300	300～1 500	＞1 500
允许偏差/mm	±5	±10	±15

8）预应力筋和预应力孔道的间距和保护层厚度，应符合下列规定：

①先张法预应力筋之间的净间距不应小于预应力筋的公称直径或等效直径的 2.5 倍和混凝土粗骨料最大粒径的 1.25 倍，且对预应力钢丝、三股钢绞线和七股钢绞线分别不应小于 15 mm、20 mm 和 25 mm。当混凝土振捣密实性有可靠保证时，净间距可放宽至粗骨料最大粒径的 1.0 倍。

②对后张法预制构件，孔道之间的水平净间距不宜小于 50 mm，且不宜小于粗骨料最大粒径的 1.25 倍；孔道至构件边缘的净间距不宜小于 30 mm，且不宜小于孔道外径的 1/2。

③在现浇混凝土梁中，曲线孔道在竖直方向的净间距不应小于孔道外径，水平方向的净间距不宜小于孔道外径的 1.5 倍，且不应小于粗骨料最大粒径的 1.25 倍；从孔道外壁至构件边缘的净间距，梁底不宜小于 50 mm，梁侧不宜小于 40 mm；裂缝控制等级为三级的梁，从孔道外壁至构件边缘的净间距，梁底不宜小于 60 mm，梁侧不宜小于 50 mm。

④当混凝土振捣密实性有可靠保证时，预应力筋孔道可水平并列贴紧布置，但每一并列束中的孔道数量不应超过 2 个。

⑤板中单根无黏结预应力筋的间距不宜大于板厚的 6 倍，且不宜大于 1 m；带状束的无黏结预应力筋根数不宜多于 5 根，束间距不宜大于板厚的 12 倍，且不宜大于 2.4 m。

⑥梁中集束布置的无黏结预应力筋，束的水平净间距不宜小于 50 mm，束至构件边缘的净间距不宜小于 40 mm。

9）预应力孔道应根据工程特点设置排气孔、泌水孔及灌浆孔，排气孔可兼作泌水孔或灌浆孔，并应符合下列规定：

①当曲线孔道波峰和波谷的高差大于 300 mm 时，应在孔道波峰设置排气孔，排气孔间距不宜大于 30 m；

②当排气孔兼作泌水孔时，其外接管道伸出构件顶面长度不宜小于 300 mm。

10）锚垫板、局部加强钢筋和连接器应按设计要求的位置和方向安装牢固，并应符合下列规定：

①锚垫板的承压面应与预应力筋或孔道曲线末端的切线垂直。预应力筋曲线起始点与张拉锚固点之间的直线段最小长度应符合表 7-19 的规定；

②采用连接器接长预应力筋时，应全面检查连接器的所有零件，并应按产品技术手册要求操作；

③内埋式固定端锚垫板不应重叠，锚具与锚垫板应贴紧。

表 7-19　预应力筋曲线起始点与张拉锚固点之间直线段最小长度

预应力筋张拉力/kN	＜1 500	1 500～6 000	＞6 000
直线段最小长度/mm	400	500	600

11）后张法有黏结预应力筋穿入孔道及其防护，应符合下列规定：

①对采用蒸汽养护的预制构件，预应力筋应在蒸汽养护结束后穿入孔道；

②预应力筋穿入孔道后至灌浆的时间间隔：当环境相对湿度大于 60%或近海环境时，

不宜超过 14 d；当环境相对湿度不大于 60%时，不宜超过 28 d；

③当不能满足本条②的规定时，宜对预应力筋采取防锈措施。

12）预应力筋等安装完成后，应做好成品保护工作。

13）当采用减摩材料降低孔道摩擦阻力时，应符合下列规定：

①减摩材料不应对预应力筋、管道及混凝土产生不利影响；

②灌浆前应将减摩材料清除干净。

（3）张拉与放张

1）预应力筋张拉前，应进行下列准备工作：

①计算张拉力和张拉伸长值，根据张拉设备标定结果确定油泵压力表读数；

②搭设安全可靠的张拉作业平台；

③清理锚垫板和张拉端预应力筋，检查锚垫板后混凝土的密实性。

2）施加预应力时，同条件养护的混凝土立方体抗压强度应符合设计要求，并应符合下列规定：

①不应低于设计强度等级值的 75%，先张法预应力筋放张时不应低于 30 MPa；

②不应低于锚具供应商提供的产品技术手册要求的混凝土最低强度要求；

③对后张法预应力梁和板，现浇混凝土的龄期分别不宜小于 7 d 和 5 d。

注：为防止混凝土早期裂缝而施加预应力时，可不受本条的限制，但应保证局部受压承载力的要求。

3）采用应力控制方法张拉时，应校核张拉力下预应力筋伸长值。实测伸长值与计算伸长值的偏差不应超过±6%，否则应查明原因并采取措施后再张拉。必要时，宜进行现场孔道摩擦系数测定，并可根据实测结果调整张拉控制力。

4）预应力筋的张拉顺序应符合设计要求，并应符合下列规定：

①张拉顺序应根据结构受力特点、施工方便及操作安全等因素确定；

②预应力筋张拉宜符合均匀、对称的原则。

5）有黏结预应力筋应整束张拉；对直线或平行编排的有黏结预应力钢绞线束，当各根钢绞线不受叠压影响时，也可逐根张拉。

6）预应力筋张拉时，应从零拉力加载至初拉力后，量测伸长值初读数，再以均匀速率加载至张拉控制力。对塑料波纹管成孔管道，达到张拉控制力后，宜持荷 2～5 min。

7）预应力筋张拉中应避免预应力筋断裂或滑脱。当发生断裂或滑脱时，应符合下列规定：

①对后张法预应力结构构件，断裂或滑脱的数量严禁超过同一截面预应力筋总根数的 3%，且每束钢丝不得超过一根；对多跨双向连续板，其同一截面应按每跨计算。

②对先张法预应力构件，在浇筑混凝土前发生断裂或滑脱的预应力筋必须予以更换。

8）先张法预应力筋的放张顺序应符合下列规定：

①宜采取缓慢放张工艺进行逐根或整体放张；

②对轴心受压构件，所有预应力筋宜同时放张；

③对受弯或偏心受压的构件，应先同时放张预压应力较小区域的预应力筋，再同时放张预压应力较大区域的预应力筋；

④当不能按上述规定放张时，应分阶段、对称、相互交错放张；

⑤放张后，预应力筋的切断顺序，宜从张拉端开始逐次切向另一端。

9）后张法预应力筋张拉锚固后，如遇特殊情况需卸锚时，应采用专门的设备和工具。

5. 钢筋骨架加工质量控制

（1）主控项目

1）钢筋弯折的弯弧内直径应符合下列规定：

①光圆钢筋，不应小于钢筋的 2.5 倍；

②335 MPa 级、400 MPa 级带肋钢筋，不应小于钢筋直径的 4 倍；

③箍筋弯折处不应小于纵向受力钢筋的直径。

检查数量：同一设备加工的同一类型钢筋，每工作班抽查不应小于 3 件。

检验方法：尺量。

2）纵向受力钢筋的弯折后平直段长度应符合设计要求。光圆钢筋末端做 180° 弯钩时，弯钩的平直段长度不应小于钢筋直径的 3 倍。

检查数量：同一设备加工的同一类型钢筋，每工作班抽查不应小于 3 件。

检验方法：尺量。

3）箍筋、拉筋的末端应按设计要求做弯钩，并应符合下列规定：

①对一般结构构件，箍筋弯钩的弯折角度不应小于 90°，弯折后平直段长度不应小于箍筋直径的 5 倍；对有抗震设防要求或设计有专门要求的结构构件，箍筋弯钩的弯折角度不应小于 135°，弯折后平直段长度不应小于箍筋直径的 10 倍和 75 mm 两者之中的较大值。

②梁、柱复合箍筋中的单肢箍筋两端弯钩的弯折角度均不应小于 135°，弯折后平直段长度应符合现行国家标准《混凝土结构工程施工规范》（GB 50666）第 5.3 条的有关规定。

检查数量：同一设备加工的同一类型钢筋，每工作班抽查不应小于 3 件。

检验方法：尺量。

（2）一般项目

钢筋加工的形状、尺寸应符合设计要求，其偏差应符合表 7-20 的规定。

检查数量：同一设备加工的同一类型钢筋，每工作班抽查不应少于 3 件。

检验方法：尺量。

表 7-20　钢筋加工的允许偏差

项目	允许偏差/mm	检验方法
受力钢筋沿长度方向的净尺寸	±10	尺量检查
弯起钢筋的弯折位置	±20	尺量检查
箍筋外廓尺寸	±5	尺量检查

6. 钢筋骨架和预埋件安装质量控制

（1）主控项目

1）钢筋安装时，钢筋的品种、级别、规格和数量必须符合设计要求。

检查数量：全数检查。

检查方法：观察、尺量。

2）钢筋安装应牢固，预埋于现浇混凝土内的钢筋套筒灌浆接头的预留钢筋应采用定型钢模具措施对其位置进行控制；应采用可靠的固定措施保证预留连接钢筋的外露长度。

检查数量：全数检查。

检查方法：观察。

（2）一般项目

钢筋网片、钢筋桁架的安装偏差应符合表 7-21、表 7-22 的规定。

检查数量：同一类型钢筋成品，不超过 100 个为一批，每批应抽查构件数量的 5%，且不应少于 3 件。

表 7-21　钢筋安装允许偏差和检验方法

项目			允许偏差/mm	检验方法
钢筋网片	长、宽		±5	钢尺检查
	网眼尺寸		±10	钢尺量连续三档，取最大值
	对角线		5	钢尺检查
	端头不齐		5	钢尺检查
钢筋骨架	长		0，−5	钢尺检查
	宽		±5	钢尺检查
	高（厚）		±5	钢尺检查
	主筋间距		±10	钢尺量两端、中间各一点，取最大值
	主筋排距		±5	钢尺量两端、中间各一点，取最大值
	箍筋间距		±10	钢尺量连续三档，取最大值
	弯起点位置		15	钢尺检查
	端头不齐		5	钢尺检查
	保护层	柱、梁	±5	钢尺检查
		板、墙	±3	钢尺检查

表 7-22　钢筋桁架尺寸允许偏差

项目	检验项目	允许偏差/mm
1	长度	总长度的±0.3%，且不超过±10
2	高度	+1，−3
3	宽度	±5
4	扭翘	≤5

四、构件生产过程检验

1. 一般规定

1）预制构件生产前应编制生产方案，生产方案应包括生产计划及生产工艺、模具方案、技术质量控制措施、成品存放、运输和保护方案等。

2）预制构件生产应以加工图设计文件为依据，生产单位应对加工图设计文件进行工艺性审查，当需要修改加工图设计文件时，应办理设计变更文件。

3）加工图设计文件应包括预制构件模板图、配筋图、预埋吊件及各种预埋件的细部的构造图等。

4）对带饰面砖或饰面板的构件，应绘制排砖图或排版图。

5）对夹芯保温墙板，应绘制内外叶墙板拉结件布置图及保温板排版图。

2. 混凝土要求

（1）一般要求

1）混凝土应按现行行业标准《普通混凝土配合比设计规程》（JGJ 55）的有关规定，根据混凝土强度等级、耐久性和工作性等要求进行配合比设计。

2）水泥进场时，应对其品种、代号、强度等级、包装或散装编号、出厂日期等进行检查，并应对水泥的强度、安定性和凝结时间进行检验，检验结果应符合现行国家有关标准的规定，水泥存放期超过 3 个月应按规范要求进行复检。

3）混凝土外加剂进厂时，应对其品种、性能、出厂日期等进行检查，并应对外加剂的相关性能指标进行检验，检验结果应符合现行国家有关标准的规定。

4）混凝土工作性能指标应根据预制构件产品特点和生产工艺确定，混凝土配合比设计应符合现行国家标准《普通混凝土配合比设计规程》（JGJ 55）和《混凝土结构工程施工规范》（GB 50666）的有关规定。

5）混凝土有耐久性要求时应按照现行行业标准《混凝土耐久性检验评定标准》（JGJ/T 193）的规定检验评定。

6）混凝土应采用有自动计量装置并具有生产数据逐盘记录和实时查询功能的强制式搅拌机搅拌。混凝土应按照混凝土配合比通知单进行生产，原材料每盘称量的允许偏差应符合相关标准的规定。

7）混凝土强度应按现行国家标准《混凝土强度检验评定标准》（GB/T 50107）的规定分批检验评定。检验评定混凝土时，应采用 28 d 或设计规定龄期的标准养护试件。

试件成型方法及标准养护试件应符合现行国家标准《普通混凝土力学性能试验方法标准》（GB/T 50081）的规定。采用蒸汽养护的构件，其试件应随构件同条件养护，然后置入标准养护条件下继续养护至 28 d 或设计规定龄期，检验时应符合下列规定：

①混凝土检验试件应在浇筑地点就地取样制作。

②每拌制 100 盘且不超过 100 m^3 的同一配合比混凝土，每工作班拌制的同一配合比的混凝土不足 100 盘为一批。

③每批制作强度检验试块不少于 3 组、随机抽取 1 组进行同条件转标准养护后进行强度检验，其余可作为同条件试件在预制构件脱模和出厂时控制其混凝土强度；还可根据预制构件吊装、张拉和放张等要求，留置足够数量的同条件混凝土试块进行强度检验。

④蒸汽养护的预制构件，其强度评定混凝土试块应随同构件蒸养后，再转入标准条件养护。构件脱模起吊、预应力张拉或张拉的混凝土同条件试块，其氧化条件应与构件生产中采用的养护条件相同。

⑤除设计有要求外，预制构件出厂时的混凝土强度不宜低于设计混凝土强度等级值的 75%。

8）当混凝土试件强度评定不合格时，应委托具有资质的检测机构按国家现行有关标准的规定对预制构件中的混凝土强度进行检测推定，满足强度要求的或经原设计单位核算并确认仍可满足结构安全和使用功能的构件可判定为合格；如构件已安装于工程，可按现行国家标准《混凝土结构工程施工质量验收规范》（GB 50204）中的相关规定进行处理。

（2）生产质量控制

1）首次使用的混凝土配合比应进行开盘鉴定，其原材料、强度、凝结时间、稠度等应满足设计配合比的要求。

检查数量：同一配合比的混凝土检查不应少于一次。

检验方法：检查开盘鉴定资料和强度试验报告。

2）拌制混凝土所用原材料的品种及规格，应符合混凝土配合比的规定。

检查数量：每工作班检验不应少于一次。

检验方法：按配合比通知单内容逐项核对，并做出记录。

3）混凝土生产质量应符合现行国家标准《预拌混凝土》（GB/T 14902）的规定。

检查数量：对同一配合比混凝土，抽样数量应符合下列规定：

①出厂检验时，每 100 盘相同配合比混凝土取样不应少于一次。

②每一个工作班相同配合比混凝土达不到 100 盘时应按 100 盘计，每次取样应至少进行一组试验。

检验方法：检查生产记录、观察。

③混凝土拌合物不应离析。

检查数量：全数检查。

检查方法：观察。

④混凝土中氯离子含量和碱的总含量应符合现行国家标准《混凝土结构耐久性设计标准》（GB/T 50476）的规定和设计要求。

检查数量：同一配合比的混凝土检查不应少于一次。

检验方法：检查原材料试验报告和氯离子、碱的总含量计算书。

4）拌和混凝土前，应测定砂、石含水率，并根据测定结果调整材料用量，提出混凝土生产配合比。当遇到雨天或含水率变化大时，应增加含水率测定次数，并及时调整水和骨料的重量。

检查数量：每工作班不应少于一次。

检验方法：检查砂、石含水率测量记录及生产配合比。

5）混凝土拌合物稠度应满足生产工艺的要求。

检查数量：

①每拌制 100 盘且不超过 100 m^3 时，取样不得少于一次；

②每工作班拌制不足 100 盘时，取样不得少于一次；

③每次连续浇筑超过 1 000 m^3 时，每 200 m^3 取样不得少于一次；

④每一楼层取样不得少于一次。

检验方法：检查稠度抽样检验记录。

（3）混凝土原材料存放

各种原材料应分仓贮存，有明显的标识，并应符合下列规定：

1）水泥应按品种、强度等级和生产厂家分别标识和贮存；应防止水泥受潮及污染不应采用结块的水泥；水泥用于生产时的温度不宜高于 60℃；水泥出厂超过 3 个月应进行复检，合格者方可使用。

2）骨料堆场应为能排水的硬质地面，并应有防尘和遮雨设施；不同品种、规格的骨料应分别贮存，避免混杂或污染。

3）外加剂应按品种和生产厂家分别标识和贮存；粉状外加剂应防止受潮结块，如有结块，应进行检验，合格者应经粉碎至全部通过 300 μm 方孔筛筛孔后方可使用；液态外加剂应贮存在密闭容器内，并应防晒和防冻。如有沉淀等异常现象，应经检验合格后方可使用。

4）矿物掺合料应按品种、质量等级和产地分别标识和贮存，不应与水泥等其他粉状料混杂，并应防潮、防雨。

5）纤维应按品种、规格和生产厂家分别标识和贮存。

（4）混凝土施工

混凝土施工、养护及脱模按下列规定进行检验。

1）混凝土浇筑前应进行预制构件的隐蔽工程检查并做好记录：

①钢筋的牌号、规格、数量、位置和间距；

②纵向受力钢筋的连接方式、接头位置、接头质量、接头面积百分率、搭接长度锚固方及锚固长度；

③箍筋弯钩的弯折角度及平直段长度；

④钢筋的混凝土保护层厚度；

⑤预埋件、吊环、插筋、灌浆套筒、预留孔洞、金属波纹管的规格、数量、位置及固定措施；

⑥预埋线盒和管线的规格、数量、位置及固定措施；

⑦夹芯外墙板的保温层位置和厚度，连接件的规格、数量、位置；

⑧预应力筋及其锚具、连接器和锚垫板的品种、规格、数量、位置；

⑨预留孔道的规格、数量、位置，灌浆孔、排气孔、锚固区局部加强构造。

2）混凝土浇筑应符合以下规定：

①混凝土浇筑前，预埋件预留钢筋的外露部分宜采取防止污染的措施；

②混凝土倾落高度不宜大于 600 mm，并应均匀摊铺；

③混凝土浇筑应连续进行；

④对于混凝土从出机到浇筑完毕的延续时间，气温高于 25℃时不宜超过 60 min，气温低于 25℃时不宜超过 90 min。

3）混凝土振捣应符合以下规定：

①混凝土宜采用机械振捣方式成型。振捣设备应根据混凝土的品种、工作性、预制构件的规格和形状等因素确定，应制定振捣成型；

②当采用振捣棒时，混凝土振捣过程中不应碰触钢筋骨架、面砖和预埋件；

③混凝土振捣过程中应随时检查模具有无遗漏、变形或预埋件有无移位等现象。

4）预制构件粗糙面成型应符合下列规定：

①可采用模板面预涂缓凝剂工艺，脱模后采用高压水冲洗露出骨料；

②叠合面粗糙面可在混凝土初凝前进行拉毛处理；

③叠合梁顶面应做成凹凸差不小于 6 mm 的粗糙面，叠合板表面应做成凹凸差不小于 4 mm 的粗糙面。

5）混凝土浇筑完毕后应及时进行养护，养护时间和养护方法应符合生产方案的要求。

①生产单位应根据地区气候因素，针对不同类型构件及其养护方法编制相应的养护方案。

②应根据预制构件特点和生产任务量选择自然养护、自然养护加养护剂或加热养护等养护方式。

③混凝土浇筑完毕后或压面工序完成后应及时覆盖保湿，脱模前不得揭开。

④加热养护工艺应通过试验确定，宜采用加热养护温度自动控制装置，养护宜符合下列规定：

a. 加热养护可选择蒸汽加热、电加热或模具加热等方式；

b. 在常温下预养护时间不宜少于 2 h；

c. 升、降温速度不宜超过 20℃/h；

d. 最高养护温度不宜超过 70℃；

e. 构件在拆除养护措施前，应进行温度测量，当表面与外界温差不大于 20℃时，构件方可拆除养护措施；

f. 夹芯保温墙板最高养护温度不宜超过 60℃。

6）构件脱模时应符合下列要求：

①脱模不宜使用振动方式拆模，应做好模具拆模保护。

②脱模应检查确认构件与模具之间的连接部分完全拆除。

③预制构件脱模起吊时的混凝土强度应计算确定，且不宜小于 15 MPa。

3. 饰面砖与墙板

（1）饰面砖

1）面砖与混凝土的黏结强度应符合现行行业标准《建筑工程饰面砖粘结强度检验标准》（JGJ/T 110）和《外墙饰面砖工程施工及验收规程》（JGJ 126）的有关规定。

2）带面砖或石材饰面的预制构件宜采用反打一次成型工艺制作，并应符合下列规定：

①应根据设计要求选择面砖的大小、图案、颜色，背面应设置燕尾槽或确保其连接性能可靠的构造设置；

②面砖入模铺设前，宜根据设计排版图将单块面砖制成面砖套件，套件的长度不宜大于 600 mm，宽度不宜大于 300 mm；

③石材入模铺设前，宜根据设计排版图的要求进行配板和加工，并应提前在石材背装不锈钢锚固拉钩和涂刷防泛碱处理剂；

④应使用柔韧性好、收缩小、具有抗裂性能且不污染饰面的材料嵌填面砖、石材，同时应采取一定的保护措施以防止面砖或石材在钢筋绑扎、浇筑混凝土等工序中出现位移。

（2）保温墙板

1）保温材料进厂时，应对其导热系数、密度、压缩强度、吸水率、燃烧性能等进行检验，检验结果应符合设计要求和现行国家有关标准的规定。

2）夹芯保温墙板的内外叶墙板之间的拉结件类别、数量、使用位置及性能应符合设计要求。

3）夹芯保温墙板用的保温材料类别、厚度、位置及性能应满足设计要求。

4）带保温材料的预制构件宜采用水平浇筑方式成型。夹芯保温墙板成型应符合下列要求：

①连接件的数量和位置应满足设计要求；

②应采取可靠措施保证连接件位置正确、保护层厚度符合要求，并保证连接件在混凝土中可靠锚固；

③应保证保温材料间拼缝严密或使用黏结材料密封处理；

④在上层混凝土浇筑完成之前，需保证下层混凝土不得初凝。

4. 构件养护

1）生产单位应根据地区气候因素，针对不同类型构件及其养护方法编制相应的养护方案。

2）应根据预制构件特点和生产任务量选择自然养护、自然养护加养护剂或加热养护等养护方式。

3）混凝土浇筑完毕后或压面工序完成后应及时覆盖保湿，脱模前不得揭开。

4）加热养护工艺应通过试验确定，宜采用加热养护温度自动控制装置，养护宜符合下列规定：

①加热养护可选择蒸汽加热、电加热或模具加热等方式；

②在常温下预养护时间不宜少于 2 h；

③升、降温速度不宜超过 20℃/h；

④最高养护温度不宜超过 70℃；

⑤构件在拆除养护措施前，应进行温度测量，当表面与外界温差不大于 25℃时，构件方可拆除养护措施；

⑥夹芯保温墙板最高养护温度不宜超过 60℃。

5. 构件脱模

1）脱模不宜使用振动方式拆模，应做好模具拆模保护。

2）脱模应检查确认构件与模具之间的连接部分完全拆除。

3）预制构件脱模起吊时的混凝土强度应通过计算确定，且不宜小于 15 MPa。

第八章　生产质量控制和评定

第一节　生产环节质量控制

一、生产准备

预制构件厂在生产预制构件前需要做多方面的准备工作，前期准备工作是否充分将影响到构件的生产质量，主要准备工作可概括如下：

1）构件深化设计。不同于传统建造现浇模式中设计与施工之间的流转模式，装配式建造中的构件深化设计是在建筑设计的基础上进行构件的二次设计，是预制构件预制生产和施工安装前不可或缺的重要环节。预制企业在拿到构件生产订单后，组织自有设计人员或委托其他设计单位根据现行的设计规程、标准、图集及设计单位提供的通过有关单位审批的施工图纸，将建筑设计深层拆分、细化，具体到每个构件的生产和安装图纸，既有构件平面布置图（总装配图），也有各种预制构件的钢筋布置图、灌浆套筒连接、各类管线、预埋件、预留孔洞、构件起吊点及安装斜撑固定点等，要起到指导现场预制生产和吊装施工的作用。

2）模具设计制作。在预制构件生产中，模板模具的精度将影响构件的产品质量。构件模具一般由底模、内外侧模、上下端模、定位机构和调节机构等组成。预制企业应根据构件深化设计后的图纸确定所需制作模板模具的规格、型号、数量等，并委托专业企业制作加工，确保模具设计和制作的精度，并进行质量验收。

3）材料机械准备。主要的原材料有水泥、钢筋钢材、砂石、混凝土外加剂、钢模板、灌浆连接套筒等拉接件、各类预埋件和辅助工具等。完成混凝土配合比设计，确保质量和性能符合标准、设计和生产要求。同时，要对生产所用生产机械、设施设备进行安装调试、工况检验和安全检查。

4）技术准备。建设单位应组织设计单位、深化设计单位和预制工厂有关技术、管理人员进行图纸会审和技术交底，明确设计要求、技术要求、质量标准和有关事项，对设计中的疑点应及时达成共识，并做好记录；预制企业根据设计要求编制科学、严密、可行的生产组织计划、生产工艺方案和质量验收标准等文件，建立各项工序质量保障措施，明确构件质量验收细则，规范次品处理方式，制定质量持续改进策略。

5）场地及其他准备。应根据实际，对场地各生产功能区、办公区、设施设备区、生活区和道路等进行合理规划布局，生产功能区主要包括原材料放置区、钢筋加工区、混凝土搅拌区、浇筑区、养护区、合格品储存区、次品堆放区等。配备素质合格的技术、质量、安全、材料和管理人员。

二、生产质量控制要点

生产环节是预制构件质量形成的关键阶段，应科学设置质量控制点，认真执行质量控制任务，保证质量检查验收严格进行。预制构件厂在生产环节应设置的主要的质量控制要点总结为表 8-1，需要说明的是，这仅是主要的控制点，且企业需根据自身实际进行灵活设置。

表 8-1　预制构件生产质量控制要点

一级控制点	二级控制点	详细控制内容（控制任务）
生产材料	模板	模板的形状、尺寸等与设计的吻合度
	钢筋	钢筋抗拉强度、屈服强度、最大力下总伸长率等力学性能；套筒灌浆连接接头抗拉强度等
	混凝土	水泥、掺合物、粗细骨料、外加剂等原材料的质量
	预埋件	预埋件的制作质量，如表面平整度、尺寸精度等
工艺方法	深化设计	构件拆分合理性，以建筑结构安全为主，综合考虑生产和安装的可操作性；构件与主体、构件与构件的连接点设置合理性。构件连接方式牢固可靠性；构件详图设计对生产和安装施工的指导性和可用性；吊装施工图设计对安装施工的指导性和可使用性
	生产方案	工艺流程的科学性、合理性，质量检验、验收点的设置是否利于构件质量形成与控制；形成质量控制专项方案计划
	模板	模板组装后的尺寸精度、脱模剂涂刷质量、模板拆除的方法，注意在安装完毕后，驻厂监理要根据图纸对模板、钢筋和预留孔、预埋件的尺寸、标高及数量进行仔细检查，确保符合要求，并涂抹脱模剂以减轻脱模时对构件的损伤
	钢筋	钢筋和钢筋笼加工连接的可靠性，如钢筋品种、数量、规格、保护层厚度等
	混凝土	配合比的设计；混凝土和易性、坍落度；混凝土浇筑振捣方式；混凝土养护；拆模时的混凝土强度；应注意制作留存试块
	预埋件	预埋件的品种、型号、规格、数量、安装位置；固定方式、固定稳固性等
	构件养护	养护方法、养护时间
	成品保护	构件翻转、转运等过程的保护措施
	质量验收	隐蔽工程验收要及时且有规范记录；质量验收项目及标准符合设计要求；构件质量检测方法、检测过程；检测和验收报告的真实性

续表

一级控制点	二级控制点	详细控制内容（控制任务）
人	生产组织机构	组织结构的合理性。要利于生产效率和质量控制
	人员素质	管理人员的管理经验和能力；操作技术人员的业务能力和技术水平；质量监督检测人员的业务能力和责任感；不熟悉业务人员要进行岗前培训
机械设备	精度	划线机、原材料计量器、抹光机、混凝输送机等机械设备的精度
	可靠性	设备运行调试、安全可靠性
环境	工厂环境	混凝土搅拌和浇筑区、构件预养区、构件存放区的温度和干燥程度
	养护环境	检测构件养护窑的温度、湿度等

三、生产质量控制措施与控制流程

预制构件种类繁多、生产工序较为复杂，质量标准高，给构件生产质量控制带来难度，只有依靠科学的管理方法才能有效控制构件生产质量。根据前文所述计划阶段（Plan）—实施阶段（Do）—检查阶段（Check）—处理阶段（Act）的循环控制逻辑，简述工程实践中重要且具体的控制措施，同时给出生产质量控制流程。

1. 生产质量控制措施

（1）计划阶段（Plan）

制订科学合理的生产质量控制专项方案。根据构件生产工艺和特点，从 4M1E[“4M”指 Man（人）、Machine（机器）、Material（物）、Method（方法）;“1E”指 Environments（环境），即为人、机、物、法、环现场管理五大要素。]等质量影响因素出发，制订科学、合理、高效的构件生产质量控制专项计划，将质量责任落实到每个工位、操作人员和质量监督检验人员。实施样品试制工作，执行首件验收制度。方案须经建设单位、总承包单位或监理单位审核批准。

（2）实施阶段（Do）

严格执行生产质量控制专项方案，尤其要做好以下几方面：

1）严格控制原材料质量。预制企业应规范原材料采购管理，严格执行采购产品入库验收，采购、储存、使用等全过程严格遵照有关要求及规程。

2）确保深化设计质量。建议采用 BIM 软件辅助深化设计，进行钢筋、水电管线、构件之间的碰撞检查和组装模拟，消弭建筑设计和组装构件时不易察觉的错、碰、漏，及时发现问题予以优化或纠正，防止后期施工中的返工与切割修补。实行设计图纸会审与技术交底。

3）施行驻厂监理制度。装配式建筑在工厂生产预制构件时就已经启动了建筑物的建造，因此，建设单位和施工承包商有必要在工厂生产预制构件时就派驻构件制造监理，全程监督构件制作过程，严格执行质量控制方案，完善工厂管理监督机制。

4）提高生产机械化、自动化水平。工厂应积极引进先进制造设备，在模板划线、预埋件制作安装、钢筋加工、混凝土浇筑振捣、构件表面抹光等构件质量节点采用机械自动化操作，不仅可以提高生产效率，还可减少人工操作误差和失误，保证质量。

5）信息化管理。建议装配式建筑领域从构件供应链全局采用 BIM 和 RFID 技术，通过信息化管理，提高构件质量控制水平。在生产环节，借助 BIM 软件生成带有条码或唯一编码的构件深化图纸，以便在生产、储运、吊装施工等阶段通过手持设备（读写器），识别图纸上的条码或输入唯一编码，迅速检索构件相关信息，保证构件信息在不同环节间无损传递和高效利用。构件制作加工过程中，在每个构件预定的位置植入 RFID 芯片，比如，在混凝土浇筑前将 RFID 芯片用耐腐蚀的塑料盒包裹后将其绑扎于非受力钢筋上。然后，用读写器扫描构件加工图纸上的条形码或手动输入构件编码，将芯片变成构件的唯一"身份证"。在后期生产中，把构件的厂家、生产日期、原材料检验报告结论、生产过程质检记录、有关负责人等信息通过读写器写入 RFID 芯片中。通过接口将数据上传系统后，便可在控制中心随时查看构件的加工进度和质量情况。

（3）检查阶段（Check）

定期检查方案执行情况，做好质量统计分析。通过信息化管理平台，按日、月或生产批收集、统计质量缺陷和质量问题，用直方图、控制图、散布图、关系图等清晰直观的质量图表进行合理分析，借助因果分析图查找质量问题的根源。

（4）处理阶段（Act）

及时总结、持续改进。建立构件质量第三方评估机制，及时总结构件生产质量问题及产生原因，总结质量控制方案的实施情况。恰当处理质量不合格的构件产品，针对生产环节存在的质量问题及原因制定有效的改进措施，改善工艺方法、改良机械设备、提升技术人员水平等，推动预制构件生产质量持续改进。

2. 生产质量控制流程

生产环节是预制构件质量形成和控制的关键阶段。因此，应予以重点研究，除研究总体控制流程外，还应关注生产环节一些关键活动的质量控制流程。

（1）总体控制流程

总体来讲，构件生产环节重点要控制好构件深化设计质量、原材料质量、质量控制方案、钢筋加工质量、混凝土分项工程、隐蔽验收、质量验收等几个方面，图 8-1 为三明治夹芯墙板生产质量总体控制流程。

（2）深化设计质量控制流程

构件深化设计是十分重要的环节，涉及建筑、建材、结构、设备、机电等各专业的需求，还要考虑生产、运输、施工等各环节的需要。因此，建议借助 BIM 软件平台协同考虑，原设计单位和深化设计单位不同时，要做好沟通，严格执行设计方案报审报批制度。设计完成后要进行图纸会审和技术交底（图 8-2）。

（3）生产质量控制专项方案报审流程

生产质量控制要有计划、有预案，明确各生产岗位的质量责任主体，质量控制方案要经过严格的审批，形成成熟高效的质量保证体系（图 8-3）。

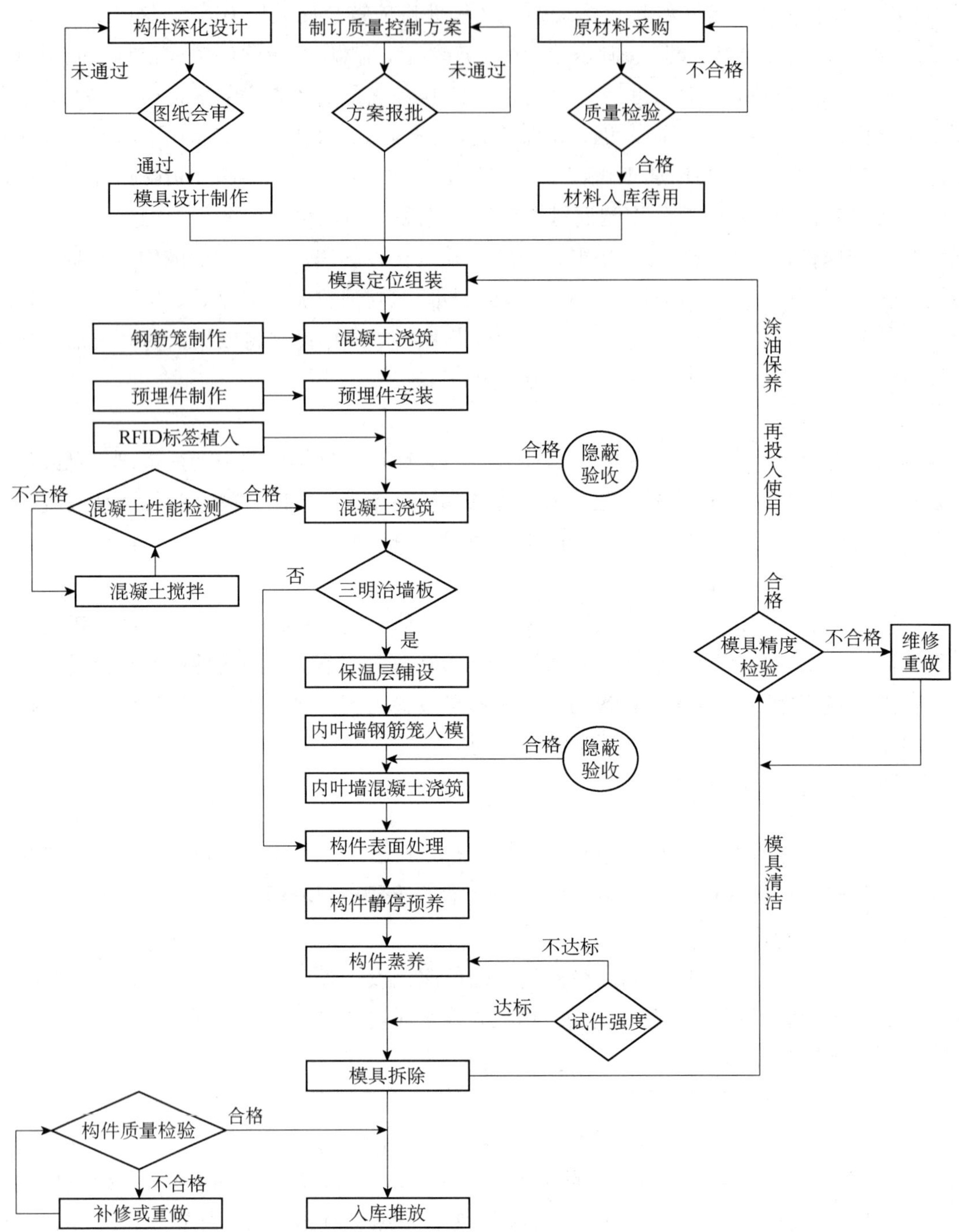

图8-1　三明治夹芯墙板生产质量总体控制流程

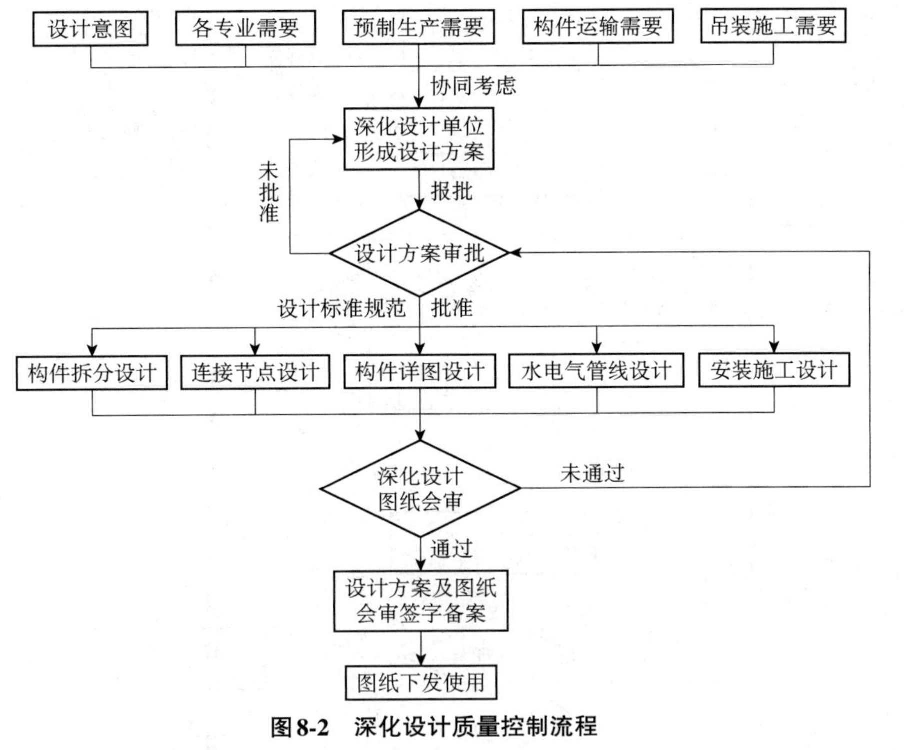

图 8-2　深化设计质量控制流程

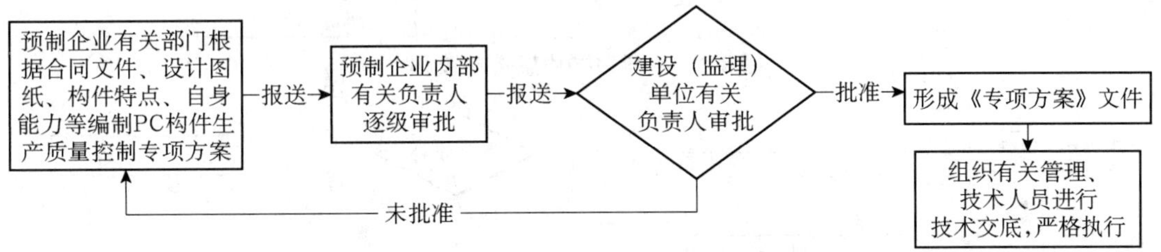

图 8-3　生产质量控制专项方案报审流程

（4）原料采购质量控制流程

原材料是生产质量控制的关键方面。一般情况下，建设（监理）单位和施工单位不得指定构件生产原材料。控制生产原材料的关键在于物料进厂时的质量验收，同时要做好材料供应商的评价管理工作（图 8-4）。

（5）构件成品质量验收流程

预制构件成品的质量验收至关重要，是控制不合格品的重要节点。预制构件厂应严格按照现行国家标准《混凝土结构工程施工质量验收规范》（GB 50204）等的规定进行验收，验收项目主要包括构件的外观质量，构件标识，构件尺寸偏差，预埋件、预留孔洞、预留钢筋管线等的规格、位置、数量和构件结构性能等。对于验收合格的构件，要按批次出具质量检验合格证明并入库存放；验收不合格的构件要按缺陷实际决定是否补修，补修后的构件必须重新验收所有项目，均合格后方能入库，对补修后不能达标的应按废品处理（图 8-5）。

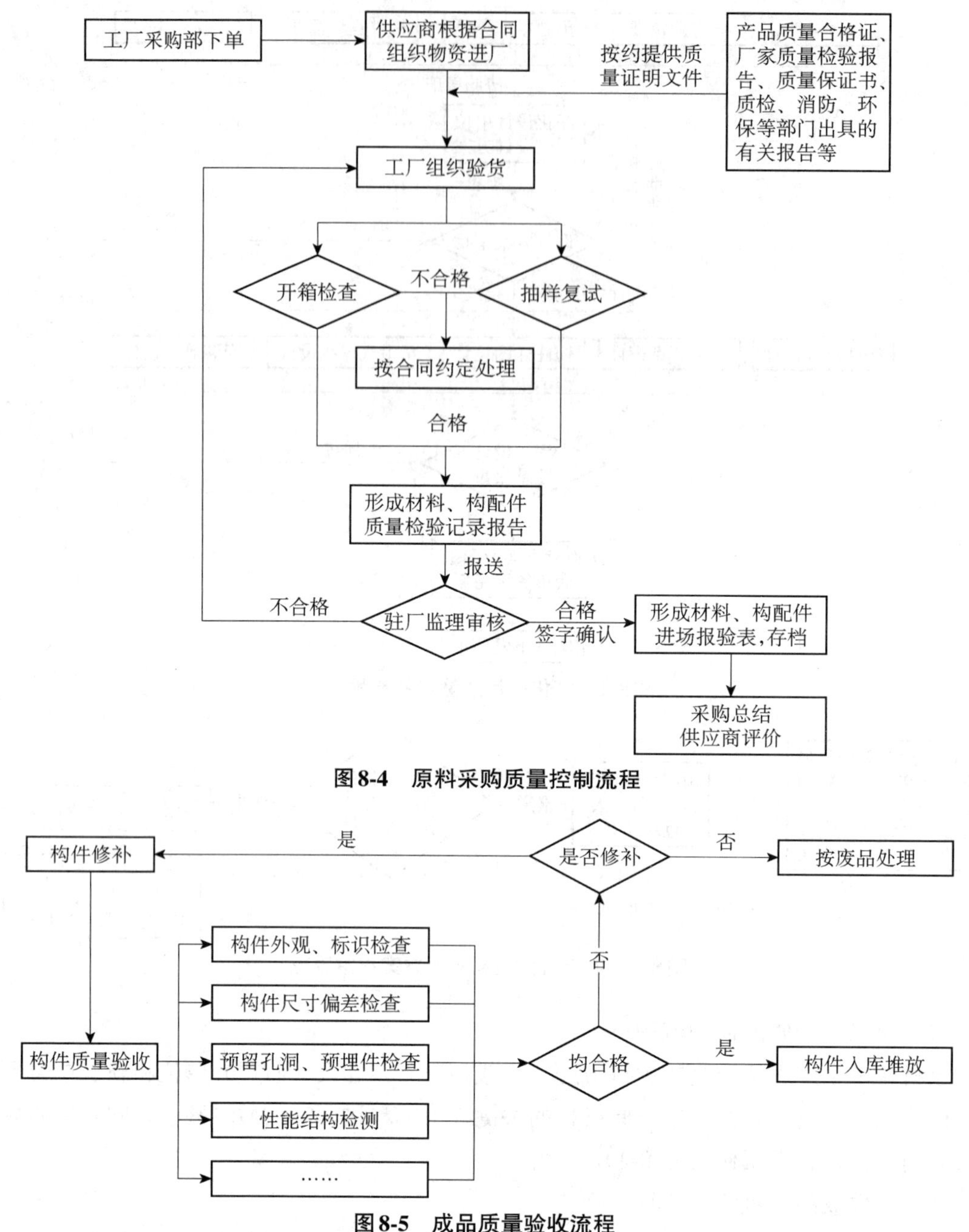

图 8-4　原料采购质量控制流程

图 8-5　成品质量验收流程

第二节　储运环节质量控制

储运环节是指预制构件从工厂形成成品并经质量验收合格存放至工厂的堆场，到运输至施工工地之间的过程。主要包括构件的工厂存储、装车、运输、卸车 4 个环节。预制工厂一般离施工现场比较远，规格型号不一、数量庞大的混凝土预制构件的高效储运管理是保证装配式建筑项目成功实施的重要方面，同时，储运过程中构件质量受损将影响工程质量、耽误工程进度、增加工程成本。因此，有必要对储运环节的预制构件质量控制予以重视。

一、储运准备

实践中，储运环节应主要考虑 4 个方面：一是构件合理存储堆放；二是根据吊装进度和构件重量、大小，规划运输顺序和车次；三是根据区域位置规划运输路线；四是采用专业机械设备减少构件装卸和运输过程中受损。储运准备工作主要有：

1）制订存储方案、平整堆放场地。在预制工厂，构件在蒸养窑完成养护前，预制构件企业要根据工程进度、构件特点、运输计划等制订存储方案，平整堆放场地，企业应尽量在车间内设置专门的构件临时存放区，用于出窑后的构件检查、修复和临时静停段时间再转移到室外堆场。构件的质量通常较大，应尽量将地面整平硬化，根据不同构件的特点准备好构件堆放所需的支架、垫片，各种吊具、钢绳等。

2）查看运输路线、制订运输方案。构件运输前，应派专人勘察线路，选择路程短、路况佳的线路，道路的转弯曲线、桥梁允许荷载、桥涵限高限宽等应满足运输车辆的通行。还应与施工现场负责人充分沟通，按吊装工序和吊装要求制订专门的运输方案，明确运输顺序、批次、车辆、负责人、运输方式、应急预案等。

3）检验质量、确认运输构件信息。预制构件出厂前必须完成相关的质量检验，确保无质量缺陷后按规范向构件的 RFID 芯片录入构件信息，信息应尽量全面，主要包括重要原材料检测的主要信息、模板安装和钢筋安装检查、混凝土配合比及浇筑、混凝土抗压和强度检测报告、验收入库信息等。确保构件信息准确完整，质量检验不合格的绝不出厂。

二、储运作业质量控制要点

储运环节主要质量影响因素包括工艺方法、人员、材料和机械设备，环境的影响基本可以忽略。应设置的主要质量控制要点见表 8-2。

表 8-2　储运质量控制要点

一级控制点	二级控制点	详细控制内容（控制任务）
工艺方法	存储方案	构件存储堆放场地地面要夯实、次品应专区堆放、尽量用专门的存放支架、入库验收、构件保护措施、存放顺序和层数规划。不同构件应采用平放、侧立、托架等不同的堆放方式
	装卸方案	装卸方法和机具、专业人员操作、安全保护措施等
	运输方案	运输时间、路线、车辆、顺序、批次、负责人，构件固定保护措施等
	出厂检验	构件装车前要逐一进行严格的质量检验，做到不合格不出厂，确保构件出厂强度符合要求，并将有关质量证明文件随车发出

续表

一级控制点	二级控制点	详细控制内容（控制任务）
人员	管理人员	存储堆放、装卸、运输等都应有专人负责、责任到人，管理人员的管理水平和责任感
	技术人员	装卸、运输、质量检验等技术人员的技术水平和业务能力
材料	构件保护材料	墙板专用支架、异性构件专用支架等的强度、刚度、稳定性等，构件堆放用的枕木、垫片、橡胶等应具有相应承载力
	装卸辅助材料	构件装卸、固定用的吊环、钢丝绳、紧固绳等应具有相应承载力
机械设备	起重、转运设备	起重机、吊车、码垛机、叉车等起重、转运设备应具有相应的承载能力
	运输车辆	最好使用专用运输车或平板改装车，不超出载运能力
环境	构件存放环境	存放区的温度、湿度应满足构件混凝土进一步养护、硬化需要

三、储运质量控制措施与控制流程

预制构件数量庞大、种类繁多、形状各异，存储和运输过程中需要严格按照规范和通过审批的方案进行操作。根据 PDCA 循环控制逻辑，给出预制构件储运质量控制措施，同时给出储运环节的质量控制流程。

（1）储运质量控制措施

1）计划阶段：制订构件储运专项行动方案。根据构件的形状、重量、体积和特点，制订科学、合理的构件存储方案、构件装卸方案、构件运输方案、构件储运质量控制方案等专项方案，明确构件存储堆放的计划布置、运输物流规划、储运过程构件保护与质量控制措施等问题，对储运过程中可能出现的质量问题要有预案。

2）实施阶段：落实行动方案。行动方案经有关负责人审批后严格执行，有关负责人和操作人员要切实以方案为行动指南，扎实落实有关质量责任。重点做好数据信息实时共享，推进“产、存、运”协同管理：预制构件厂往往同时供应几个项目的构件，尤其是大型构件厂，在制和在库构件数量庞大，各项目进度不一，协调管理难度颇大。建议采用现代信息技术，及时共享各项目的吊装施工进度及构件供应需求，同时，强化内部生产线和各部门间的信息实时共享，可借助 RFID 物联网技术和 ERP 系统，实时上传更新构件生产进度信息、入库信息、出厂信息、运输信息、质量检验信息等，有条件的企业还可利用 GPS 和 GIS 技术实时跟踪构件运输情况，推进构件生产、存储、运输协同高效管理，避免信息不畅、协调不力等因素导致构件匆忙赶工生产、匆忙运输配送等，引发构件质量问题。参建方可共同打造构件信息共享平台，使多方共同受益。

3）检查阶段：定期检查方案落实情况，统计构件存储和运输过程中，不当操作、保护措施不到位等各种原因造成的质量损伤或损坏问题，查明原因所在。

4）处理阶段：持续改进。对比专项方案落实情况，追究相关质量事故责任，制定有效改进措施，避免类似的质量损伤或损坏现象再次发生。

（2）储运质量控制流程

储存运输环节的质量控制重点要做好存储、装卸、运输 3 个计划方案，同时要在构件出厂前进行严格的质量检验，做到不合格的构件绝不出厂，切实保证质量、降低成本。储运环节的构件质量控制流程如图 8-6 所示。

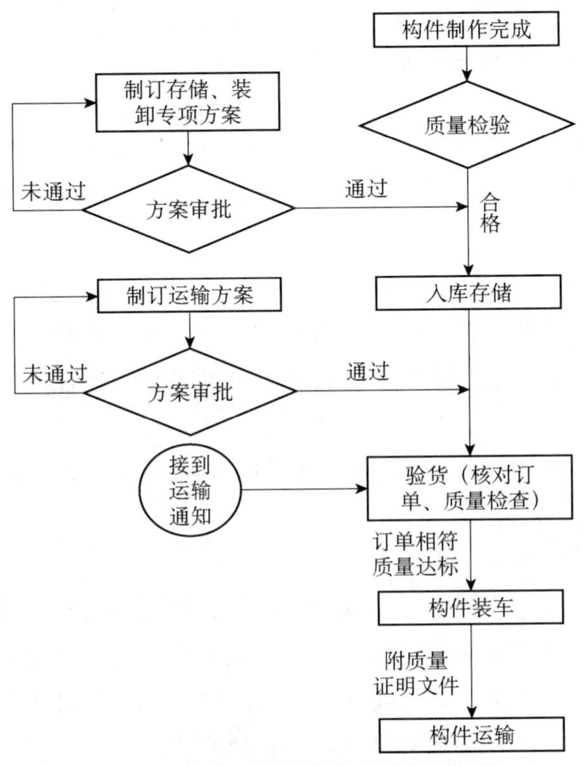

图 8-6　储运环节的构件质量控制流程

第三节　构件质量评定

通过对混凝土构件各分项质量的检验，依据检验结果，就可以对构件的质量做出可靠的结论，这就是评定。由此可以看出，质量检验在质量管理中只是一种手段，是构件在形成全过程中的质量信息反馈。只有通过对构件质量的评定才能总结经验制定改进措施，才能提高构件的产品质量。在质量的评定中如果产生评定质量的偏差，就会产生将合格品误判为不合格品，或将不合格品误判为合格品的情况，直接产生企业风险和用户风险。所以质量评定必须一丝不苟。

一、构件产品质量的等级确定

根据现行国家标准《混凝土结构工程施工质量验收规范》（GB 50204）的规定，对构件产品质量等级的评定分为两类和两个等级。

1）构件生产中所用的模板、钢筋和构件 3 个分项的质量等级评定为第一类。通过对这 3 个分项的质量等级评定，来考核生产班组的制作质量。它分为合格与优良两个等级。

①合格：

保证项目：必须符合质量检验评定标准的要求。

基本项目：应符合质量检验评定标准的规定。

允许偏差项目：允许偏差项目的检查点应有 70%或 70%以上符合标准的规定，其余的检查点也应基本达到标准的要求。

②优良：在合格的基础上，允许偏差项目的检查点应有 90%或 90%以上符合质量检验评定的规定。

2）对构件产品出厂时的质量等级评定为第二类。企业中的质量检验部门，根据钢筋、混凝土、构件和构件结构性能的试验、检验资料，评定每个检验批构件的质量等级。

①合格：当钢筋、混凝土、构件和结构性能分项质量均为合格时，则该批构件质量评为合格。

②优良：当钢筋、混凝土和结构性能为合格，构件质量为优良时，该批构件为优良。

二、重复检验评定

构件产品在形成的过程中，会受到人为、环境、材料等因素的影响而产生质量波动。这种波动大多在不符合标准要求时可以通过重新返修后进行检验评定，并且抽样检验时，因构件数量过多，检验工作量大，只能通过子样品的检验结果来推测总体的产品质量，在抽样检验中难免有误判。所以标准对此做出了重新检验的规定。

构件外观质量和尺寸允许偏差。标准规定，当第一次对构件外观质量和尺寸允许偏差检验评定后，当检查的合格点率小于 70%但不小于 60%时，可从该批构件中再随机抽取同样数量的构件，对检验中不合格点率超过 30%的项目进行第二次检验，并分别按下列公式，用两次检验的结果重新计算合格点率。

①构件外观合格点率：

$$\eta=\beta\left(1-\frac{n_{\mathrm{g}}+3n_{\mathrm{s}}}{n_{\mathrm{t}}}\right)\times100\% \tag{8-1}$$

式中，η 为检验批构件外观质量检查的合格点率；n_{g} 为不符合外观质量要求中“不宜有”项目和不符合“副筋露筋”“次要部位蜂窝”项目要求的检查点数；n_{s} 为不符合外观质量要求中“不应有”项目的检查点数；n_{t} 为检查总点数；β 为该批构件的产品率，即

$$\beta=\left(1-\frac{m_{\mathrm{d}}}{m_{\mathrm{t}}}\right)\times100\% \tag{8-2}$$

式中，m_{d} 为该批构件中经检查剔除的有影响构件结构性能或安装使用性能缺陷的构件数；m_{t} 为检验批构件的总数。

②构件尺寸合格点率：

$$\alpha=\beta\left(1-\frac{n_{g}+2n_{s}}{n_{t}}\right)\times100\% \tag{8-3}$$

式中，α 为检验批构件尺寸偏差检查的合格点率；n_g 为不符合构件允许偏差要求，但未超过该项允许偏差值 1.5 倍的检查点数；n_s 为超过构件尺寸允许偏差值 1.5 倍的检查点数；n_t 为总检查点数。

三、结构性能检验的加倍抽样复检

根据现行国家标准《混凝土结构工程施工质量验收规范》（GB 50204）的规定：

1）当试件结构性能的全部检验结果均符合下列检验要求时，该批构件的结构性能应评为合格，不再进行第二次抽检。

①构件承载力检验系数实测值：

当按混凝土结构设计规范的规定进行检验时，应符合：

$$\gamma_{u}^{0}\geqslant\gamma_{0}\left[\gamma_{u}\right] \tag{8-4}$$

式中，γ_u^0 为构件的承载力检验系数实测值，即试件的荷载实测值与荷载设计值（均包括自重）的比值；γ_0 为结构重要性系数，按设计要求的结构等级确定，当无专门要求时取 1.0；$[\gamma_u]$ 为构件的承载力检验系数允许值，按 GB 50204 表 B.0.2 取用。

当按构件实配钢筋的承载力进行检验时，应符合：

$$\gamma_{u}^{0}\geqslant\gamma_{0}\eta\left[\gamma_{u}\right] \tag{8-5}$$

式中，η 为构件承载力检验修正系数，取按实配钢筋计算的承载力与荷载设计值（均包括自重）之比。

②构件跨中短期挠度实测值：

当按混凝土结构设计规范规定的挠度允许值进行检验时，应符合：

$$a_{s}^{0}\leqslant\left[a_{s}\right] \tag{8-6}$$

当按构件实配钢筋进行挠度检验或仅检验构件的挠度、抗裂度或裂缝宽度时，应符合：

$$a_{s}^{0}\leqslant1.2\left[a_{s}^{c}\right] \tag{8-7}$$

式中，a_s^0 为在标准荷载值与 50010 荷载规范校核下的构件挠度实测值；$[a_s^c]$ 为挠度检验允许值，按 GB50204 第 B.0.4 条的有关规定计算。

③构件的抗裂检验，应符合：

$$\gamma_{cr}^{0}\geqslant\left[\gamma_{cr}\right] \tag{8-8}$$

式中，γ_{cr}^0 为构件的抗裂检验系数实测值，即试件的开裂荷载实测值与标准荷载值（均包括自重）的比值；$[\gamma_{cr}]$ 为构件的抗裂检验系数允许值。

④构件的裂缝宽度检验，应符合：

$$\omega_{s,max}^{0}\leqslant\left[\omega_{max}\right] \tag{8-9}$$

式中，$\omega_{s,max}^0$ 为在荷载标准值作用下，受拉主筋处的最大裂缝宽度实测值，mm；$[\omega_{max}]$

为构件检验的最大裂缝宽度允许值，按 GB 50204 表 B.0.6 取用。

2）当第一个试件的某项检验实测值不符合相应的检验标准要求，但又能符合第二次抽样检验指标的要求时，可在该批构件中抽取两个试件进行加倍检验。当二次检验的首个构件均能满足式（8-4）至式（8-9）的全部要求或二次检验的两个试件均能满足式（8-10）至式（8-12）第二次抽检指标时，则该批构件结构性能认定为合格。

承载力应符合：

$$0.95\gamma_0[\gamma_u] \leqslant \gamma_u^0 < \gamma_0[\gamma_u] \text{或} 0.95\gamma_0\eta[\gamma_u] \leqslant \gamma_u^0 < \gamma_0\eta[\gamma_u] \tag{8-10}$$

挠度应符合：

$$1.1[\alpha_s] \geqslant \alpha_s^0 > [\alpha_s] \tag{8-11}$$

抗裂性应符合：

$$0.95[\gamma_{cr}] \leqslant \gamma_{cr}^0 < [\gamma_{cr}] \tag{8-12}$$

应该注意：当第二次抽检的第一个试件的承载力、挠度和抗裂的检验结果不满足标准规定的要求，但能满足二次抽检指标要求时，不能对该批构件的结构性评为合格，则应对二次抽样的另一个试件进行检验。如二次抽样的第二个试件承载力、挠度和抗裂检验结果满足标准或二次抽检指标，则该批构件的结构性能方可评为合格，否则为不合格。

四、构件质量评定

对构件产品的质量评定，是在对各分项质量评定的基础上进行的，在实际中，有些企业认为只要对结构性能进行检验后，就能对该批构件产品作出质量等级的评价，这是不符合质量检验评定标准要求的。

各分项质量的检验评定，应按检验内容检验后进行，评定表格见表 8-3。

表 8-3　构件分项质量检验评定

生产单位：　　　　　　　　　　构件名称：　　　　　　　　　　检验日期：

<table>
<tr><td colspan="3">检验项目</td><td colspan="13">质量情况</td></tr>
<tr><td rowspan="2">保证项目</td><td>1</td><td></td><td colspan="13"></td></tr>
<tr><td>2</td><td></td><td colspan="13"></td></tr>
<tr><td rowspan="5">基本项目</td><td colspan="2" rowspan="2">检验项目</td><td colspan="10">质量状况</td><td colspan="3" rowspan="2">等级</td></tr>
<tr><td>1</td><td>2</td><td>3</td><td>4</td><td>5</td><td>6</td><td>7</td><td>8</td><td>9</td><td>10</td></tr>
<tr><td>1</td><td></td><td></td><td></td><td></td><td></td><td></td><td></td><td></td><td></td><td></td><td></td><td></td><td></td><td></td></tr>
<tr><td>2</td><td></td><td></td><td></td><td></td><td></td><td></td><td></td><td></td><td></td><td></td><td></td><td></td><td></td><td></td></tr>
<tr><td>3</td><td></td><td></td><td></td><td></td><td></td><td></td><td></td><td></td><td></td><td></td><td></td><td></td><td></td><td></td></tr>
<tr><td rowspan="5">允许偏差项目</td><td colspan="2" rowspan="2">检验项目</td><td colspan="3" rowspan="2">允许偏差/mm</td><td colspan="10">实测值/mm</td></tr>
<tr><td>1</td><td>2</td><td>3</td><td>4</td><td>5</td><td>6</td><td>7</td><td>8</td><td>9</td><td>10</td></tr>
<tr><td>1</td><td></td><td colspan="3" rowspan="3"></td><td></td><td></td><td></td><td></td><td></td><td></td><td></td><td></td><td></td><td></td></tr>
<tr><td>2</td><td></td><td></td><td></td><td></td><td></td><td></td><td></td><td></td><td></td><td></td><td></td></tr>
<tr><td>3</td><td></td><td></td><td></td><td></td><td></td><td></td><td></td><td></td><td></td><td></td><td></td></tr>
</table>

续表

<table>
<tr><td colspan="2">检验项目</td><td colspan="3">质量情况</td></tr>
<tr><td rowspan="3">检验结果</td><td>保证项目</td><td colspan="3">检查　　项　符合　　项</td></tr>
<tr><td>基本项目</td><td colspan="3">检查　　项　符合　　项</td></tr>
<tr><td>允许偏差项目</td><td colspan="3">实测　　点，合格　　点，合格率　　%</td></tr>
<tr><td>评定等级</td><td colspan="2"></td><td>核定等级</td><td>检评员：</td></tr>
</table>

下面以实例分别对构件质量进行一次检评和复式检评。

例 1：某构件厂在长线台座上用挤压机生产圆孔板。混凝土的强度等级为 C30、$\phi 4$ 冷拔低碳钢丝，42.5 普通硅酸盐水泥，石子粒径为 5～10 mm，中砂。同一班组在 10 d 内共生产了 760 块圆孔板，现对该批构件进行评定。

评定过程如下：

①钢筋分项质量评定。该厂是从某钢厂购进 40 t 冷拔丝，有出厂合格证，属甲级 I 组。经对外观质量检查后，钢丝表面没有裂缝、斑痕、油污和锈蚀现象。从材料的试验报告单可以看出，抗拉强度 852 MPa，伸长率 3.2%，反复弯曲为 6 次；钢丝直径实测值符合要求，评为合格。

②混凝土分项质量评定。混凝土中所用的水泥是该水泥厂生产，有出厂证明书和复验报告单，全部符合 42.5 水泥的质量要求，骨料均有筛分试验报告，有混凝土配合比通知单、调整通知单。根据搅拌记录，各种材料计量和搅拌时间均符合要求，混凝土的工作度为 35 s。

在 10 d 内，共有 18 组混凝土抗压试块。10 组为 28 d 强度，8 组为放张试块，从实验报告单中，抗压强度达到 35.4 MPa；经过统计评定 $m_{fcu}=34.5<35.4$，$f_{cu,\ min}=29$ MPa。混凝土分项质量合格。

③构件分项质量评定。钢丝张拉有记录，实际建立的预应力总值符合要求，钢丝放张时的混凝土抗压强度平均值均在 22 MPa 以上，并有放张通知单，构件的侧面均标明了生产单位、时间、型号等，均符合检验评定标准要求。

通过对 760 块构件逐件检查后，剔除了有影响结构性能的构件 28 块，所以该批构件的产品率为

$$\beta=\left(1-\frac{m_{d}}{m_{t}}\right)\times 100\%=\left(1-\frac{28}{760}\right)\times 100\%\approx 96.3\% \tag{8-13}$$

在逐件检查的基础上，随机抽取了 20 块构件进行外观质量检查。结果如下：

每块板共检查了 8 点，共计 160 点，其中有少量裂缝 2 点；外形缺陷和外表缺陷计 9 点；主筋外露的 1 点；有蜂窝的 3 点；钢丝松动 2 点。合格点率计算如下：

$$\begin{aligned}\eta &= \beta\left(1-\frac{n_g+3n_s}{n_t}\right)\times 100\% \\ &= 0.963\times\left(1-\frac{11+3\times 6}{160}\right)\times 100\% = 79\%\end{aligned} \tag{8-14}$$

外观质量检查后，又对抽查的 20 块构件进行了几何尺寸量测，其结果见表 8-4。

表 8-4　几何尺寸不合格点数统计

检验项目		长	宽	高	保护层	对角线	侧弯	表面平整	总计
允许值/mm		+10、−5	±5	±5	+5、−3	10	$L/>50$ 且≤20	5	
检验结果	n_g	12	8	5	36	7	10	6	84
	n_s	3	1	0	7	1	0	0	12
	n_t	40	80	80	80	40	20	60	400

根据检验结果，合格点率为

$$\begin{aligned}a &= \beta\left(1-\frac{n_g+2n_s}{n_t}\right)\times 100\% \\ &= 0.963\times\left(1-\frac{84+2\times 12}{400}\right)\times 100\% = 70\%\end{aligned} \tag{8-15}$$

构件分项质量为合格。

④结构性能检验评定。从 20 块构件中随机抽取一块构件作结构性能检验，其结果为

承载力检验系数实测值：　$\gamma_u^0 = 1.70$　（8-16）

跨中挠度实测值：　$\alpha_s^0 = 5.6 < 9.8\text{mm}$　（8-17）

抗裂检验系数实测值：　$\gamma_{cr}^0 = 1.46 > 1.35$　（8-18）

结构性能检验为合格。

因钢筋、混凝土、构件、结构性能 4 个分项质量等级均为合格，则该批构件的质量等级被评为合格。

例 2：一构件厂在长线台座上采用拉模式生产预应力圆孔板，在半月内共生产了 900 块，生产时的混凝土强度等级为 C30。现对该批构件进行质量评定。

评定过程如下：

①经对钢材、混凝土检验评定，两分项质量等级均为合格。

②构件分项质量评定。通过对保证项目和基本项目检验评定，均符合标准要求。但根据厂内的统计表可以看出，影响结构性能和安装使用性能缺陷的构件 45 块。因此，该批构件的产品率为

$$\beta = \left(1-\frac{m_d}{m_t}\right)\times 100\% = \left(1-\frac{45}{900}\right)\times 100\% = 95\% \tag{8-19}$$

从 900 块构件中随机抽取 40 块做外观质量检验。

外观质量检验的结果汇入表 8-5。

表 8-5 构件外观不合格点数统计

项目		质量要求	检验结果			重检项目
			n_t	n_g	n_s	
主筋外露		不应有	40		4	
孔洞		不应有	40		5	
蜂窝	主要受力部位	不应有	40	12	2	√
	次要部位	每处不超过 0.01m²	40			
裂缝	影响结构性能量	不应有	40	6	5	
	少裂缝	不宜有	40			
联结部位缺陷		不应有	40		7	
外形缺陷	清水表面	不应有	40	7	2	
	混水表面	不宜有	40			
外表缺陷	清水表面	不应有	40	3	4	
	混水表面	不宜有	40			
外表沾污	清水表面	不应有	40	13	5	√
	混水表面	不宜有	40			
合计			520	41	34	

根据表 8-5 统计结果计算合格点率为

$$\begin{aligned}\eta &= \beta\left(1-\frac{n_g+3n_s}{n_t}\right)\times 100\% \\ &= 0.95\times\left(1-\frac{41+3\times 34}{520}\right)\times 100\% \approx 68.9\%\end{aligned} \quad (8\text{-}20)$$

从计算结果中可以看出，外观质量的合格点率小于 70%，但大于 60%。所以根据标准规定，应从该批构件中再随机抽取 40 块，对“次要部位蜂窝”和“混水表面沾污”进行二次检验。每块构件按 2 点检验，那么两次检查的总点数 n，达到 600 点。经过复式检验“次要部位蜂窝”和“混水表面沾污”的不合格点数分别为 2 点和 3 点。这样 n_g 的总点数合计为 46 点。所以重复检验后的合格点率为

$$\begin{aligned}\eta' &= \beta\left(1-\frac{n_g+3n_s}{n_t}\right)\times 100\% \\ &= 0.95\times\left(1-\frac{46+3\times 34}{600}\right)\times 100\% \approx 71.6\%\end{aligned} \quad (8\text{-}21)$$

经过复检，外观质量符合要求。

外观质量检验后，又对构件的几何尺寸偏差进行了检测，经过统计计算，偏差合格点率达到 74.2%。

所以，构件分项质量等级为合格。

③结构性能检验评定。构件分项质量检评后，开展结构性能检验表明抗裂和挠度均符合标准要求，但承载力检验系数实测值却小于标准规定的允许值，而不低于规定允许值的0.95倍。所以应抽取两个试件进行检验。第二次抽取的第一个试件经检验后符合标准规定，则该批构件的结构性能为合格。

根据对各分项质量的评定，该批构件的质量等级为合格。

五、构件厂生产质量水平

构件厂生产质量水平的评定，一方面是当地构件质量管理部门对各构件企业的考评内容，另一方面也是构件企业内部对各生产班、组的考评，它是动态管理中的一个组成部分。预制构件厂生产质量水平，可用考核期内（月、季、年）构件检验批的合格率和优良率作为考核指标。在考核期内合格率不低于90%者，可评为“合格”；当合格率不低于90%且优良率不低于50%者，可评为“优良”。

合格率和优良率按下列公式计算：

$$\eta_{\mathrm{p}}=\frac{b_{\mathrm{p}}}{b_{\mathrm{t}}}\times 100\% \tag{8-22}$$

$$\eta_{\mathrm{e}}=\frac{b_{\mathrm{e}}}{b_{\mathrm{t}}}\times 100\% \tag{8-23}$$

式中：η_{p}为合格率；η_{e}为优良率；b_{p}为考核期内评为“合格”的构件检验批数；b_{e}为考核期内评为“优良”的构件检验批数；b_{t}为考核期内构件总检验批数。

例3：某质量监督站对甲、乙、丙3个构件厂进行年终考评，已知甲构件厂验收构件的总批数为34批，有31批为“合格”批；乙构件厂全年共验收了21批，其中“优良”12批，有一批为不合格批；丙构件厂共验收了15批，其中“优良”2批；“合格”9批。

各构件厂的生产质量水平如何?

解：根据题内条件计算如下：

①甲厂：

$$\eta_{\mathrm{p}}=\frac{b_{\mathrm{p}}}{b_{\mathrm{t}}}\times 100\%=\frac{31}{34}\times 100\%\approx 91\%$$

②乙厂：因优良为12批，合格8批，总合格为20批。因此：

$$\eta_{\mathrm{p}}=\frac{b_{\mathrm{p}}}{b_{\mathrm{e}}}\times 100\%-\frac{20}{21}\times 100\%\approx 95.2\%$$

$$\eta_{\mathrm{e}}=\frac{b_{\mathrm{e}}}{b_{\mathrm{t}}}\times 100\%=\frac{12}{21}\times 100\%\approx 57.1\%$$

③丙厂：优良、合格合计为11批。

$$\eta_{\mathrm{p}}=\frac{b_{\mathrm{p}}}{b_{\mathrm{t}}}\times 100\%=\frac{11}{15}\times 100\%\approx 73\%$$

评定结论：乙厂合格率为95.2%，优良率为57.1%，生产质量水平为“优良”；甲厂评为“合格”；而丙厂生产质量水平较差，评为“不合格”。

六、成品构件检验

（一）检验规则

1. 出厂检验

（1）检验项目

除结构性能检验外，其他项目逐项检验。

（2）检验批量、抽样数量

同一工作班、同一班组生产的同类型构件作为一个检验批；构件按检验批逐项检查，剔除有影响结构性能或安装功能的缺陷及尺寸偏差的构件（这些构件应作为废品，不应出厂）后，在该批构件中随机抽查5%，但不少于3件构件进行尺寸偏差的检查。

（3）结果判定

尺寸检查的合格点率不小于80%，其他参数全部合格时，该批构件判为出厂检验合格。

2. 型式检验

（1）检验条件

有下列情况之一时应进行型式检验：

1）产品转厂生产或首次投入生产的试制定型鉴定时；

2）产品停产半年以上再恢复生产时；

3）设计、工艺和材料有较大变更，可能影响产品性能时；

4）出厂检验结果与上次型式检验有较大差异时；

5）一年一次正常生产检验；

6）上级质量监督检查机构提出检验要求时。

（2）检验项目

除结构性能项目外所有项目，逐项检验。

（3）检验数量

抽检同一工作班、同一班组生产的同类型构件作为一个检验批中的一个构件。

（4）结果判定

所检项目全部合格，判为该次型式检验合格。

3. 进场检验

预制构件的质量应符合现行国家及地方有关标准的规定和设计的要求。

1）梁板类简支受弯预制构件进场时应进行结构性能检验，并应符合下列规定：

①结构性能检验应符合现行国家有关标准的规定及设计要求，检验要求和试验方法应符合现行国家标准《混凝土结构工程施工质量验收规范》（GB 50204）的有关规定。

②钢筋混凝土构件和允许出现开裂的预应力混凝土构件应进行承载力、挠度和裂缝宽

度检验；不允许出现裂缝的预应力混凝土构件应进行承载力、挠度和抗裂检验；对大型构件及有可靠应用经验的构件，可只进行裂缝宽度、抗裂和挠度检验。

③对使用数量较少的构件，当能提供可靠依据时，可不进行结构性能试验。

④对多个工程共同使用的同类型预制构件，结构性能检验可共同委托，其结果对多个工程共同有效。

2）对于不可单独使用的叠合板预制底板，可不进行结构性能检验。对叠合梁构件，是否进行结构性能检验、结构性能检验的方式应根据设计要求确定。

3）除上述之外的其他预制构件，除设计有专门要求外，进场时可不做结构性能检验。

4）根据上述规定中可不做结构性能检验的预制构件，应采取下列措施：

①施工单位或监理单位代表驻厂监督生产过程；

②当无驻厂监督时，预制构件进场时应对其主要受力钢筋数量规格、间距、保护层厚度及混凝土强度等进行实体检验。

（二）外观质量缺陷检查

外观质量缺陷根据其影响结构性能、安装和使用功能的严重程度，可按表 8-6 的规定划分为严重缺陷和一般缺陷。

表 8-6　构件外观质量缺陷

名称	现象	严重缺陷	一般缺陷
露筋	构件内钢筋未被混凝土包裹而外露	纵向受力筋有露筋	其他钢筋有少量露筋
蜂窝	混凝土表面缺少水泥砂浆而形成石子外露	构件主要受力部位有蜂窝	其他部位有蜂窝
孔洞	混凝土中孔穴深度和长度均超过保护层厚度	构件主要受力部位有孔洞	其他部位有少量孔洞
夹渣	混凝土中夹有杂物且深度超过保护层厚度	构件主要受力部位有夹渣	其他部位有少量夹渣
疏松	混凝土中局部不密实	构件主要受力部位有疏松	其他部位有少量疏松
裂缝	裂缝从混凝土表面延伸至混凝土内部	构件主要受力部位有影响结构性能或使用功能的裂缝	其他部位有少量不影响结构性能或使用功能的裂缝
连接部位	构件连接处混凝土缺陷及连接钢筋、连接件松动，插筋严重锈蚀、弯曲，灌浆套筒堵塞、偏位、灌浆孔洞堵塞、偏位、破损等缺陷	连接部位有影响结构传力性能的缺陷	连接部位有基本不影响结构传力性能的缺陷
外形缺陷	缺棱掉角、棱角不直、翘曲不平、飞边凸肋装饰面砖黏结不牢、表面不平、砖缝不顺	清水或具有装饰的混凝土构件有影响使用功能或装饰效果的外形缺陷	其他混凝土构件有不影响使用功能的外形缺陷
外表缺陷	构件表面麻面、掉皮、起砂、沾污等	具有重要装饰效果的清水混凝土构件有外表缺陷	其他混凝土构件有不影响使用功能的外表缺陷

1）预制构件出模后应及时对其外观质量进行全数目测检查，对出现的一般缺陷应进行修整并达到合格。

2）预制构件的外观质量不应有严重缺陷，且不应有影响结构性能和安装、使用功能的尺寸偏差。对已经出现的严重缺陷，应由生产单位提出技术处理方案，并经监理单位认可后进行处理；对裂缝或连接部位的严重缺陷及其他影响结构安全的严重缺陷，技术处理方案应经设计单位认可。对经处理的部位应重新验收。

检查数量：全数检查。

检验方法：观察，检查处理记录。

3）预制构件上的预埋件、预留插筋、预埋管线等的规格和数量以及预留孔、预留洞的数量应符合设计要求。

检查数量：全数检查。

检验方法：观察。

4）带饰面砖的预制墙板应针对饰面砖黏结强度进行型式检验。

检验数量：同一生产工艺的带饰面砖的预制墙板至少检测一次。

5）建筑外门窗工程的检查数量应符合下列规定：

检查数量：同一厂家的同一品种、类型、规格的门窗及门窗玻璃每 100 樘划分为一个检验批，不足 100 樘也为一个检验批，每个检验批应抽查 5%，并不少于 3 樘，不足 3 樘时应全数检查。

检查方法：观察、尺量检查。

6）建筑门窗采用的玻璃品种应符合设计要求，中空玻璃应采用双道密封。

检查数量：同一厂家的同一品种、类型、规格的门窗及门窗玻璃每 100 樘划分为一个检验批，不足 100 樘也为一个检验批，每个检验批应抽查 5%，并不少于 3 樘，不足 3 樘时应全数检查。

（三）成品构件尺寸检验

预制构件不应有影响结构性能、安装和使用功能的尺寸偏差。对超过尺寸允许偏差且影响结构性能和安装、使用功能的部位应经原设计单位认可，制订技术处理方案进行处理，并重新检查验收。

1. 检验批要求

1）同一类型构件，不超过 100 个为一批，每批应抽查构件数量的 5%，且不应少于 3 个。

2）预埋件、插筋、预留孔的规格应满足设计要求。

检查数量：全数检验。

检验方法：观察和量测。

3）预制构件的粗糙面或键槽成型质量应满足设计要求。

检查数量：全数检验。

检验方法：观察和量测。

4）面砖与混凝土的黏结强度应符合现行行业标准《建筑工程饰面砖黏结强度检验标准》（JGJ/T 110）和《外墙饰面砖工程施工及验收规程》（JGJ 126）的有关规定。

检查数量：按同一工程、同一工艺的预制构件分批抽样检验。

检验方法：检查试验报告单。

5）预制构件采用钢筋套筒连接时，在构件生产前应检查套筒型式检验报告是否合格，进行钢筋套筒灌浆连接接头的抗拉强度试验并应符合现行行业标准《钢筋套筒灌浆连接应用技术规程》（JGJ 355）的有关规定。

检查数量：按同一工程、同一工艺的预制构件分批抽样检验。同一批号、同一类型、同一规格的灌浆套筒，不超过 1 000 个为一批，每批随机抽取 3 个灌浆套筒制作对中连接头试件。

检验方法：检查试验报告单、质量证明文件。

6）夹芯外墙板的内外叶墙板之间的拉结件类别、数量、使用位置及性能应符合设计要求。

检查数量：按同一工程、同一工艺的预制构件分批抽样检验。

检验方法：检查试验报告单、质量证明文件及隐蔽工程检查记录。

7）夹芯保温外墙板用的保温材料类别、厚度、位置及性能应满足设计要求。

检查数量：按批检验。

检验方法：观察、量测，检查保温材料质量证明文件及检验报告。

8）装饰构件的装饰外观检验应符合下列规定：

①同一类型构件，不超过 100 个为一批，每批应抽查构件数量的 5%，且不应少于 3 个；

②检验结果应符合设计要求；

③设计无要求时，外观尺寸偏差和检验方法应符合表 8-7 的规定。

2. 检验偏差限值

预制构件尺寸偏差允许值及检验方法见表 8-7～表 8-10 的规定。预制构件有粗糙面时，与预制构件粗糙面相关的尺寸允许偏差可放宽 1.5 倍；施工过程中临时使用的预埋件，其中心线位置允许偏差可放宽 2 倍。

表 8-7　装饰构件外观尺寸允许偏差及检验方法

项目	装饰种类	检查项目	允许偏差/mm	检验方法
1	通用	表面平整度	2	2 m 靠尺或塞尺检查
2	面砖、石材	阳角方正	2	托线板检查
3		上口平直	2	拉通线用钢尺检查
4		接缝平直	3	用钢尺或塞尺检查
5		接缝深度	±5	用钢尺或塞尺检查
6		接缝宽度	±2	用钢尺检查

表 8-8　预制楼板类构件外形尺寸允许偏差及检验方法

项次	检查项目			允许偏差/mm	检验方法
1	规格尺寸	长度	＜12 m	±5	用尺量两端及中部，取其中偏差绝对值较大值
2			≥12 m 且＜18 m	±10	
3			≥18 m	±20	
		宽度		±5	用尺量两端及中部，取其中偏差绝对值较大值
		厚度		±5	用尺量板四角和四边中部位置共 8 处，取其中偏差绝对值较大值
4	对角线差			6	在构件表面，用尺量测两对角线的长度，取其绝对值的差值
5	外形	表面平整度	内表面	4	用 2 m 靠尺安放在构件表面上，用楔形塞尺量测靠尺与表面之间的最大缝隙
			外表面	3	
6		楼板侧向弯曲		L/750 且≤ 20 mm	拉线，钢尺量最大弯曲处
7		扭翘		L/750	四对角拉两条线，量测两线交点之间的距离，其值的 2 倍为扭翘值
8	预埋件	预埋钢板	中心线位置偏差	5	用尺量测纵横两个方向的中心线位置，取其中较大值
			平面高差	0，−5	用尺紧靠在预埋件上，用楔形塞尺量测预埋件平面与混凝土面的最大缝隙
9		预埋螺栓	中心线位置偏移	2	用尺量测纵横两个方向的中心线位置，取其中较大值
			外露长度	+10，−5	用尺量
10		预埋线盒、电盒	构件平面水平方向中心位置偏差	10	用尺量
			与构件表面混凝土高差	0，−5	用尺量
11	预留孔	中心线位置偏移		5	用尺量测纵横两个方向的中心线位置，取其中较大值
		孔尺寸		±5	用尺量测纵横两个方向尺寸，取其中较大值
12	预留洞	中心线位置偏移		5	用尺量测纵横两个方向的中心线位置，取其中较大值
		洞口尺寸、深度		±5	用尺量测纵横两个方向尺寸，取其中较大值
13	预留插筋	中心线位置偏移		3	用尺量测纵横两个方向的中心线位置，取其中较大值
		外露长度		±5	用尺量
14	吊环、木砖	中心线位置偏移		10	用尺量测纵横两个方向的中心线位置，取其中较大值
		留出高度		0，−10	用尺量
15	桁架钢筋高度			+5，0	用尺量

表 8-9 预制墙板类构件外形尺寸允许偏差及检验方法

项次	检查项目			允许偏差/mm	检验方法
1	规格尺寸	高度		±4	用尺量两端及中部，取其中偏差绝对值较大值
2		宽度		±4	用尺量两端及中部，取其中偏差绝对值较大值
3		厚度		±3	用尺量板四角和四边中部位置共 8 处，取其中偏差绝对值较大值
4	对角线差			5	在构件表面，用尺量测两对角线的长度，取其绝对值的差值
5	外形	表面平整度	内表面	4	用 2 m 靠尺安放在构件表面上，用楔形塞尺量测靠尺与表面之间的最大缝隙
			外表面	3	
6		楼板侧向弯曲		*L*/1 000 且≤20 mm	拉线，钢尺量最大弯曲处
7		扭翘		*L*/1 000	四对角拉两条线，量测两线交点之间的距离，其值的 2 倍为扭翘值
8	预埋件	预埋钢板	中心线位置偏差	5	用尺量测纵横两个方向的中心线位置，取其中较大值
			平面高差	0，−5	用尺紧靠在预埋件上，用楔形塞尺量测预埋件平面与混凝土面的最大缝隙
9		预埋螺栓	中心线位置偏移	2	用尺量测纵横两个方向的中心线位置，取其中较大值
			外露长度	+10，−5	用尺量
10		预埋套筒、螺母	中心线位置偏差	2	用尺量测纵横两个方向的中心线位置，取其中较大值
			平面高差	0，−5	用尺紧靠在预埋件上，用楔形塞尺量测预埋件平面与混凝土面的最大缝隙
11	预留孔	中心线位置偏移		5	用尺量测纵横两个方向的中心线位置，取其中较大值
		孔尺寸		±5	用尺量测纵横两个方向尺寸，取其中较大值
12	预留洞	中心线位置偏移		5	用尺量测纵横两个方向的中心线位置，取其中较大值
		洞口尺寸、深度		±5	用尺量测纵横两个方向尺寸，取其中较大值
13	预留插筋	中心线位置偏移		3	用尺量测纵横两个方向的中心线位置，取其中较大值
		外露长度		±5	用尺量
14	吊环、木砖	中心线位置偏移		10	用尺量测纵横两个方向的中心线位置，取其中较大值
		与构件表面混凝土高差		0，−10	用尺量

续表

项次	检查项目		允许偏差/mm	检验方法
15	键槽	中心线位置偏移	5	用尺量测纵横两个方向的中心线位置，取其中较大值
		长度、宽度	±5	用尺量
		深度	±5	用尺量
16	灌浆套筒及连接钢筋	套筒中心线位置	2	用尺量测纵横两个方向的中心线位置，取其中较大值
		钢筋中心线位置	2	用尺量测纵横两个方向的中心线位置，取其中较大值
		钢筋外露长度	+10，0	用尺量

表 8-10　预制梁柱桁架类构件外形尺寸允许偏差及检验方法

项次	检查项目			允许偏差/mm	检验方法
1	规格尺寸	长度	＜12m	±5	用尺量两端及中部，取其中偏差绝对值较大值
2			≥12 且＜18m	±10	
3			≥18m	±20	
		宽度		±5	用尺量两端及中部，取其中偏差绝对值较大值
		高度		±5	用尺量板四角和四边中部位置共 8 处，取其中偏差绝对值较大值
4	表面平整度			4	在构件表面，用尺量测两对角线的长度，取其绝对值的差值
5	侧向弯曲	梁柱		L/750 且≤ 20 mm	拉线，钢尺量最大弯曲处
		桁架		L/1 000	
6	预埋件	预埋钢板	中心线位置偏差	5	用尺量测纵横两个方向的中心线位置，取其中较大值
			平面高差	0，−5	用尺紧靠在预埋件上，用楔形塞尺量测预埋件平面与混凝土面的最大缝隙
7		预埋螺栓	中心线位置偏移	2	用尺量测纵横两个方向的中心线位置，取其中较大值
			外露长度	+10，−5	用尺量
8	预留孔	中心线位置偏移		5	用尺量测纵横两个方向的中心线位置，取其中较大值
		孔尺寸		±5	用尺量测纵横两个方向尺寸，取其中较大值
9	预留洞	中心线位置偏移		5	用尺量测纵横两个方向的中心线位置，取其中较大值
		洞口尺寸、深度		±5	用尺量测纵横两个方向尺寸，取其中较大值

续表

项次	检查项目		允许偏差/mm	检验方法
10	预留插筋	中心线位置偏移	3	用尺量测纵横两个方向的中心线位置，取其中较大值
		外露长度	±5	用尺量
11	吊环	中心线位置偏移	10	用尺量测纵横两个方向的中心线位置，取其中较大值
		留出高度	0，−10	用尺量
12	键槽	中心线位置偏移	5	用尺量测纵横两个方向的中心线位置，取其中较大值
		长度、宽度	±5	用尺量
		深度	±5	用尺量
13	桁架钢筋高度	套筒中心线位置	2	用尺量测纵横两个方向的中心线位置，取其中较大值
		钢筋中心线位置	2	用尺量测纵横两个方向的中心线位置，取其中较大值
		钢筋外露长度	+10，0	用尺量

第九章　质量问题分析预防及处理

第一节　分析方法及处置原则

一、质量管理工具

质量管理七大工具又称为QC七大手法，是常用的统计管理方法，主要包括鱼骨图（因果图）、帕累托累计图（排列图）、检查表、直方图、控制图、数据分层法、散布图等，见表9-1。

表9-1　质量管理工具

工具	用途
鱼骨图	整理问题、查找原因、研究对策
帕累托累计图	寻找主要问题或影响质量的主要原因
检查表	进行数据的收集和整理，并在此基础上进行原因的粗略分析
直方图	对数据加工整理，分析和掌握质量数据的分布状况和估算工序不合格品率的一种方法
控制图	分析和判断工序是否处于控制状态
数据分层法	把收集到的数据加以分类整理
散布图	研究判断两个变量之间的相关关系

1.“5W1H”分析法和“ECRS”分析法

“5W1H”分析法和“ECRS”分析法是非常重要的质量管理方法。

（1）“5W1H”分析法

“5W1H”分析法也叫六何分析法，是对选定的项目、工序或操作，从原因、对象、地点、时间、人员、方法6个方面提出问题进行思考，“5W1H”分析法具体流程见表9-2。

表9-2　“5W1H”分析法流程

	现状如何	为什么	能否改善	如何改善
对象（What）	干什么	为什么干	可否干别的	到底该干什么
目的（Why）	什么目的	为什么是这种目的	有无其他目的	应该是什么目的
场所（Where）	在哪儿干	为什么在那儿干	能否在别处干	应该在哪儿干

续表

	现状如何	为什么	能否改善	如何改善
时间（When）	什么时间干	为什么在那时干	能否其他时候干	应该什么时候干
人员（Who）	谁来干	为什么那人干	是否由其他人干	应该由谁干
手段（How）	怎么干	为什么那么干	有无其他方法	应该怎么干

“5W1H”分析法广泛应用于企业管理、生产生活、教学科研等方面，这种分析法可以极大地优化工作流程，提高工作效率。

（2）“ECRS”分析法

“ECRS”分析法，即取消（Eliminate）、合并（Combine）、重排（Rearrange ）、简化（Simplify）。“ECRS”分析法的具体内容见表 9-3。

表 9-3 “ECRS”分析法

名称	具体内容
取消	看现场能否排除某道工序，如果可以就取消这道工序
合并	看能否把几道工序合并
重排	看能否改变一下工序的顺序
简化	看能否将复杂的工艺变得简单一点

取消：在进行了“完成了什么”“是否必要”及“为什么”等问题的提问中不能有满意答复者都属不必要，要给予取消。取消是改进的最佳方式。取消不必要的工序、操作或者动作是不需要投资的一种改进，是改进的最高原则。

合并：对于无法取消者，看是否能合并，以达到省时、省力的目的。

重排：经过取消、合并后，可根据“何人、何处、何时”3 种问题进行重排，使工作有最佳的顺序，除去重复，办事有序。

简化：经过取消、合并、重排后的必要工作，就可考虑能否采用最简单的方法及设备，以节省人力、时间及费用。

在进行“5W1H”分析的基础上，可以寻找工序流程的改善方向，构思新的工作方法，以取代现行的工作方法。运用“ECRS”四原则（取消、合并、重排和简化的原则），可以帮助人们找到更好的效能和更佳的工序方法。

2. 鱼骨图分析法

由于问题的特性不同，总会受到各方面因素的影响，日本管理学大师石川馨在 1943 年发明了一种定性、非定量的鱼骨图分析法。该方法是针对具体问题，通过与专家进行研讨，建立判断矩阵或者头脑风暴找出影响问题的潜在的根本原因，通过使用这种方法可以更加全面、立体地对问题产生的原因进行分析，并将它们与特性值联系在一起，按特性值的相互关联性整理成层次分明、条理清晰的模型图，并标出重要因素，它是一种透过现象看本质的分析工具。鱼骨图分析法现被广泛应用于质量管理、项目管理、企业管理中，并取得了良好的效果。

鱼骨图分析步骤如下：

1）原因剖析：通过“5W1H”几个层面对问题点进行分析→运用小组头脑风暴找出“5W1H”几个层面可能的因素→将找出的原因归类、整理，明确从属关系→分析选取重要因素。

2）绘制鱼骨图：在鱼头部填写研究对象，画出主骨→画出大骨，填写大原因→画出中骨、小骨，填写中小原因→用特殊符号或颜色标识重要因素，如图 9-1 所示。

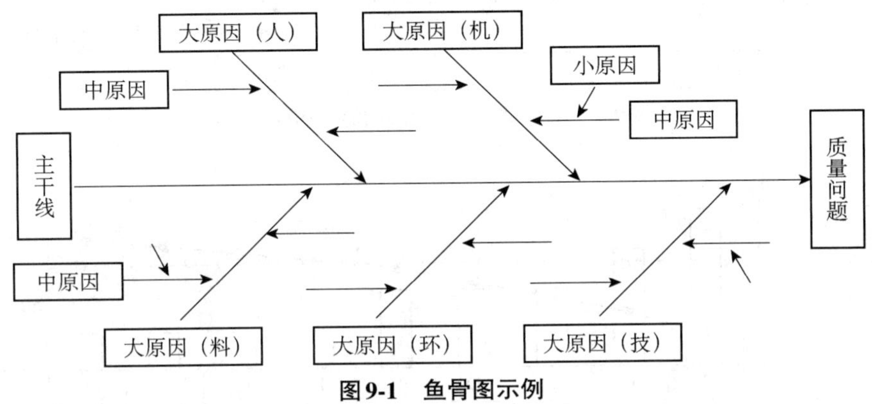

图9-1　鱼骨图示例

针对墙板蜂窝、麻面、裂纹的质量问题，从人、机、料、法、环 5 个方面来分析产生质量问题的主要原因：

①生产员工工序操作不当、操作随意。

②员工自检、复检不到位。

③设备故障。

④振捣不实、振捣时间不够。

⑤混凝土配合比不当、搅拌不均匀。

⑥布料不当、布料过快或过多。

⑦模板表面未清理干净。

⑧模具拼接不严、局部漏浆。

⑨温度、湿度不适宜。

⑩其他原因。

据此画成鱼骨图，如图 9-2 所示。

3. 帕累托累计图

帕累托累计图又称排列图法，是质量统计的常用方法，如图 9-3 所示。帕累托累计图被广泛应用于质量管理、质量改进以及项目管理中。通过帕累托累计图的应用，可以直观地分析出企业存在的主要质量问题和影响产品质量的关键原因，有利于企业找准问题，进行针对性的改善。

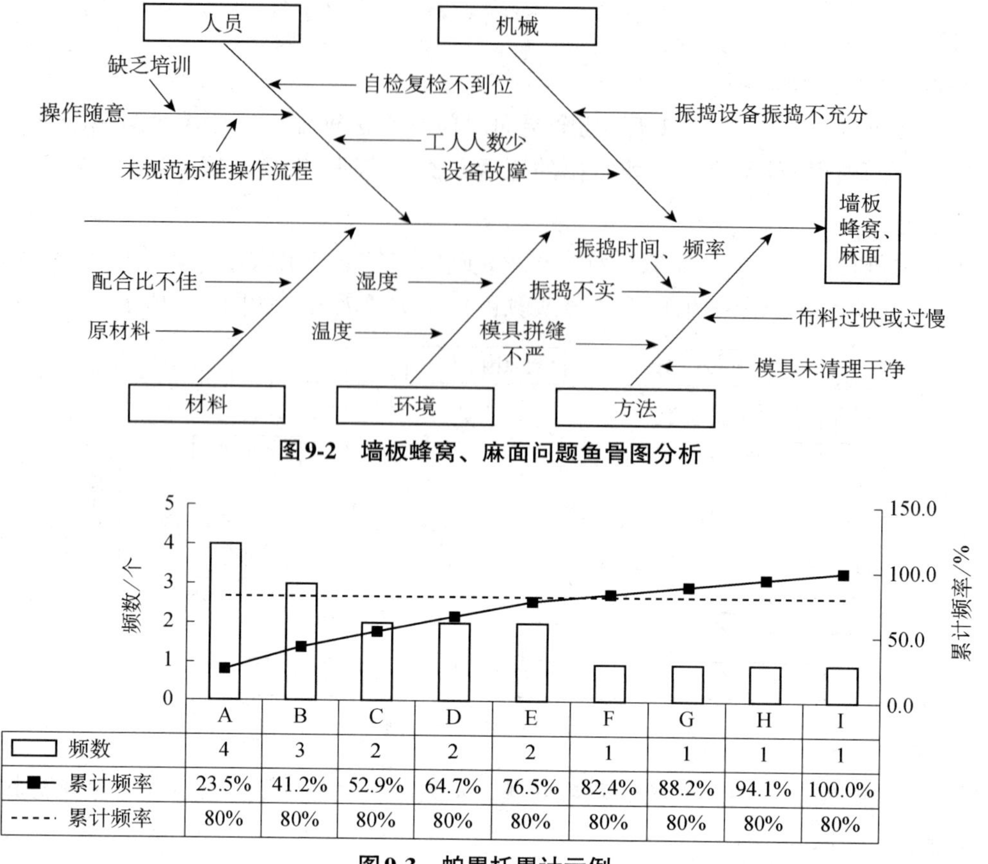

图 9-2　墙板蜂窝、麻面问题鱼骨图分析

	A	B	C	D	E	F	G	H	I
频数	4	3	2	2	2	1	1	1	1
累计频率	23.5%	41.2%	52.9%	64.7%	76.5%	82.4%	88.2%	94.1%	100.0%
累计频率	80%	80%	80%	80%	80%	80%	80%	80%	80%

图 9-3　帕累托累计示例

其步骤是首先统计企业产品质量缺陷及其频次，并按照频数大小排列次序将质量影响因素从最重要到最次要进行排列，绘制坐标图并依次连接得到帕累托曲线，最终找出影响产品质量的主要问题，并据此提出改进问题的针对性措施。累计频率曲线分为 3 个区：0～80%为 A 区，所对应的因素为主要因素；80%～90%为 B 区，所对应的因素为一般因素；90%～100%为 C 区，所对应的因素为次要因素，其中 A 区为需要重点改进的问题。

二、构件质量问题的分类及处置原则

1. 问题的分类

（1）按照问题产生的环节分类

按照问题产生的环节分类，可分为协同设计、图纸会审与技术交底、合同评审、计划编制、模具设计制作与验收、材料采购、钢筋加工、构件制作、构件养护、构件吊运存放、构件装车运输等。

（2）按照问题造成的后果分类

按照问题造成的后果分类，可分为质量差、成本高、延误交货期及影响结构安全等。

（3）按照产生问题的原因分类

按照产生问题的原因分类，可分为外部原因和内部原因两大类。外部原因包括甲方、设计院、施工企业或原材料及外协材料供货商、运输公司等外部因素。内部原因包括企业管理、技术水平、设备工具、制度与规程、岗位设置、人员素质、培训等内部因素。

2. 问题的处置原则

预制构件生产一旦出现质量问题，应该有预案进行排查和解决，可参考以下思路和原则：

（1）不放过问题

对于技术和管理人员来说，保持对问题的敏感性非常重要，特别是对问题的苗头、隐患应敏感，一旦发现问题，必须引起足够的重视，坚决不能放过。

（2）不隐瞒问题

隐瞒问题是一种典型的自欺欺人的行为。通常问题出现的初期就是解决问题的最佳时机，一旦隐瞒问题错过最佳时机，问题很可能会扩大化、复杂化而更加难以解决。

（3）不将就问题

对于小问题也不能将就，不能草草处理了事，以免小问题变成大问题，损失扩大。

（4）构件出现质量问题，不能轻易报废

对于预制构件来说，除混凝土强度不够等涉及结构安全的质量问题外，其他大部分的问题都是可修的。普通的可通过厂内专题会议，召集生产、技术、质量等人员集思广益进行解决；严重的可邀请内行和专家帮助诊断并给出修复方案或处理意见。

（5）对于管理问题，不能寄希望于“能人”，而应寄希望于好的制度

在构件工厂内部，技术比硬件重要，管理比技术重要。管理的问题可以向外部取经，比如借鉴同行管理经验，通过引入ISO质量管理体系，或引入信息化辅助管理手段等协助解决。另外，在发现管理问题时，不能总是寄希望于“能人”，而应依靠好的运行模式、运营制度。把每次解决问题的思路和流程记录下来，变成企业工作流程的一部分，才能使企业一步步发展，逐步减少问题的再发生。

第二节　产生原因及防治

一、材料环节常见的质量问题及防治

（1）材料采购、验收及保管中的常见问题

材料采购、验收、保管中常见的质量问题：

1）材料采购没有选用建设单位指定或设计指定或合约指定的原材料厂家或产品品牌。

2）材料采购随意性大，采购了不符合国家、行业和地方标准的材料。

3）材料不符合设计图纸的要求。

4）水泥过期、钢筋生锈、骨料含泥量大等。

5）材料进厂时没有检验验收，直接入库存放。

6）水泥进厂时试验室没有取样检验，直接用于构件制作。

7）材料保管员没有清点数量就直接验收入库。

8）需检斤过磅的材料没有过磅就直接进厂。

9）材料存放保管处没有设置明显的标识牌，造成存放混乱。

10）需防潮防锈的材料（如钢材、袋装水泥等）保管存放没有采取合适的防潮措施，导致钢筋锈蚀或水泥结块。

（2）避免采购不合格材料的措施

为避免采购不合格的材料应采取以下措施：

1）由工厂技术部门根据图纸要求、规范规定、用户需求，把所需要采购材料或配件的详细图样、品名、规格、型号、质量标准等，以书面的形式提交给采购员。

2）对于设计或用户指定品牌或指定厂家的，须明确标注出来。

3）在选择材料与配件供应厂家时应选择可信赖的厂家。不能到市场上随意购买，新材料采购选择品牌与厂家时，须以技术人员的意见为主。

4）对于某些特殊材料（如水泥、外加剂等），在大批量采购之前，应事先索要样品进行试验，试验合格后再进行常规采购。

5）对于有稳定合作关系的长期供货商，应列出定期或不定期的考察、复核的计划，以免失控。

（3）避免验收漏项的措施

避免验收漏项的措施有：

1）对照采购清单，核对品名、厂家、规格、型号、生产日期等。

2）对进货数量要进行核对。

3）加强材料验收环节的管理。材料到货后，应由技术部门、试验室、材料保管员等相关部门一起进行验收。验收时应根据验收的要求，对实物验收、试验验收、资料验收等各个环节严格把关。

4）针对采购材料的质量标准和验收标准。要对采购员、保管员、验收人员进行技术交底和培训，并留存培训记录以备查。材料验收详细清单与标准应制作成文件传至每个参与验收的人员。

（4）避免材料保管不当的措施

避免材料保管不当的措施有：

1）材料存放保管要分类分区存放。

2）灌浆套筒、金属预埋件等钢材质配件，要存放在干燥、防潮的仓库中，由保管员统一保管，避免丢失。

3）散装水泥应存放在水泥仓内，仓外要挂有标识，标明进库日期、品种、强度等级、生产厂家及存放量等。避免不同等级的水泥或粉煤灰误存到同一仓内，如图 9-4 所示。

图 9-4　散装水泥存放

4）外加剂、脱模剂、修补液等液体材料要有明显标识、产品名称、生产厂家及生产日期等。存放在室内最佳，防止暴晒，冬天要存放在温度高于 5℃的环境内，起到防冻作用。

5）夹芯保温材料要存放在防火的区域，存放处应配置灭火器。

6）石材、瓷砖等装饰材料要存放在通风干燥的环境内，注意防潮、防污染。要分类存放并标有标识，需码垛存放的要注意码放的层数。

7）保管员要做好出入库记录与统计，避免出入库数量混乱。

二、模具环节常见质量问题及防治

1. 模具设计与制作常见问题及防治

（1）模台平整度问题

1）固定模台平整度超标问题。

①问题描述。固定模台投入使用一段时间后，平整度往往会超标，误差可能达 2 mm 以上。图 9-5 为用水准仪检查模台平整度。

②原因分析。在构件制作过程中，固定模台下侧的搁置点因振动等原因导致了下部支撑松动。模台结构受力不均（图 9-6）。

图 9-5　用水准仪检查模台平整度

图 9-6　模台支撑部位

③防治方法。

a. 模台应具有足够的强度、刚度和整体稳固性，面板厚度不应小于 10 mm。可参照不变形的模台确定肋板间距。

b. 固定模台骨架应有良好的平整度，平整度用 2 m 靠尺和塞尺检查，平整度误差不宜超过 2 mm。

c. 固定模台安装前，必须对下部支撑进行调平。如采用钢制垫片应焊接固定。

d. 固定模台与地面接触处应设置紧固装置，防止移位和受到扰动。

2）流动模台平整度超标问题。

①问题描述。流动模台使用一段时间后，平整度误差往往超过允许范围，难以满足预制构件的精度要求。

②原因分析。由于流动模台受力状况较复杂，加工制作过程的措施不到位，极易造成模台发生变形。

③预防措施和处理方法。

a. 模台应具有足够的强度、刚度和整体稳固性。可参照欧洲模台的面板厚度（10 mm）和肋板间距（不大于 500 mm）。

b. 流动模台制作宜采用整体式的高精度铸造平台。平整度要求在 1 mm 以内。欧洲的模台表面经过研磨抛光处理，表面光洁度能达到 25 μm，表面平整度误差 3 m±1.5 mm。

c. 平台焊接成型后，应经过高频振动消除内应力。

d. 仔细检查平台的焊接质量。

3）通用性较差的模具。

①问题描述。一套模具只能生产较为单一的构件，其他构件需另外配置模具进行生产（图 9-7）。

图 9-7　通用性较差的模具

②原因分析。有些构件模具因外形特殊，只能定制化设计，而有些模具可以做通用性考虑，但设计时未对构件进行统计归类，导致模具通用性较差。

③预防措施和处理办法。

a. 在设计模具配置表前，对构件进行分类统计，同截面不同长的构件共用模具，靠端部模具位置调整长短；同宽不同高的梁也可共用模具。预制构件厂与模具厂应进行协同设计，兼顾预制构件的生产周期、周转次数和同类型构件模具的通用性。

b. 采用边模和台模移动、模具部件替换和组合拼装的方式应尽可能设计出通用性强或可部分通用组合的模具。

4）模具强度和刚度无法满足构件生产要求。

①问题描述。模具在生产过程中，一开始或生产一段时间后发生变形，不能满足预制构件的精度要求（图 9-8）。

②原因分析。在模具设计时，凭经验设计，缺少受力计算分析。造成模具整体结构的强度和刚度不能支撑整个生产周期中各种荷载的冲击而发生变形。

③预防措施和处理方法。

a. 模具设计时必须经过定量的受力分析计算，不能仅凭经验来决定。

b. 可以运用有限元分析软件对模具各工况的最大载荷进行受力分析。不满足要求的，要进行结构优化，使其满足强度和刚度的要求，特别是刚度要求，并具有良好的使用性能。

c. 没有计算条件的工厂可借鉴同类构件未变形模具的板厚、肋板高度及间距。

5）组模和拆模工序占用了较多生产时间。

①问题描述。组模和拆模工序繁杂，安装和拆卸花费大量时间，造成预制构件生产效率较低，如图 9-9～图 9-11 所示。

图 9-8　模具强度和刚度问题示意

图 9-9　装拆模具复杂

图 9-10　窗洞模组方式错误示意

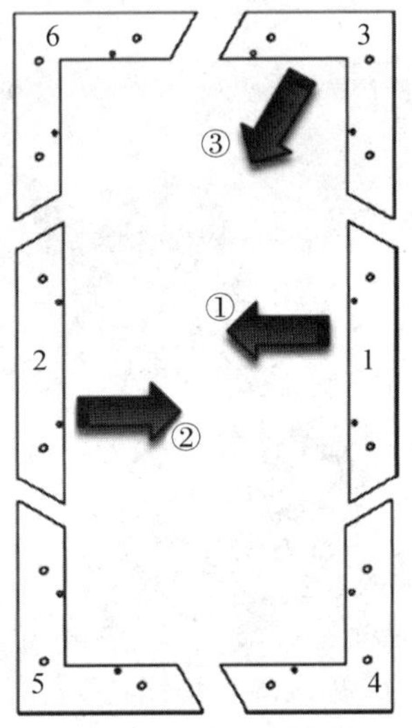

图 9-11　窗模分割、拆模顺序示意

②原因分析。在模具设计时，对组模和拆卸结构的顺序未经过仔细考虑和优化，为达成构件造型而忽视了构件的生产效率。

③预防措施和处理方法。

a. 模具设计应尽可能实现标准化、组合式和组拆作业的便利性。

b. 模具设计时宜请有经验的组模工讨论分模位置与连接方式。

6）新模具制作的构件尺寸偏差。

①问题描述。新模具制作的构件脱模后，几何尺寸与图纸设计严重不符，发生侧向弯曲、扭翘、内外表面平整度偏差较大等问题，严重时会影响结构安全和使用功能（图 9-12）。

图9-12　模具尺寸偏差

②原因分析。模具制作过程中几何尺寸控制较差。模具的承载力、刚度及稳定性也存在问题。新模具生产前，未经过仔细验收或未经首件生产验收即投入使用。

③预防措施和处理方法。

a. 做好模具进场验收和首件检查，确保模具尺寸满足构件质量要求。

b. 对薄弱部位重点检查和分析，确保浇筑混凝土过程中，预埋部件不变形、不失稳、不跑模。

c. 对验收过程中发现的问题及时整改，并再次经过首件生产检查后方可投入使用。

d. 构件制作过程中应定期检查模具的变形情况。

7）预埋件、预埋物、灌浆套筒、预留孔洞定位误差。

①问题描述。预埋件、预埋物、灌浆套筒、预留孔洞定位误差超过允许规定，将导致多方面产生问题。如影响构件吊装和使用功能等，甚至发生危害结构安全的情况（图 9-13～图 9-15）。

图9-13　预埋件沉陷

图9-14　灌浆套筒倾斜

图 9-15　铝窗主框侧向弯曲变形

②原因分析。在模具设计时，未充分了解预埋部品的特性和使用功能，考虑不周全。

③预防措施和处理方法。

a. 定位措施与预埋部品的特性相结合，必要时进行受力分析。

尽可能避免采用悬臂式工装架，以防产生变形和倾斜（图 9-16）。

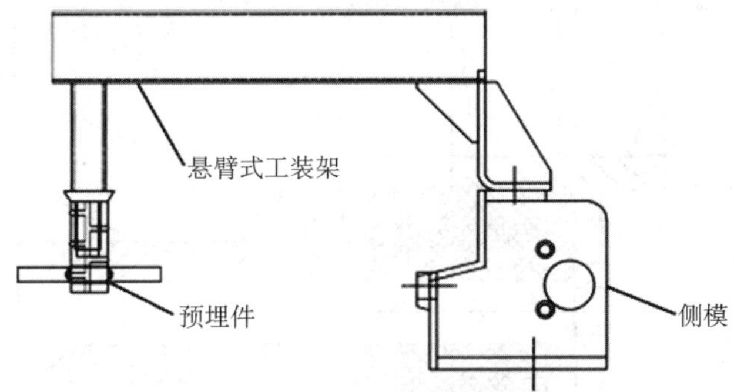

图 9-16　悬臂式工装架

大埋件作专项固定设计。如外墙挂板的承重埋件（图 9-17、图 9-18）。

图 9-17　外挂墙的承重埋件模具固定

图 9-18　外挂墙的承重埋件模具

铝合金窗框主框限位支撑如图 9-19 所示。

灌浆套筒定位如图 9-20 所示。防止导浆管集中布置到一侧，过于密集而影响混凝土对灌浆套筒的握裹（图 9-21）。

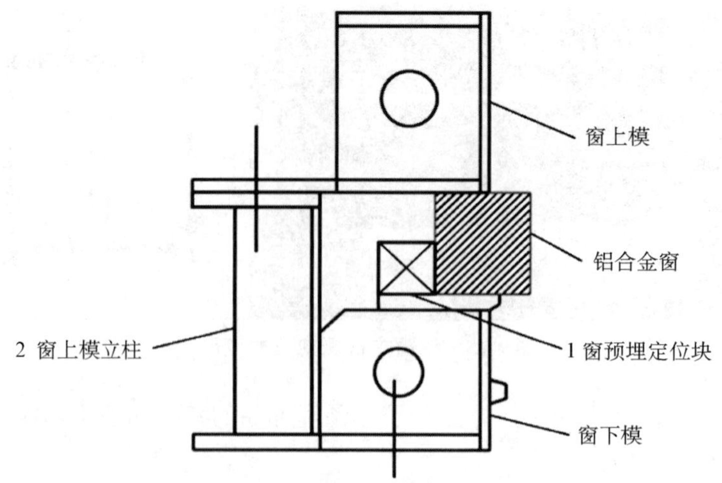

图 9-19 铝合金窗框主框限位支撑

1—定位块起定位、限位铝合金窗位移、变形的作用；2—立柱起定位窗上模、室内窗洞口阳角方正的作用，也防止铝合金窗上浮。

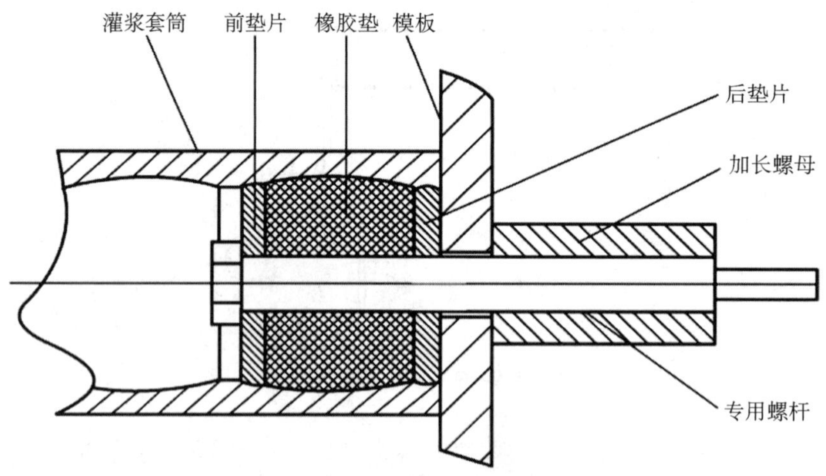

图 9-20 灌浆套筒定位示意

图 9-21 管线密集

预留机电管线的定位措施。外墙预留孔洞定位、防水设置如图 9-22～图 9-24 所示。

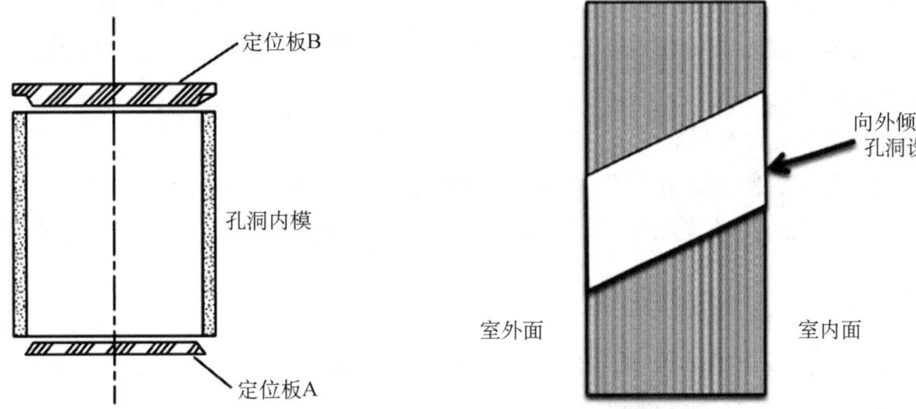

图 9-22　外墙预留孔洞预埋模具定位措施　　**图 9-23　外墙预留管道孔防水设置**

b. 作业人员按操作规程开展生产工作。

c. 设置“浇筑令”制度，做好隐蔽部位的验收工作。

d. 定期复查模具状况，如发现问题应及时进行整修工作。

图 9-24　外墙机电预留穿管洞口

8）框式组合模具变形。

①问题描述。框式组合模具如门、窗洞口内模，是由多个部件组合而成的，使用一段时间后容易发生变形，导致构件出现洞口周边缺棱掉角、阳角不方正和漏浆等问题（图 9-25 和图 9-26）。

图 9-25　框式组合模具

图 9-26　框式组合模具变形

②原因分析。模具设计时，对装拆结构和顺序未经过仔细考虑和优化，只考虑了构件造型而忽视了组模的便利。

③预防措施和处理方法。

a. 模具设计应重点考虑内框模具组模、拆模的便利性，技术人员应与有经验的模具工协同设计。

b. 可在内框模具设置一小段“关键模”，拆下后其他模具即容易拆卸。

c. 模具与平模台间的螺栓、定位销等固定方式应可靠牢固，防止混凝土振捣成型造成模具偏移和变形。

④对生产方进行模具使用技术交底和作业示范。

a. 应定期检查侧模、预埋件和预留孔洞定位措施的有效性。

b. 防止工人随意改变组模流程，只考虑拼装速度而少装、漏装螺栓和定位销，导致紧固体系失效。

c. 应采取防止模具变形和锈蚀的可靠措施。

d. 停产后重新启用的模具应经检验合格后方可使用。

9）构件脱模后的垂直度超标问题。

①问题描述。带栏板的阳台板、空调板等“L”形构件，要求混凝土栏板水平垂直。而在实际制作中，通常难以达到规定的要求（图9-27）。

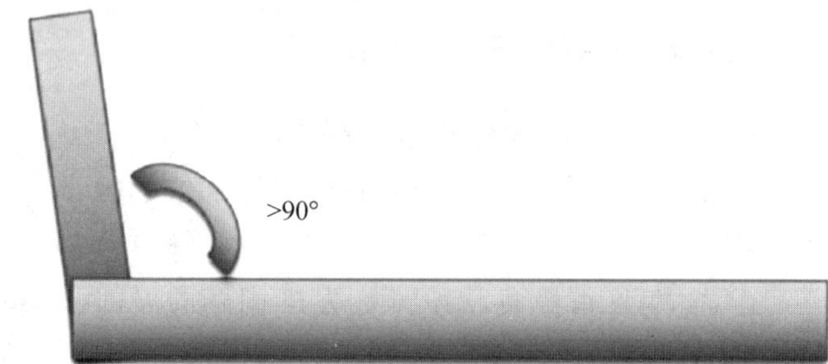

图9-27 “L”形构件的垂直度超标

②原因分析。在模具设计时，对垂直度控制没有采取切实有效的解决方案，侧模未形成三角形的稳定结构状态，导致混凝土成型后侧模发生偏转，脱模后构件垂直度超标。

③预防措施和处理方法。优化模板的设计方案，确保模具有合理的构造和刚度。如图9-28和图9-29所示，在侧模一侧增加三角形斜撑，以确保模具结构稳定，不发生移位。

图9-28 钢模增加斜撑调节杆

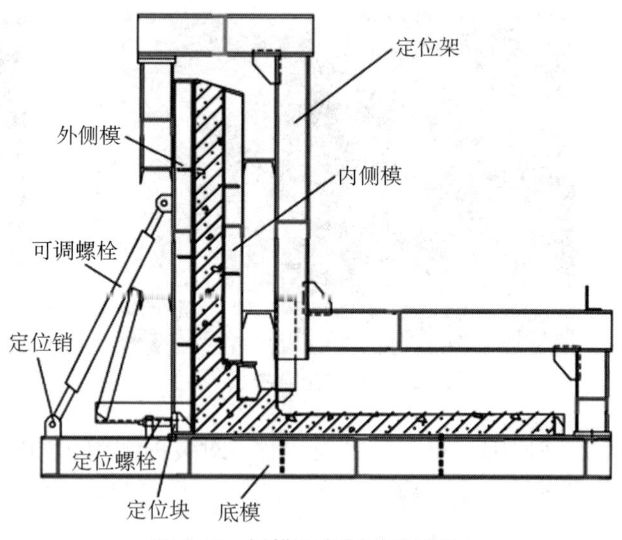

图9-29 钢模三角形稳定结构

10）带有伸出钢筋的边模脱模困难。

①问题描述。带有伸出钢筋的构件边模，其构件成型后边模较难拆除，很容易造成缺棱掉角（图 9-30～图 9-34）。

图 9-30　构件伸出钢筋部位损坏

图 9-31　外墙模具伸出钢筋部位

图 9-32　预制柱模伸出钢筋部位

图 9-33　预制阳台伸出钢筋

②原因分析。对于带有伸出钢筋的构件，边模上预留的出筋孔、槽口因钢筋偏向一侧，脱模时容易卡住模板，往往会造成脱模困难。

③预防措施和处理方法。对于带有伸出钢筋的构件，在出筋处预留孔洞。一方面为了让钢筋伸出构件，另一方面也便于对钢筋进行精准定位。可以考虑采用以下几种处理方式：

图 9-34　阳台模具伸出钢筋部位

a. 设置穿芯式定位橡胶塞（图 9-35）。

b. 封堵出筋孔的橡胶圈（图 9-36）。

c. 边模出筋孔附加钢板（图 9-37）。

d. 出筋处留设槽口，用卡片式橡胶封堵（图 9-38）。

11）模具作业的便利性和安全性控制。

固定模台工艺模具是固定不动的。作业人员在各个固定模台间“流动”。模具设计时有以下几点需特别注意：

图9-35 穿芯式定位橡胶塞

图9-36 封堵出筋孔橡胶圈

图9-37 边模出筋孔附加钢板

图9-38 卡片式橡胶封堵

①模具在满足强度和刚度的前提下，应尽可能选用标准化和轻量化部件，避免烦琐的配套工具和沉重的模具组件给模具装拆带来不便。

②较重的模具应根据重心计算结果来布置吊环或吊孔。

③独立式楼梯、内墙立模、柱子立模等窄高型的模具宜设置临时上下楼梯、操作台和安全围栏。

④可设计带活页连接、翻转式、推拉式的边模，以减少对起重设备的占用，同时也便于作业。

⑤模具裸露在外的加肋板宜做成圆角，防止模具边角尖锐伤人。

⑥窄高型模具应进行专项重心设计，充分考虑各种工况。应有防止失稳、倾覆的可靠措施。

流动模台工艺是指模台在各个工序间“流动”。专人定岗操作每一台设备。模具设计时应注意以下几点：

①模具设计要便于装拆，以减少下一道环节的等待时间。

②应有便于放置钢筋和预埋件的措施，以减少安装就位带来的调整时间。

③应有人工辅助装拆模具的可靠措施。

2. 模具清理、组装常见问题及防治

（1）模具拼缝不严

①问题描述。混凝土浇筑时，模板拼缝处或模板四周出现大量的漏浆，造成构件脱模后产生较厚的混凝土毛刺（图 9-39）或构件飞边（图 9-40）。

图 9-39　较厚的混凝土毛刺

图 9-40　构件飞边

②原因分析。模具清理不到位，边模和模台之间有间隙或模具年久失修，造成严重变形，拼缝不严，使构件产生毛刺或飞边，这些都会直接影响构件的外观质量，有的甚至会影响构件的外观尺寸，造成构件安装困难。

③预防措施和处理方法

a. 模具制作：模具设计和制作时，应合理选材，严格控制各细部尺寸。对模具进行定期检查：对存在问题的模具，及时整修，验收合格后方可投入使用。

b. 做好模具清理工作，尤其是边角、拼缝处的清理。

c. 做好作业交底和培训工作，防止作业人员硬敲硬拽导致模具变形，构件受损。

（2）模具锈蚀

①问题描述。模台和边模锈蚀（图 9-41），特别是与构件接触的部位，已经锈出表面凹坑，严重影响了构件的外观质量（图 9-42）。

图 9-41　模具锈蚀

图 9-42　模具锈蚀引起的外观缺陷

②原因分析。模具钢材与空气中的氧气和水蒸气发生了氧化反应。反复锈蚀导致模具锈点、凹坑日趋严重。

③预防措施和处理方法。

a. 模具制作。模台制作时，应选用未生锈的优质型钢或钢板，并涂装保护层；边模制作时，选用铝材、混凝土、玻璃钢、硅胶、木材等材料用于模具制作，可避免模具产生锈蚀。不与混凝土直接接触的模具部位要进行防锈涂装处理，并确保涂装质量。

b. 做好模具清理工作。

c. 定期进行模具保养。

（3）边模侧向弯曲变形超标

①问题描述。带有高肋的构件，片式边模变形极易造成构件侧向弯曲超过规定值（图9-43）。

图9-43 边模侧向弯曲

②原因分析。由于侧模有一定的高度，长度又比较长，模板设计时，模具的开口部位都应设有定位架。如果作业人员未按要求安装定位工装架，或边模和工装架已经变形不能就位，则极易导致构件侧向弯曲超标。

图9-44 模具开口部位横向拉结定位架

③预防措施和处理方法。

a. 构件外侧立面上高度较高的边模应设置斜支撑，支点宜设置在高度方向的2/3处，另 侧边模宜设置可靠的横向加筋肋。

b. 模具开口部位应设置横向拉结措施（图9-44）。

（4）拆模时引起的构件损坏

1）拆模时造成的构件损坏。

①问题描述。混凝土已经达到了脱模强度，边模拆除时，发生了混凝土开裂和脱落的情况（图9-45）。

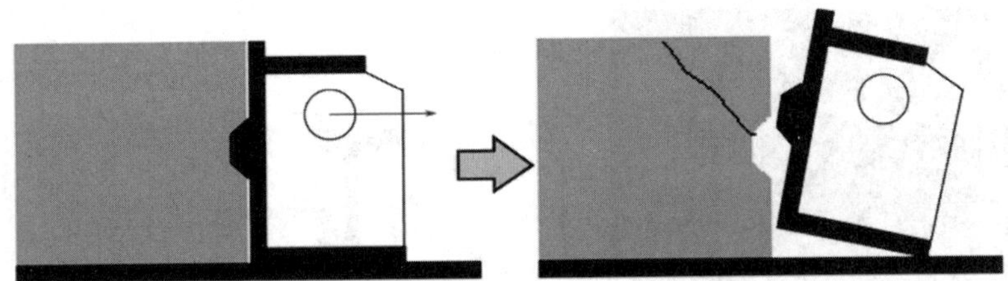

图 9-45　边模拆除后的构件损坏示意

②原因分析。模具设计时未考虑拆模方向和角度，边模拆除过程中，构件局部受力不均引起损坏。

③预防措施和处理方法。

a. 模具设计时，考虑边模拆除时可能存在的夹角，应在脱模拉力的中心处设置肋板上的预留操作孔。

b. 重视对操作人员的技术交底，对模具的使用要求务必要讲深讲透，最好结合多媒体或实地示范操作进行讲解。

2）拆模时模具不能分离引起的构件损坏。

①问题描述。带凸窗的构件或带线条的构件，构件脱模时虽然螺栓、定位销都已拆除，但构件还是很难和模具分离，严重的会造成模具和构件同时吊离台面，有的甚至造成构件损坏严重。

②原因分析。模具设计时未考虑拆模方向和角度。边模拆除过程中，构件局部受力不均导致难以顺利脱模。

③预防措施和处理方法。

a. 模具设计时，没有考虑足够的脱模斜度，造成构件卡在模板中不能松动脱离。在不影响外观美感和安装尺寸要求的前提下，易设置较大的脱模斜度，以 1∶8 为宜且不小于 5°。

b. 模具制作过程中，细节处理不到位。如楼梯防滑条焊接与面板间隙过大，就会导致楼梯防滑条间隙过大，从而使拆模时防滑槽遭到破坏（图 9-46 和图 9-47）；如果台模面板拼接处存在面板错台，也会对构件脱模起吊造成阻碍，导致拆模困难（图 9-48）。这些问题均应从模具设计时就开始考虑，以避免面板或肋板对脱模造成阻碍。

图 9-46　楼梯防滑条焊接与面板间隙过大

图 9-47　楼梯防滑条间隙过大

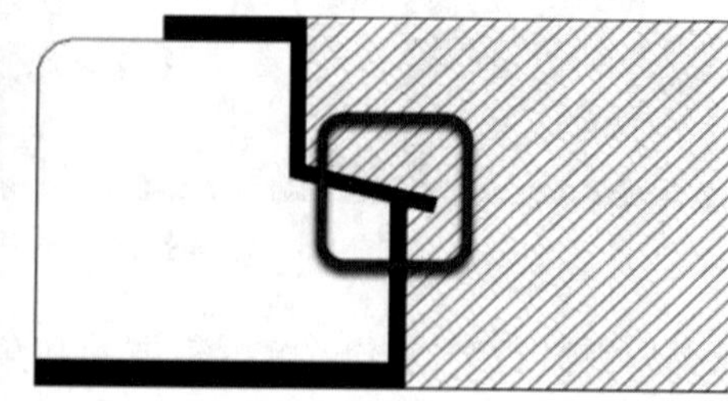

图 9-48　台模面板拼接处面板错台

c. 确保模具制作精度，如阳台构件阴角部位的模具的阳角过小，就易导致不能顺利脱模（图 9-49）。

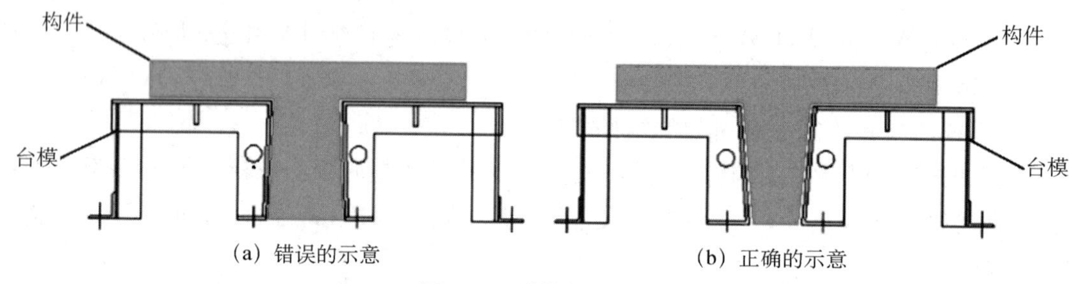

图 9-49　脱模角度示意

3. 模具周转常见问题及防治

构件制作厂通常使用寿命长、周转次数多的模具，以便进一步降低生产成本，但在周转使用中常常会遇到以下问题：

（1）容易出现的问题

1）模具长时间、高负荷使用后，侧模、工装架易发生疲劳效应，出现拼缝不严、尺寸超差等问题。

2）模具紧固、定位组件失效或缺失。拼接处脱焊，模具的刚度、强度和稳定性发生了变化。

3）模具部件标识日渐模糊，给日常模具组装生产增加了难度。

4）模具清理不及时、不到位，污染日趋严重。

5）与混凝土接触的模具面板受到了磕碰损伤，构件外观质量受到影响。

6）模台平整度发生了变化。

（2）问题检查及应对措施

为减少多次周转模具发生上述问题，需从模具设计前端就开始考虑，编制模具配置方案和验收方案，并完善日常使用检查、维护和保养制度。

1）模具设计要求。模具设计要考虑构件质量、作业的便利性及经济性，合理选用模具材料，尽可能减轻模具重量，方便人工组装和清扫。模具除应满足承载力、刚度和整体稳定性的要求外，尚应符合下列规定：

①应满足预制构件质量、生产工艺、模具组装与拆卸、周转次数等要求。

②应满足预制构件预留孔洞、插筋及预埋件的安装定位要求。

③预应力构件的模具应根据设计要求预设反拱。

2）模具验收的内容、检查措施和质量要点。不合格的模具生产出的产品每个都是不合格的，因此模具质量是保证产品质量的前提。

①模具验收的内容。新模具安装定位后应仔细检查，试生产实物预制构件的各项检测指标均应在标准的允许误差内，方可投入正常生产。

a. 模具的检查内容包括其形状、质感、尺寸误差、表面平整度、边缘、转角、预埋件定位、灌浆套筒定位、孔眼定位、伸出钢筋的定位及模台平整度等。

b. 检验模具的刚度、组模后的牢固程度、连接处合缝的密实情况等。

②做好预埋件、预埋物、灌浆套筒、预留孔洞等处验收。

a. 预埋件、预埋物、灌浆套筒、预留孔洞模具的数量、规格、位置、安装方式等应符合设计图纸的规定，固定措施准确可靠。

b. 预埋件应固定在模板或支架上，预留孔洞设置牢靠的定位措施。

③实行首件验收制度。

④检查措施和频次。

a. 模具拼装前应先对模台做平整度检查，之后每周转 10 次检查 1 次。

b. 新模具拼装后应对模具进行检查验收，同一形状的模具每周转 10 次检查 1 次。

c. 日常生产检查，发现问题及时调整和整修，整修后重新按照首件验收制度复查合格后再投入使用。

⑤模具验收质量要点。

a. 模具制作后必须经过严格的质量检查并确认合格后方能投入生产。

b. 一个新模具的首个构件必须进行严格的检查，确认首件合格后方可以正式投入生产。

c. 模具尺寸的允许误差应当是构件允许误差的一半。

d. 模具各个面之间的角度应符合设计要求，如端部必须与板面垂直等。

e. 模具质量和首件检查都应当填表存档。

f. 模具检查必须有准确的测量尺寸和角度，应当在光线明亮的环境下进行。

g. 模具检查应当在组装后进行。

h. 模具首个构件制作后须进行首件检查。如果合格，继续生产；如果不合格，调整模具再检查合格后方能投入生产。

i. 首件检查除形状、尺寸、质感外，还应当考虑脱模的便利性等。

⑥日常模具的检修、维护和保养制度。

a. 建立健全日常模具的检修、维护和保养制度。模具应定期进行检修，检修合格方能再次投入使用。

b. 模具经维修后仍不能满足使用功能和质量要求的应予以报废，并填写模具报废记录表。

4. 模具重复利用的常见问题及防治

模具重复利用是指老项目模具与新项目相适用和匹配、可重复利用到新项目的构件生产。

（1）容易出现的问题

1）老项目模具存放和保管档案不完整，模具部件不齐全。

2）用于新项目的老模具，是否与新项目的设计图样、技术要求、质量要求相适应和匹配。

3）老项目模具长时间存放和堆叠，因支垫位置不佳、通风不良等原因，出现了变形、锈蚀等问题。

4）用于新项目的老模具，是否满足新项目的技术和质量标准，应按照首件检验的要求进行检查，并建立档案。

5）是否对重新投入使用的模台进行了平整度检查。

（2）防治措施

1）完善存放和保管档案制度，制度要落实到人，防止部件缺失。

2）根据设计图样要求，更新模具装配方案，并复核模具是否满足新项目的技术和质量要求，对不合格和不匹配项逐一排查和调整。

3）老模具存放和保管应制订专项方案，拆模同时应做好清理和保养工作，并分类进行堆叠存放。

4）结合新项目的设计图样要求、技术和质量验收标准，对项目模具进行首件检验，检验合格方能投入使用。对已经发生的模具变形、锈蚀等问题要重点把控，经整修复查仍不能满足要求的模具，严禁投入使用。

5）新项目开始生产后，应定期开展模具复查工作。对新发生的问题及时进行整修和记录，整修后的模具要重新进行首件检验。

6）首件检验制度。

①模具的组装检验制度。在新模具投入使用前，或老项目模具重复利用到新项目，或模具整修、变更后，工厂均应组织相关人员对模具进行组装验收，填写《模具组装检查记录表》并拍照存档，见表 9-4。

表 9-4　模具组装检查记录

<table>
<tr><td colspan="2">工程名称</td><td colspan="7"></td></tr>
<tr><td colspan="2" rowspan="2">产品名称</td><td rowspan="2"></td><td colspan="2" rowspan="2">产品规格</td><td rowspan="2"></td><td colspan="2">图纸编号</td><td></td></tr>
<tr><td colspan="2">生产批号</td><td></td></tr>
<tr><td colspan="2">模具编号</td><td></td><td colspan="2">操作者</td><td></td><td colspan="2">检查日期</td><td></td></tr>
<tr><td>检查项目</td><td>检验部位</td><td>设计尺寸</td><td>允许误差</td><td>实际检测</td><td colspan="2">判断结果</td><td>检查人</td><td>备注</td></tr>
<tr><td rowspan="4">主要尺寸</td><td>a</td><td></td><td></td><td></td><td>合格</td><td>不合格</td><td></td><td></td></tr>
<tr><td>b</td><td></td><td></td><td></td><td>合格</td><td>不合格</td><td></td><td></td></tr>
<tr><td>c</td><td></td><td></td><td></td><td>合格</td><td>不合格</td><td></td><td></td></tr>
<tr><td>其他</td><td></td><td></td><td></td><td>合格</td><td>不合格</td><td></td><td></td></tr>
</table>

附图

定模平整度				结论：			
埋件位置				结论：			
套管情况				结论：			
固定情况				结论：			
签字	操作者	班组长	质检员	使用者	生产主管	检查结果	
						合格	不合格

②新模具、重复利用的模具或整修、变更后的模具投入生产浇筑前，工厂应当组织相关人员对构件进行首件检验，填写《首件检验记录表》并拍照存档（表 9-5）。

表 9-5　首件检验记录

工程名称								
产品名称		产品规格			图纸编号			
					生产批号			
模具编号		操作者			检查日期			
检查项目	检验部位	设计尺寸	允许误差	实际检测	判断结果		检查人	备注
主要尺寸	a				合格	不合格		
	b				合格	不合格		
	c				合格	不合格		
	其他				合格	不合格		

附图

表面瑕疵及边棱角			结论：		
埋件位置			结论：		
钢筋套筒设置情况			结论：		
保温层铺设情况			结论：		
签字	制作者	生产主管	质量主管	施工单位	建设单位

5. 模具改用的常见问题及防治

模具改用是指新旧项目的模具因重复利用需要或变更需要所进行的模具重新调整。

（1）改用模具容易出现的问题

1）模台或侧模的长度和高度不足。

2）改用的端模固定和连接方式与现有模具不匹配，工装架等定位措施考虑不周，额外增加了较多的改模工作量。

3）已生产成型的构件，改用规格较多，模板上的开孔数量多且模具拼接缝部位和漏浆痕迹明显，外观效果差。

4）需要改用的模具，规格单一但数量少，改用的模具成本高，性价比低。

（2）改用模具容易出现的问题及应对措施

1）改用模具应当由技术部设计并组织实施，全盘考虑钢筋、预埋件、构件造型、预埋物等其他方面的技术和质量要求（图 9-50）。

图 9-50　模具改用

2）配备改用模具的硬件设施条件，包括电焊机、角磨机、切割机、磁座钻、丝锥工具等。

3）由专人负责模具的维修和改用，确保改用的模具满足设计图样的要求。

4）改用模具应做好模具验收工作，并严格执行首件检验制度。

5）模具设计时统一模具配置标准，最大限度地使用原有标准件，举例如下：

①边模的斜支撑部件。

②窗模的角部部件。

③浆锚搭接孔模具，灌浆套筒、机电预埋管件及套管的定位组件。

④统一预埋件工装定位架的高度，考虑与改用后的模具相匹配等（图 9-51）。

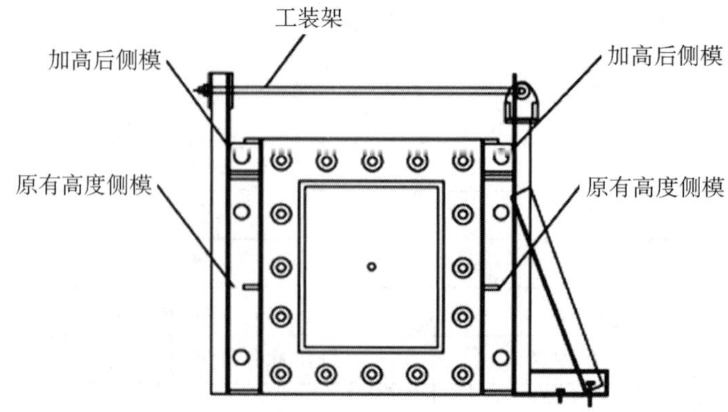

图 9-51　模具加高侧模和工装架示意

6）模台长度不足时，有场地条件的可临时接长模台，应尽量利用现成的模具材料进行改用。

7）端头或叠加高度的侧模以及工装架，需尽量考虑与现有模具的适用性和匹配性，减少改用模具的工作量。

8）模具拼缝处理。

①拼接处应用刮腻子等方式消除拼接痕迹，并打磨平整。

②模具的内表面应保持光洁，防止生锈。有生锈的地方应用抛光机抛光。

③组合式模具如果使用了吸水的材质如木材，应做防水处理。

9）模具孔眼封堵。

堵孔塞是用来修补模台或模板上因工艺或模具组装而打的孔洞，用堵孔塞封堵后可以还原模板的表面，如图 9-52 所示。

图 9-52　塑料堵孔塞

10）对于周转次数少、造型复杂、质感复杂的模具，需要改用的模具部件可使用其他材质材料来代替，如木材、聚苯乙烯、水泥基等材料，须综合考虑替代或局部拼接，组合使用。

三、钢筋、预埋环节常见质量问题及防治

1. 钢筋制作常见问题及防治

（1）钢筋原材料进厂验收和存放环节

1）问题描述。

①钢筋进场时缺少出厂合格证，进场后验收部门未按规格、批量取样复试，或复试报告不全。

②钢筋混放，不同规格或不同厂家的钢筋混放不清（图 9-53）。

③钢筋严重锈蚀或污染，如图 9-54 所示。

图 9-53　钢筋混放

图 9-54　钢筋锈蚀

2）原因分析。产生这些问题的主要原因：

①钢筋进厂时，收料员没有核对材质证明。

②未及时按规定进行取样复试，或复试合格后的试验报告未及时存档。

③钢筋露天混放，受雨雪侵蚀或环境潮湿、通风不良影响，存放期过长，导致钢筋生锈。

④材料管理上虽有规章制度，但形同虚设。

3）防治措施。

①钢筋进厂验收和复试环节问题的预防措施：

a. 钢筋进入仓库或现场时，应由专人检查验收，检查送料单和出场材质证明，做到证随物到，证物相符，核验品种、等级、规格、数量、外观质量是否符合要求。

b. 到厂钢筋应及时按规定分等级、规格、批量等要求，取样进行力学性能试验。

c. 复试取样或试验时严格按照技术要求操作。

d. 试验报告与材料证明资料应及时归入技术档案。

②钢筋存放环节问题的预防措施：

a. 钢筋应存放在仓库或料棚内，保持地面干燥。

b. 钢筋不得直接堆置在地面上，必须用混凝土墩、垫木等垫起，离地宜 300 mm 以上，如图 9-55 和图 9-56 所示。

图 9-55　钢筋分类堆放

图 9-56　钢筋半成品临时堆放

c. 露天堆放时，应选择地势较高、地面干燥的场地，四周要有排水措施。

d. 按不同厂家、不同等级、不同规格和批号分别堆放整齐，并建立标牌进行标识，每捆钢筋的标识应设置在明显处。

③钢筋锈蚀与污染的预防措施和处理方法：

a. 钢筋进厂后，应尽量缩短存放期，先进场的先用，防止和减少钢筋的锈蚀。

b. 将钢筋表面的油渍、漆渍及浮皮、铁锈等清除干净，检验合格方能投入使用。

c. 严重锈蚀的钢筋，如表面锈蚀出现脱皮、麻坑等情况，可通过试验的方法确定钢筋强度，确定是否降级使用或剔除不用。

（2）钢筋加工环节

1）问题描述。

①钢筋下料前未将锈蚀钢筋进行除锈，导致返工。

②钢筋下料后尺寸不准、不顺直，切口呈马蹄状等，如图 9-57 所示。

③钢筋末端需做 90°、135° 或 180° 弯折时，弯曲直径不符合要求或弯钩平直段长度不符合要求。

④箍筋尺寸偏差大，变形严重，拐角不成 90°，两对角线长度不等，弯钩长度不符合要求，如图 9-58 所示。

图 9-57　钢筋不顺直

图 9-58　箍筋弯曲角度错误

2）原因分析。

①配料尺寸有误，下料时尺寸误差大；划线方法不对，下料不准。

②一次切断根数偏多或切断机刀片间隙过大，使端头歪斜不平（马蹄形）。

③弯钩平直段长度、弯曲直径等数据选择错误。

④箍筋成型时工作台上划线尺寸误差大，没有严格控制弯曲角度，一次弯曲多个箍筋时没有逐根对齐。

3）防治措施。

①应对操作班组进行详细的书面交底，提出质量要求。操作人员必须培训合格后上岗，熟识力学性能和操作规程。

②落实钢筋的翻样工作，认真计算确定钢筋的实际下料长度。

③钢筋批量断料、成型前，先试弯曲成型，做出样板，复核无误后，再批量加工。

④下料时控制好尺寸，调整好切断机的刀片间隙等，一次切断根数适当，防止端头歪斜不平。切断过程中，如发现钢筋有劈裂、缩头或严重弯头等问题时，必须逐一切除，将问题解决。

⑤箍筋的下料长度要确保弯钩平直长度，对有抗震要求的，平直段长度不小于箍筋直径的 10 倍且不少于 75 mm，而且弯钩应呈 135°。

⑥成型时按图样尺寸在工作台上划线准确，弯折时严格控制弯曲角度，达到90°，一次弯曲多个箍筋时，在弯折处必须逐个对齐，弯曲后钢筋不得有翘曲或不平现象，弯曲点不得有裂纹。

⑦钢筋在加工过程中应随时抽查自检，防止由设备原因导致的偏差。

⑧加强技术质量管理，加强过程控制，检查和操作人员都要认真履行职责。

（3）钢筋骨架尺寸偏差

1）问题描述。

钢筋骨架入模后，尺寸出现严重偏差，保护层过大或过小，有些钢筋的间距超过标准规定的要求。

2）原因分析。

①钢筋翻样时，钢筋外形下料尺寸不符合图纸的要求。

②钢筋半成品成型加工质量不合格，成型时骨架尺寸已经发生了变化。

3）防治措施。

①为防止钢筋骨架尺寸偏差超过允许值，从钢筋翻样开始，就要引起高度重视，认真消化图纸内容，确保钢筋翻样准确无误。

②加强钢筋弯曲成型和钢筋骨架成型的质量控制，可采用高精度机械进行钢筋半成品的加工。

③钢筋骨架成型采用专门的钢筋尺寸定位成型架，钢筋绑扎或焊接必须牢固，如图9-59和图9-60所示。

图9-59　柱钢筋绑扎定位架

图9-60　梁钢筋绑扎定位架

④在制作过程中发现的钢筋偏位问题，应当及时整改，没有达到标准要求的绝不能进入下一道工序。

⑤对已经形成的钢筋偏位，能够复位的尽量复位，确实无法满足结构要求的，必须进行返工重做。

（4）人工制作钢筋的常见问题及防治措施

1）人工制作钢筋的常见问题。

①调直后的钢筋有局部损伤、弯折或不平直。

②钢筋下料尺寸偏差大，切断端头不平齐。

③钢筋余料多，浪费大。

④钢筋弯曲成型，几何尺寸不满足规范要求。

⑤钢筋绑扎时跳扎、漏扎，绑扎不牢固。

⑥绑扎扎丝过长，尾端裸露在构件表面形成锈点（图 9-61）。

⑦成型后的钢筋骨架、网片不牢固，外观尺寸、钢筋间距偏差严重。

⑧未按图纸要求的主筋、箍筋和拉结筋等规格钢筋数量进行成型。

⑨预留孔洞周边未按设计和规范要求设置加强钢筋（图 9-62）。

图 9-61　扎丝过长

图 9-62　窗角未设置加强钢筋

⑩钢筋骨架（网片）中主筋层级关系错误。

⑪ 加密区钢筋绑扎不规范。

⑫ 成型后的钢筋骨架直径、根数、规格不符。

⑬ 外委加工的钢筋半成品或成品出现批量错误等。

2）人工制作钢筋的常见问题预防及应对措施。

人工制作钢筋的常见问题预防及应对措施的控制重点是加强技术和质量管理，提高作业人员的操作水平和责任心。作业全过程相关人员应认真复核图纸，及时开展自查自纠工作。

①钢筋加工前应进行技术交底，制订钢筋加工方案，做好钢筋工的培训和考核工作。

②钢筋的品种与规格应符合设计图纸的规定。

③完整地绘制各种形状和规格的钢筋简图，对所有钢筋进行翻样。当外委加工的时候要提供图纸和要求，避免出错。

④进行试加工，加工后的首件钢筋半成品和成品应做首件检验，将首件作为参照样品。做好检验记录，形成检验程序，定期开展复查。

⑤人工组装钢筋骨架宜采用定型支架制作，或设置一些临时的加固措施，防止骨架变形。

⑥钢筋下料应合理组配，避免钢筋余料过长，尽量充分利用，减少浪费。

⑦制作过程中发现的钢筋问题，应当及时复查和整改，未达到图纸和标准要求的绝不能进入下一道工序。

⑧批量生产的较为单一的板式构件钢筋宜优先采用半自动化或自动化设备进行加工，以保证钢筋的加工精度。

（5）自动化制作钢筋的问题预防及应对措施

自动化制作钢筋也可能存在人工制作中的一些问题。无论采用何种方式加工钢筋，都必须对加工出来的钢筋进行全过程的质量检查，确保加工出来的产品是合格的。此外，自动化制作钢筋尚有以下几个作业要点：

1）首先进行钢筋试加工，检验合格方能批量生产。

2）自动化加工过程中操作人员要随时抽查，防止机械有偏差。

3）洞口和预埋物周边，有加强筋的要按图纸和规范要求采用人工辅助绑扎。

4）自动化焊接网片钢筋连接处，焊接节点应平顺、牢固。

5）加工好的钢筋要及时做好标识。

2. 钢筋骨架组装、入模常见问题及防治

（1）钢筋骨架的主、副钢筋层级关系或组装顺序有误

1）问题描述。

①钢筋骨架的主、副钢筋层级关系反置或组装顺序错误导致返工。

②钢筋骨架或网片变形增加了作业难度，降低了工效。

③伸出钢筋导致了模具组装、拆除困难，如剪力墙的水平箍筋。

④混凝土成型后，外露钢筋受到了污染。

2）原因分析。

①钢筋有主要钢筋和构造钢筋（副筋）之分，它们都是结构的整体受力钢筋，但在结构中的位置是有区别的，不能重视数量而忽视质量。

②异形构件钢筋骨架绑扎成型时忽视了层级之分，导致局部返工。

3）防治措施。

①翻样人员需将复杂的图纸简化成作业人员易于明白的图纸。

②复杂部位需附上作业详图，并标注出绑扎顺序。

（2）钢筋骨架或网片吊运变形

1）问题描述。

钢筋骨架或网片吊运变形增加了作业难度，降低了工效，并且还会影响生产节奏。

2）原因分析。

①钢筋骨架或网片吊运变形导致钢筋骨架与模具干涉，无法入模。

②流水线生产工艺，因骨架变形所带来的大量调整时间，打乱了生产节奏。

3）防治措施。

①钢筋骨架、网片在整体装运、吊装入模就位时，应采用多吊点起吊方式，防止发生扭曲、弯折及歪斜等变形。

②宜采用大刚度的吊架或辅助底模防止起吊骨架变形，如图 9-63 所示。

图 9-63　柱钢筋骨架起吊采用刚性吊装

（3）伸出钢筋部位模具组装、拆卸困难

1）问题描述。

伸出钢筋部位模具组装、拆卸困难，容易引起模具变形和构件损坏，影响生产效率。

2）原因分析。

整排伸出钢筋如跳板式阳台的板筋或预制剪力墙的水平向箍筋，钢筋带肋部位与模具槽口交错咬合，模具难以剥离，强制拆除导致构件发生损坏。

3）防治措施。

①模具设计时应考虑设置钢筋定位工装架。

②整排伸出钢筋可考虑采用塑料、橡胶、铁质堵孔塞，确保钢筋的位置精度，也便于模具组装和拆卸。

（4）构件外露钢筋受到污染

1）问题描述。混凝土成型后，构件外露钢筋受到污染，会影响将来混凝土对钢筋的握裹强度。

2）原因分析。混凝土浇筑时，会不可避免地对叠合部位的外露钢筋造成污染，见图 9-64。

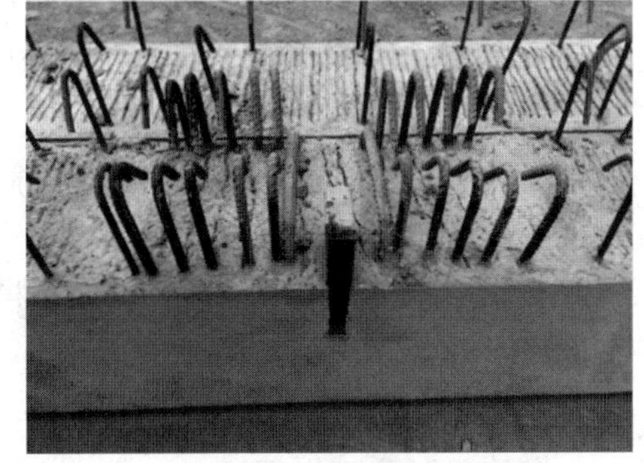

图 9-64　外露钢筋污染

3）防治措施。

①合理设置混凝土浇筑区域。

②及时清理外露钢筋上的混凝土残渣。

③对外露钢筋进行遮盖保护，如图 9-65 和图 9-66 所示。

图 9-65　叠合阳台外伸钢筋套管保护

图 9-66　预制楼板桁架筋保护

3. 预埋常见问题及防治

（1）灌浆套筒入模常见问题

1）问题描述。

①灌浆套筒跑位、偏斜，影响钢筋对中连接。

②钢筋锚固长度不足。

③灌浆套筒内漏浆或堵塞。

2）原因分析。因受到混凝土浇筑振捣的高频振动等影响，连接钢筋、灌浆套筒、注浆管、出浆管受到外力扰动而偏位、歪斜甚至滑脱，导致一系列问题的发生。

3）防治措施。

①锚入灌浆套筒的长度应满足设计要求。

a. 钢筋无论是加工带螺纹的一端，还是待灌浆锚固连接的一端，都要保证端部平直。建议用无齿锯下料。

b. 构件制作时，全灌浆套筒宜提前对锚入长度做好标记，以便于隐蔽工程验收检查。

c. 半灌浆套筒的钢筋螺纹制作人员应培训合格后上岗，确保加工质量。

d. 螺纹接头和半灌浆套筒连接接头应使用专用扭力扳手拧紧至规定值，宜外露不少于1个丝扣，便于检查。

②灌浆管和出浆管应紧密安装在套筒的灌浆孔和出浆孔上，并固定牢固，必要时可在孔口注胶黏结，防止脱落。

③套筒应垂直于模板安装，套筒与模板的连接采用专用固定组件，必须紧密、牢固，不得漏浆。

④混凝土浇筑前，做好隐蔽工程验收。混凝土浇筑后，及时复查灌浆套筒和连接钢筋状态，发现问题及时纠正。

（2）预埋件放置位置偏差严重

1）问题描述。预埋件（灌浆套筒、预埋铁、连接螺栓等）位置偏差过大，直接影响构件的安装，甚至给结构安全带来隐患，如图9-67和图9-68所示。

图9-67　预埋件偏差

图9-68　预埋件倾斜

2）原因分析。

①预埋件未用工装架定位牢固。

②混凝土浇筑过程中预埋件跑位。

③预埋件在混凝土终凝前没有进行二次矫正。

④技术交底不到位，过程检验不严谨导致预埋件偏位。

3）防治措施。

①根据预埋件具体情况，采取相应的固定措施并进行技术交底和过程检查。

a. 灌浆套筒必须采用定位套件。

b. 预埋件在深化设计阶段应用 BIM 技术进行构件钢筋之间、钢筋与预埋件预留孔洞之间的碰撞检查。

c. 固定预埋件的措施应可靠有效，定期校正工装变形。

d. 浇筑混凝土之后要专门安排工人对预埋件进行复位。

e. 严格执行检验程序。对施工过程中发现的预埋件偏位问题，应当及时整改，未达到标准要求的不能进入下一道工序。

②对已经成型的预埋件偏位，测量准确数据后，根据不同情况分别处理。

a. 提请设计和监理复核，在满足结构安全和使用功能的前提下，可否降低标准使用（让步接收），或者制订专项替代方案或补救方案。

b. 确实无法满足结构或使用要求的，对构件做报废处理，返工重做。

（3）防雷引下线常见问题

1）问题描述。

①防雷引下线接地电阻值超标，防雷验收存在问题。

②防雷引下线现场难以连接（焊接）闭环。

③用作防雷引下线的材料不符合要求。

2）原因分析。

①用作防雷引下线的铝窗铜编织带和镀锌扁钢（图 9-69）之间连接不牢靠，镀锌扁钢搭接时焊接不牢靠或焊缝长度不足，钢副框、栏杆埋件等其他防雷引下线连接节点也可能存在相同的问题。

②用作防雷引下线的接驳埋件错位、遗漏、伸出长度不足或引出位置偏移，现场难以施工。

图 9-69　铝窗防雷引下线的连接方式

③用作防雷引下线的材料有镀锌扁钢、圆钢、主筋、铜线等，其规格、直径、数量、防腐等技术参数不满足相关要求。

3）防治措施。

①根据图纸技术质量要求，结合使用部位选择合适的引下线类型，用作防雷引下线的

材料应满足相关规范的要求。

②根据图纸要求，结合钢筋翻样，避免钢筋和引下线接驳埋件碰撞，做好隐蔽工程防雷专项验收检查。

③仔细核对图纸中相关的技术参数要求，做好材料进场验收和复试。

4. 保护层垫块安放常见问题及防治

1）问题描述。

预制构件脱模后，明显地看到钢筋裸露在混凝土表面，这种缺陷会影响构件的耐久性，埋下结构安全隐患。钢筋保护层厚度过小或不合格，主要是由钢筋偏位导致的，必须进行处理。钢筋保护层厚度看似是小问题，一旦发生问题很难处理，而且往往是大面积系统性的，应当引起足够的重视。

图 9-70　预制构件表面露筋

2）原因分析。

①浇筑混凝土时，钢筋保护层垫块移位。

②垫块太少或漏放，致使钢筋紧贴模具外露，如图 9-70 所示。

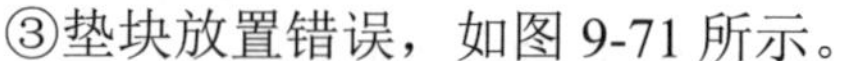

③垫块放置错误，如图 9-71 所示。

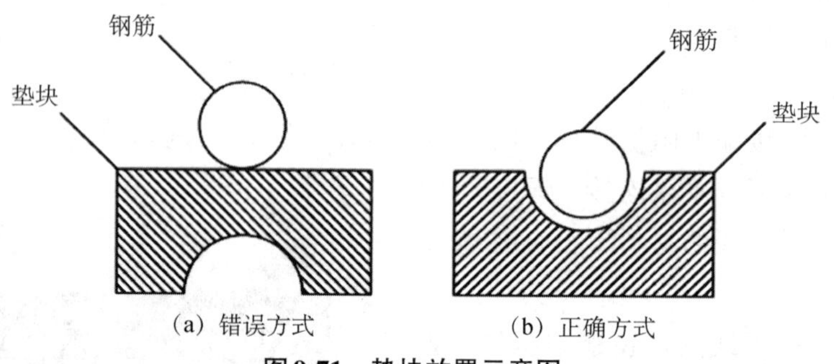

图 9-71　垫块放置示意图

3）防治措施。

①明确钢筋的保护层厚度，选择合适类型和尺寸的保护层垫块。

②垫块位置设置准确，垫块要垫足而且要固定住。

③对挂在侧面的混凝土垫块要用铁丝绑扎牢固。特殊部位选用专门的保护层垫块，悬挂绑扎在钢筋上，防止脱落（图 9-72）。

图 9-72　绑扎在钢筋上的垫块

④加强过程检查，发现问题及时整改。

5. 钢筋、预埋件影响混凝土浇筑问题防治

1）原因分析。

①因深化设计考虑施工需要做钢筋避让，局部钢筋较为密集，间隙小，影响混凝土浇筑（图 9-73）。

②栏杆预埋件未综合考虑构件空间，导致埋件锚筋与钢筋骨架发生碰撞（图 9-74）。

图 9-73　钢筋密集

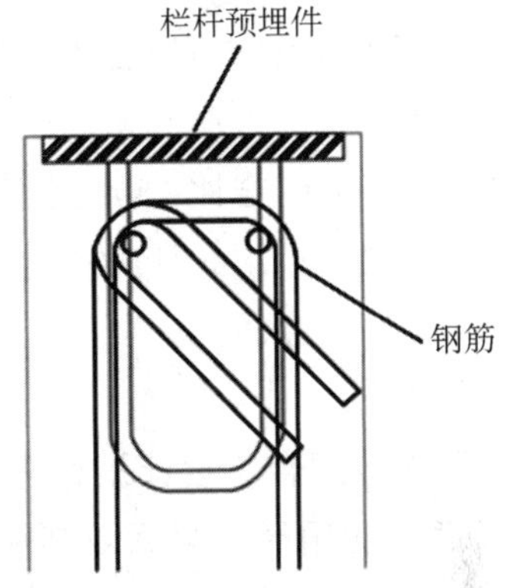

图 9-74　钢筋与预埋件碰撞

2）防治措施。

①在预制构件制作图消化、会审过程中要谨慎核对图纸内容的完整性，对发现的问题要逐条予以记录，并及时和设计、施工、监理、业主等单位沟通解决，经设计和业主单位确认答复后方能开展下一步工作。审图过程中除上述内容外，还应重点注意以下问题：

a. 构件脱模、翻转、吊装和临时支撑等预埋件设置的位置是否合理。

b. 预埋件、主筋、灌浆套筒、箍筋等材料的相互位置是否会“打架”或因材料之间的间隙过小而影响到混凝土的浇筑。

c. 预埋件、主筋、灌浆套筒、箍筋等材料的位置不当可能会导致构件开裂。

②发生预埋件与钢筋干涉的情况，应在确保结构安全的前提下，优先保证预埋件尺寸位置精确，适当调整钢筋间距。确有无法避开的情况时，应提请设计方和相关专业单位进行复核调整。

四、混凝土制备、运输环节常见问题及防治

1. 配合比设计、试验常见问题及防治

在混凝土配合比设计过程中经常发生设计的配合比强度低、设计时坍落度选取不合理、设计的配合比不能满足实际构件制作需求以及设计配合比用的材料和实际使用的材料差异大等问题，下面逐一分析并给出预防措施和出现问题后的解决方案。

（1）设计的配合比不能满足脱模强度需求

造成后果：构件脱模时强度达不到脱模所需强度，造成生产延误、构件脱模时开裂

（图 9-75）、损坏甚至引发安全事故等。

图 9-75　构件脱模时开裂

防治措施：

1）根据常规的混凝土配合比设计流程进行设计，同时考虑混凝土短期（一般为 12～20 h）内的强度增长；图 9-75 就是脱模时因混凝土强度不足而造成的预埋件被拉脱。

2）配合比设计时还应同时考虑生产工艺、天气温度、工期要求等各方面因素。

（2）设计的配合比 28 d 强度过低

造成后果：批次统计时构件混凝土强度合格率低，甚至造成构件报废。

防治措施：

1）严格按配合比设计规程进行混凝土配合比设计。

2）严禁套用经验数据或其他厂提供的数据设计配合比。

3）配合比设计用材料应与生产用材料一致。

4）没有可靠的历史数据作支撑时，避免采用有早强性能的材料，如早强型外加剂等。

（3）设计配合比时坍落度选取不合理

造成后果：造成混凝土施工困难，严重时可导致混凝土离析（图 9-76）、孔洞（图 9-77）等质量问题。

图 9-76　混凝土离析

图 9-77　混凝土表面出现孔洞

防治措施：

1）配合比设计时应考虑构件的特性，如外形尺寸、截面尺寸、内部配筋密度等。如阳台类构件，在设计配合比时必须对混凝土坍落度进行专门考虑，否则极易出现内阴角振空的现象。

2）同时考虑制作工艺，特别是成型、振捣方式，并结合工人的作业习惯。

3）考虑使用的模具特性，选择使用钢模、木模或硅胶模。

4）考虑产品对观感的特殊要求。

（4）采用经验数据造成混凝土质量失控

造成后果：混凝土稳定性差、质量不可控，轻则影响生产，严重时会造成质量安全事故。

防治措施：

1）配合比应根据产品需求、工艺要求、实际使用的材料等，严格按照配合比设计规程进行设计，严禁简单套用经验数据。

2）当有可靠的历史统计数据作支撑且所用的原材料性能基本稳定时，可采用本企业的历史配合比数据，但应在使用前进行验证并确保结果符合要求。

（5）设计配合比用的材料与实际生产用的材料差异过大

造成后果：影响混凝土的施工性能及质量，严重时可造成混凝土质量事故。

防治措施：

1）设计配合比的材料应采用生产用的常规材料，不得作特殊化处理。

2）用于混凝土的原材料品种、等级及供应商等宜固定，不得频繁变动。

3）不得不换用与原材料差异较大的材料进行生产时，应在生产前进行试验，并根据试验结果对原配合比进行调整，保证施工性能及质量。

2. 原材料制备常见问题及防治

在原材料制备环节经常发生的问题有原材料质量不稳定、原材料存放不合理、没有按要求的比例进行制备等，下面详细叙述并给出对应问题的预防及应对措施。

（1）原材料质量不稳定

原材料质量不稳定会导致制成的混凝土施工性能差、混凝土强度不稳定甚至不合格、混凝土生产成本增加。

防治措施：

1）每批次原材料进厂必须按规定抽样检验，各项指标应合格且与试配时的材料或上一批次的材料性能指标接近，发现偏差较大时，应按要求调整配合比，确保制备的混凝土性能满足要求。

2）各类材料的供应商及生产单位应进行合格评审并保持稳定。

3）根据季节及当地的建材供应历史经验，提前做好材料囤货，避免出现材料短缺问题。

（2）原材料存放不合理

原材料存放不合理会导致原材料变质、失效影响混凝土质量或造成混凝土生产成本增加。

防治措施：

1）各类原材料应根据各自特性制定合理的存放要求。骨料应按品种、规格、产地等分仓堆放，并宜在室内存放（图 9-78）；粉料类的如水泥、粉煤灰等应按品种、规格、生产厂家等在密闭的立罐内分罐存放，不得混装，且存放周期不应超过材料规定的有效期（图 9-79）；液体外加剂如减水剂等应按品种、生产厂家等采用密闭的塑料容器分罐存放，且存放周期不应超过材料规定的有效期（图 9-80）。

图 9-78　骨料分仓存放

图 9-79　粉料采用金属罐存放

2）粉料类和液体类的材料，一旦超出有效期，应进行复检，合格后方可使用。

（3）原材料没有按要求的比例进行制备

原材料没有按要求的比例进行制备会影响混凝土的施工性能，可造成混凝土质量问题，严重时会导致混凝土强度不合格。

防治措施：

1）原材料应严格按照试验数据进行制备。

2）制备原材料的方法应与试验时的方法一致。

3）当制备的材料与试验的材料差异较大时，应重新试验。

图 9-80　液体外加剂采用塑料罐存放

3. 常见的混凝土配合比计量问题及防治

制备混凝土时因设备、操作或人为等原因造成各项材料计量超过允许误差，会直接影响混凝土的性能和质量，出现浇筑困难、强度不合格等问题。常见的混凝土配合比计量问题：计量设备问题造成计量偏差大、加料不规范造成计量偏差大、随意手动加减配料造成实际配料与配合比不符等。

（1）计量设备问题造成计量偏差大

计量设备问题造成计量偏差大会严重影响混凝土性能和质量，造成批量混凝土强度失控。

防治措施：

1）原材料计量设备应按规定的周期进行校准，确保其性能合格。

2）计量设备在一个校准有效期内，应进行自校复核，确保计量偏差在允许误差范围内。

3）计量设备使用前和使用中，应加强检查和维护，发现设备存在问题或称重部件存在卡阻应及时处理。

4）称重传感器维修或更换后，应对计量设备重新进行校准。

（2）加料不规范造成计量偏差大

造成后果：影响混凝土性能和质量，严重时可造成局部的混凝土强度失控。

防治措施：

1）原材料不得有较大的积块，如有积块应提前粉碎，避免瞬间落差过大造成计量超过允许误差。

2）计量设备料仓内的材料应确保连续，不得用尽，避免瞬间落差过大造成计量超过允许误差。

3）骨料计量设备料仓加料不得过多、混仓，甚至溢出到输送带上（图 9-81）。

图 9-81　设备料仓加料过多、混仓

（3）随意手动加减配料造成实际配料与配比不符

造成后果：影响混凝土的性能和质量，造成混凝土施工性能不稳定、强度波动大。

防治措施：

1）搅拌站应严格按配合比控制用水量，严禁听从使用人员的要求随意加水。

2）试验室应按要求抽测骨料含水率，当骨料含水率变化时应及时调整配合比。

3）试验室应及时检测新进水泥、减水剂等材料的性能，并对应调整配合比。

4）试验室应根据不同的产品类型设计相应的配合比。车间申请混凝土时应向搅拌站说明使用部位和浇筑的构件类型，搅拌站调用相应的配合比生产混凝土。

4. 混凝土离析原因及防治

混凝土离析是混凝土制备中较常见的问题，轻微的离析会造成混凝土浇筑困难，降低混凝土强度。严重的离析会使构件出现分层（图 9-82）、构件表面浆体包裹差、露砂石（图 9-83）、构件成型面浆体过厚产生龟裂（图 9-84）及混凝土强度大幅下降造成不合格等。

图 9-82　离析造成混凝土分层

图 9-83　离析造成构件表面露砂石

（1）用水量过大造成混凝土离析

造成后果：水灰比变大，严重影响混凝土强度。

防治措施：

1）搅拌站应严格按配合比控制用水量，严禁听从使用人员要求随意加水。

2）应确保水计量设备的各项性能均正常，计量偏差在允许范围内。

3）手动配料状态下，拌机操作员应随时监控混凝土状态，补加水的时间和加水量应合适，不得在减水剂效应完全发挥前就一次性加水至坍落度符合要求。

图9-84　离析造成构件成型面龟裂

（2）骨料含水率变大时没有及时调整造成离析

造成后果：实际水灰比变大，影响混凝土强度和施工性。

防治措施：

1）试验室应按要求抽测骨料含水率，当骨料含水率变大时应及时调整配合比。

2）骨料宜室内存放，室外存放时应加遮盖，避免雨淋。

3）进行含水率试验的样品取样时，取样方式应符合要求，能基本表征整批材料的含水率，不能仅从料堆的中上部取试样。

4）实际使用的骨料应与进行含水率测定的骨料一致，未测定含水率的新进骨料严禁直接使用。

5）露天搅拌设备的骨料仓应加遮盖，仓内骨料不得雨淋。

（3）材料发生变化时没有及时调整造成离析

造成后果：混凝土质量及施工性能变差，影响混凝土强度。

防治措施：

1）新进的原材料（如水泥、骨料、外加剂等）应先试验合格后再使用，对于新进水泥的需水量、新进骨料的含水率和新进减水剂的减水率等指标不得漏检。

2）材料存放日久，存放期接近或超过有效期时，应取样复试合格，确保各项指标与进货时基本一致后，方可按原配合比使用。

（4）混凝土运输方式不合理造成离析

造成后果：混凝土出现粗骨料与砂浆分离，造成操作困难，如不妥善处理则会造成混凝土强度不合格。

防治措施：

1）混凝土坍落度应合理，坍落度设计过大极易产生离析，一般预制构件厂自用的混凝土坍落度以 80 mm±25 mm 为宜，建议最大不要超过 120 mm。

2）混凝土从搅拌机放料至运送工具时的下料高度不得超过 2.0 m，且应避免直落式下料。当无法避免时，可增加接口或斜溜槽（图 9-85）。

3）运送混凝土的工具尽量避免采用直立式的，运输距离尽可能短，最好采用自带翻拌功能的运输工具（图 9-86）。

图 9-85　斜溜槽

图 9-86　搅拌车

4）当必须采用直立式料斗运送混凝土时，在混凝土入模前应进行二次翻拌，使混凝土均匀。

5）当运输途经室外道路时，运输的混凝土应有防日晒雨淋的措施，以减少对坍落度的影响。

6）对已经离析的混凝土，如属轻微离析，可经二次翻拌均匀后降级使用；如离析严重，则应废弃，不得使用。

5. 坍落度不符合要求的处置

坍落度不符合要求，轻则造成混凝土施工困难，重则导致混凝土离析及强度下降。坍落度不符合要求的情况通常有坍落度过大或坍落度过小。

（1）坍落度过大易产生的问题及其预防措施

造成后果：混凝土漏浆严重，出现泌水（图 9-87）、离析、强度下降，严重的可导致混凝土强度不合格，造成产品报废（图 9-88）。

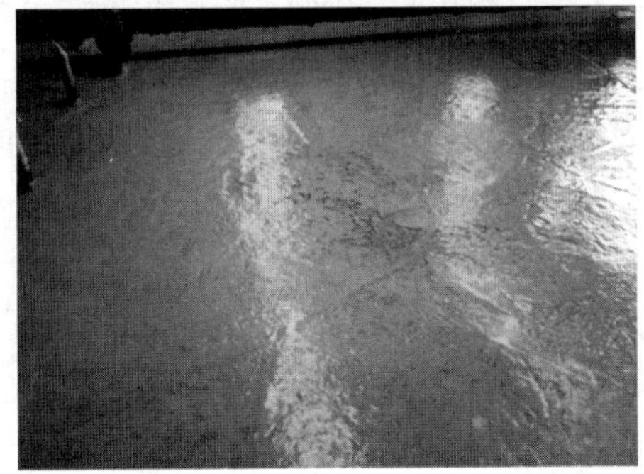

图 9-87　泌水

图 9-88　不合格产品

预防措施：

1）砂石料宜室内堆放，如必须室外堆放，应在其上设棚或加遮盖；堆放砂石料的场地地面不得积水。

2）每天搅拌混凝土前，必须对砂石料进行含水率检测，并根据实际测得的含水率调整配合比。

3）搅拌时所用的砂石料必须是当天进行过含水率检测的材料。

4）开始搅拌时，前几盘料宜手动多次加水至坍落度符合要求，不得一次加足水量。当用水量和坍落度基本保持稳定时，方可转到自动生产模式。

5）实际搅拌时坍落度宜取接近下限值来控制。

6）换用静置时间比较长的减水剂（水剂）时，使用前应充分搅拌，确保其均匀，避免底部有效成分沉积，减水效果远超正常值而造成坍落度变大。

（2）坍落度过小易产生的问题及其预防措施

造成后果：施工困难，容易出现蜂窝（图 9-89）、孔洞、露筋（图 9-90）等，严重时会造成产品报废。

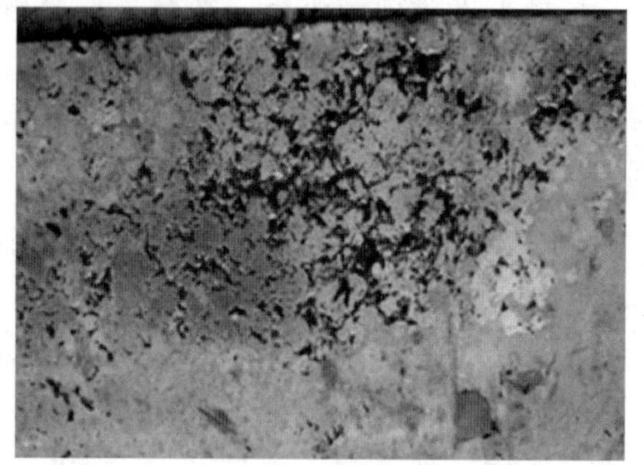

图 9-89　蜂窝

图 9-90　露筋

预防措施：

1）下料前先从监控上观察一下物料的情况，有条件的可以先下一小部分料，确认坍落度合适后再正常下料，坍落度过小则适当调整至合适后再下料。

2）多注意观察使用的砂石料情况，当发现砂石料含水率明显变小时，应通知试验室进行检测（可用快速检测仪），并根据检测结果调整用水量，以确保混凝土坍落度符合施工要求。

3）盛装减水剂的容器应自带搅拌功能，边使用边搅拌，避免有效成分沉积，用到最后减水效果不足造成混凝土坍落度过小。

4）要经常检查水计量桶是否存在滴漏等情况，如有滴漏，应及时修复。

5）要确保水计量桶能放尽水，秤的底数要能自动归零。

6）对新进的水泥，要及时检测其性能，测得其需水量，特别是新进水泥温度较高时，其需水量会有大幅上升，使用时应严密观察。

7）根据环境气温、混凝土性能、运输情况等预先考虑坍落度损失。

（3）混凝土坍落度过大或过小时的处理办法

当混凝土已经下料或运到现场，发现坍落度过大时，可按以下方法处理：

1）如混凝土未离析，经试验室实测坍落度，判断实际坍落度是否超过设计配合比时选用的最大坍落度，如未超过，可以继续使用，但建议用在不易造成漏浆的构件上，且在振捣时应避免过振；如已经超过，则建议视情况降级使用，比如 C40 的混凝土，可用于设计强度等级为 C30 或 C35 的构件上。

2）如混凝土已经离析，根据离析程度做降级或废弃处理。

当混凝土已经下料或运到现场，发现坍落度过小时，可按以下方法处理：

①如混凝土流动性良好，可将混凝土直接用于易于施工的墙板、叠合楼板和梁、柱的非配筋密集部位。

②如混凝土流动性欠佳，可经试验室技术处理后使用，一般可采用添加适量减水剂并经二次搅拌均匀至坍落度符合要求后使用。

6. 混凝土运送常见问题及防治

混凝土运送过程看似不会直接影响混凝土质量，其实不然，混凝土运输处理不当也会发生粗骨料与浆体分层、坍落度损失大和混凝土水灰比发生变化等问题。

（1）粗骨料与浆体分层

造成后果：影响混凝土的施工性能，严重时会影响混凝土的强度。

防治措施：

1）严格控制坍落度，确保混凝土出机时具有良好的和易性。

2）混凝土从拌机下料的高度应合适，且应避免直落，无法避免时，可采用加斜接口或溜槽。

3）混凝土在运送时应避免剧烈震动、晃动和颠簸。

4）混凝土运送时间超过 10 min 时，运输容器应增加搅拌装置。

5）混凝土运送到使用地点出料前或出料后，宜进行二次搅拌。

6）对已经发生分层的混凝土，应二次搅拌均匀后方准使用。

（2）坍落度损失大

造成后果：混凝土浇筑困难，易造成振捣不密实、成型构件出现空洞或露筋等现象，影响产品质量。

防治措施：

1）结合运输条件预先考虑坍落度损失，采用敞开式运输、环境气温较高、运距较长、室外运输等条件下，坍落度损失大，反之则小，混凝土配比中应予以全面充分考虑。

2）室外敞开式运输必须加遮盖。

3）配合比要结合水泥、减水剂等材料的实际性能，如果是新进的水泥，温度较高，也会造成需水量和坍落度损失增加。

4）对坍落度损失过大的混凝土应通知试验室进行调整配合比，一般可适量添加减水剂并搅拌均匀至坍落度满足要求后再使用。

（3）混凝土水灰比发生变化

造成这种问题只有一个原因，就是混凝土在雨天室外运输而无遮盖。

造成后果：混凝土坍落度变大、甚至离析，严重时会影响混凝土的强度。

防治措施：

1）雨天室外运输必须严密遮盖，防止雨水进入混凝土。

2）混凝土运送宜选择室内道路。

3）水灰比发生变化的混凝土严禁使用。

五、模具涂剂常见质量问题及防治

1. 常用模具涂剂及施工方法

模具涂剂是混凝土预制构件生产过程中的一项关键性作业。模具涂剂施工质量的优劣不仅影响到脱模作业的方便程度，也会造成混凝土预制构件黏模、表面酥松、钢筋握裹性差、麻面、粗糙面露骨料深度不符合要求等问题（图 9-91、图 9-92）。

图9-91　麻面

图9-92　构件表面黏模

（1）常用的模具涂剂

常用的模具涂剂多为液态或半液态凝胶状化学物质，涂覆在模具与混凝土接触的表面，以便于脱模或在脱模后进行粗糙面处理。常用的模具涂剂有脱模剂（图 9-93）和表面缓凝剂（下称“缓凝剂”，图 9-94）。脱模剂有很多种类，用于混凝土预制构件的脱模剂通常分为水性脱模剂（图 9-95）和油性脱模剂（图 9-96）。

图9-93　水性脱模剂

图9-94　混凝土表面缓凝剂

图9-95　稀释后的水性脱模剂

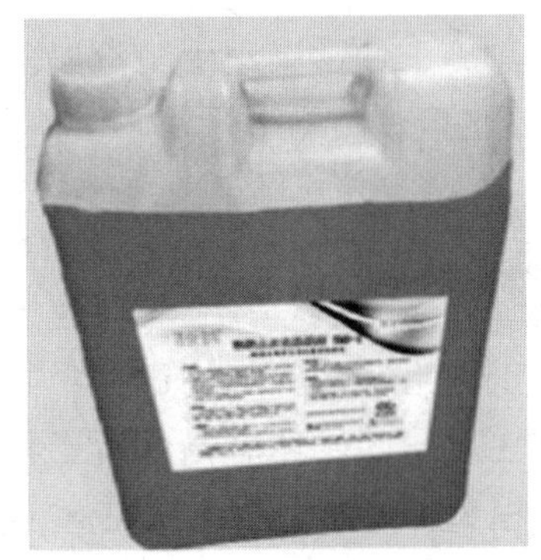
图9-96　油性脱模剂

水性脱模剂由有机高分子材料研制而成，易溶于水，兑水后，涂刷于模板上会形成一层很滑的隔离膜，完全阻止混凝土与模板的直接接触，并有助于混凝土浇筑时混凝土与模板接触处的气泡迅速溢出，减少预制构件表面的气孔，而且不影响混凝土的强度，对钢筋无腐蚀作用，使预制构件易于脱模并确保光洁美观。

油性脱模剂常用机油或工业废机油、水、乳化剂等混合而成，其黏性及稠度高，混凝土气泡不容易逸出，易造成拆模后预制构件表面出现气孔，并且严重影响后续表面抹灰砂浆与混凝土基层的黏结力，也会造成混凝土表面色差，所以在预制构件生产中已被逐渐淘汰。

缓凝剂的作用是为了延缓预制构件表面混凝土的强度增长，以便于在脱模后对构件表面进行粗糙处理，使粗糙面骨料外露深度满足设计要求。

使用缓凝剂后，在混凝土终凝后或预制构件蒸汽养护结束脱模后，用压力水冲刷需要做粗糙面的混凝土表面，通过灵活控制冲刷时间和缓凝剂的用量，可以控制粗糙面骨料外露的深浅，以达到设计要求的混凝土粗糙面效果，后期浇筑混凝土的黏结性也能满足设计要求。

（2）常用的模具涂剂的施工方法

常用脱模剂的施工方法分为自动化机械喷涂和人工涂刷。自动化机械喷涂（图9-97）多与全自动流水线配套作业，喷涂均匀、效果好，但设备成本较高。人工涂刷又可分为手工涂刷（图9-98）和喷雾器喷涂（图9-99）两种方式。手工涂刷不需要设备，但涂刷不均匀、效果差，脱模剂损耗大；喷雾器喷涂使用常见的喷雾器即可施工，设备成本低，喷涂较均匀，效果好，脱模剂损耗少，所以在施工中采用较多。

图9-97　脱模剂自动喷涂机

图9-98　手工涂刷脱模剂

图9-99　喷雾器喷涂脱模剂

缓凝剂施工通常采用手工涂刷的方法，可以用抹布擦抹，也可以用刷子涂刷，与手工涂刷脱模剂方法相同。

2. 脱模剂施工问题及防治

脱模剂施工是构件制作过程中必不可少的一道工序，施工质量的好坏对构件质量特别是构件表面质量影响很大。气泡、麻面、起砂、色差、混凝土表面酥松等问题都会因脱模剂施工不当而引发。

（1）模具表面未清理干净就喷涂脱模剂

造成后果：混凝土表面出现脏污、浮灰、起砂等，如图9-100所示。

(a) 模具表面未清理

(b) 构件表面污染

图9-100　被污染的模具构件表面

防治措施：

脱模剂施工前，应将模板与混凝土接触的表面打磨、清理干净，擦净表面锈斑、浮灰、油污及水迹等。

（2）不该使用油性脱模剂的部位使用了油性脱模剂

造成后果：

1）混凝土表面色泽变暗、局部油污、色差、边角酥松、出现气泡等（图9-101）。

2）二次浇筑结合面或构件需做涂装的表面，如果使用了油性脱模剂，可能导致结合性能变差。

3）钢筋、预埋件表面如果不慎沾上了油性脱模剂，也会造成混凝土与钢筋或预埋件的黏结不牢固。

防治措施：

1）严格区分油性脱模剂和水性脱模剂的应用部位，油性脱模剂仅用于模具外侧不与混凝土表面直接发生接触的部位以及悬挑架等部位，其他部位都应使用水性脱模剂。

（a）使用油性脱模剂

（b）使用油性脱模剂后表面污染

图 9-101　使用油性脱模剂

2）油性脱模剂建议不要喷涂，用拧至面干的抹布擦拭，涂刷时应小心谨慎，避免沾染到钢筋、预埋件等的表面。

3）模内边角部位如有油性脱模剂堆积，混凝土入模前应仔细擦拭干净（图 9-102）。

4）禁止使用脏污废油勾兑的油性脱模剂，条件允许的情况下，尽量不要使用油性脱模剂。

（3）脱模剂在模内边角处堆积

造成后果：

1）构件边角露砂（图 9-103）。

2）构件缺棱掉角。

图 9-102　脱模剂在边角处堆积

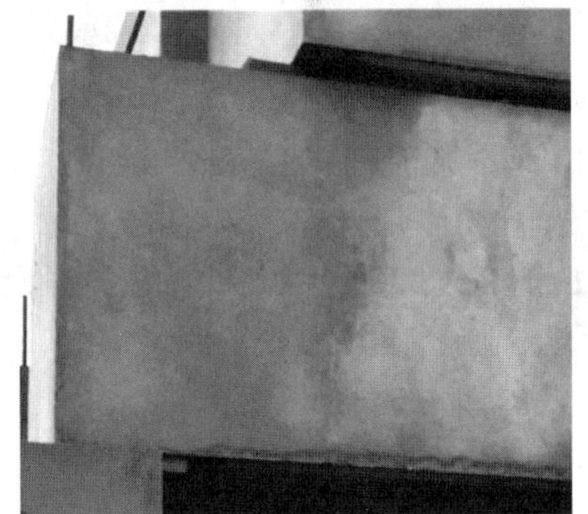

图 9-103　边角脱模剂过多导致露砂

防治措施：

1）脱模剂用量要合适，不能过多。

2）擦拭到边缘时抹布一定要深入边角部位，防止脱模剂在空隙处堆积。

3）立模侧立面的脱模剂要用拧干的抹布擦拭，避免脱模剂从立面顺渗到别处造成污染。

4）发现模内边角部位有脱模剂积液时，应及时用抹布擦干。

（4）脱模剂滴落到钢筋、预埋件上

造成后果：

影响混凝土与钢筋、预埋件的握裹性能（图 9-104）。

防治措施：

1）不宜在钢筋骨架和预埋件入模后再涂刷脱模剂。

2）在工装架、较大的外露预埋件顶面擦拭脱模剂的用量不能过多，防止其流淌滴落。

图 9-104　脱模剂滴落到预埋件上

（5）脱模剂施工后，未在规定的时间内浇筑混凝土（过早或过迟）

造成后果：

1）混凝土黏模（过迟），造成脱模困难。

2）混凝土表面起砂、出现麻面及色差（过早）。

3）边角部位混凝土露砂或出现酥松（过早）。

防治措施：

1）脱模剂施工后宜在 2 h 内浇筑混凝土，避免时间过长导致脱模剂效果下降甚至失效。

2）脱模剂施工后，宜待表面干燥、不黏手时方可浇筑混凝土。

（6）水性脱模剂使用时未按要求稀释

造成后果：

1）混凝土表面出现黏模、酥松及麻面等。

2）稀释比例过小，会造成脱模剂用量过大，同时也会增加施工难度。

防治措施：

1）水性脱模剂的稀释比例应在厂家推荐比例的基础上根据实际脱模需求调整并经试验确定。

2）经稀释后的水性脱模剂应充分搅拌均匀后再使用。

（7）使用超过有效期的脱模剂

造成后果：

1）脱模困难。

2）混凝土出现黏模、表面起皮及麻面等。

防治措施：

1）在厂家建议的有效期范围内使用。

2）已经稀释的水性脱模剂，必须在规定的时间内使用完，超过时间的不允许使用。

（8）脱模剂施工所用的工具未按要求清洗

造成后果：

混凝土表面出现色差、起砂及麻面等（图 9-105）。

防治措施：

脱模剂施工所用的容器、抹布、喷壶及刷子等工具应每天清洗干净。

（9）手工擦抹不到位、不均匀

造成后果：

1）脱模困难，构件边角缺棱掉角。

2）构件表面出现色差、局部起砂及麻面等（图 9-106）。

图 9-105　盛装脱模剂容器未清洗

图 9-106　手工擦抹不均匀

防治措施：

1）用抹布手工擦拭脱模剂时，抹布应拧至不滴液，然后分幅、分块仔细擦拭，边角部位要擦拭到位，不得漏擦。

2）擦完一遍后，用拧干的抹布复擦一遍，遗漏处和边角积液应擦拭均匀。

（10）人工喷涂后未用抹布擦均匀

造成后果：

1）混凝土表面有喷涂痕迹，出现起砂及麻面（图 9-107）。

2）边角酥松，露砂。

3）局部黏模。

防治措施：

1）喷嘴及喷涂压力要正常，确保喷涂的脱模剂雾化良好。

2）喷涂时相邻喷幅的重叠面积不得过大，防止积液。

3）喷涂后用拧干的抹布擦干，边角部位不得有积液。

图 9-107　人工喷涂后未擦匀

（11）自动喷涂不均匀，雾化不良，有滴漏

造成后果：

1）混凝土表面局部起砂、麻面。

2）局部黏模。

3）脱模剂用量增大。

防治措施：

1）按要求配制脱模剂，避免过稠。

2）装脱模剂的容器应定期清洗，防止堵塞喷嘴。

3）喷嘴发生堵塞或喷涂雾化不良时，要及时检修或更换喷嘴。

（12）脱模剂施工前、后，模内的鞋印、灰尘等未处理

造成后果：

1）混凝土表面出现色差、起砂及麻面等。

2）混凝土表面露出异物（扎丝头、泡沫及混凝土渣等）。

防治措施：

1）脱模剂施工前，模内要擦拭干净，确保无灰尘、鞋印及其他杂物。

2）脱模剂施工时，宜着鞋套并采用倒退擦拭的方式。

3）脱模剂施工后，必须进入模内施工时，宜着鞋套，作业完成后应对模内进行清理，清除杂物，擦净鞋印、灰尘（图 9-108、图 9-109）。

图 9-108　模内鞋印未擦除

图 9-109　模内混凝土渣未清扫

3. 缓凝剂施工问题及防治

缓凝剂通常用在需要做成水洗粗糙面的混凝土表面，确保粗糙面的露骨料深度满足设计要求，缓凝剂施工不当易造成露骨料过深、露骨料深度不足、露骨料不均匀有花斑及混凝土表面斑块状起砂等。

（1）擦拭缓凝剂与脱模剂用的抹布和容器用错或用混

造成后果：

混凝土表面大面积起砂。

防治措施：

1）涂刷缓凝剂应由专人施工，抹布及容器由专人保管。

2）擦拭缓凝剂的抹布和容器应独立放置并设明显标识，防止误用。

（2）缓凝剂选型不正确

造成后果：

1）粗糙面冲洗困难。

2）混凝土表面不凝。

防治措施：

通过试验选用合适的缓凝剂。

（3）缓凝剂用量过多或涂刷面积过大

造成后果：

1）露骨料过深（用量过多）。

2）粗糙面的面积过大。

3）缓凝剂损耗过大。

防治措施：

1）严格按照需要的粗糙面范围涂刷缓凝剂，必要时可先在涂刷边界处贴上美纹纸或胶带。

2）缓凝剂用量应根据选定的品牌经试验确定，用量应严格控制。

（4）缓凝剂用量过少或涂刷面积过小

造成后果：

1）露骨料深度不足（图 9-110）。

2）粗糙面的面积不够。

图 9-110　骨料露出深度不足

（5）缓凝剂涂刷不均匀

造成后果：

1）露骨料过深或深度不足。

2）露骨料不均匀、有花斑。

防治措施：

缓凝剂的涂刷要均匀并严格控制用量。

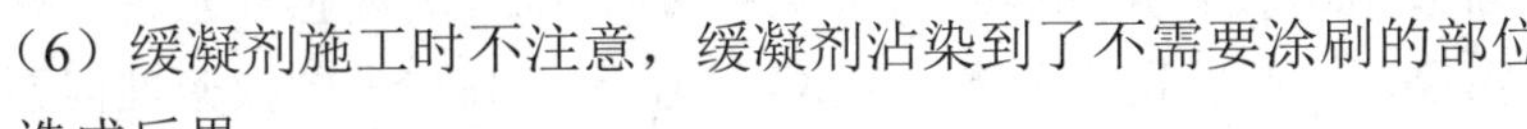

（6）缓凝剂施工时不注意，缓凝剂沾染到了不需要涂刷的部位

造成后果：

混凝土表面出现斑块状起砂。

防治措施：

1）施工时要仔细，避免缓凝剂沾染到其他不需要涂刷的部位。

2）涂刷缓凝剂的抹布和装缓凝剂的容器要放好，避免无意带入模内或倾倒。

3）严禁用擦缓凝剂的抹布擦拭模具上的油污、铁锈等。

4）一旦发生误擦，用干布擦净误擦部位后再重新擦拭脱模剂。

（7）缓凝剂涂刷后等待时间过长或过短

造成后果：

1）涂刷部位及其周边混凝土的早期强度比其他部位低且增长慢。

2）涂刷部位周边的混凝土表面易起砂。

3）粗糙面冲洗困难或露骨料深度不足。

防治措施：

1）应在缓凝剂表面干燥后浇筑混凝土。

2）如果缓凝剂施工后超过 6 h 再浇筑混凝土，须在浇筑前重新涂刷缓凝剂并待其干燥后浇筑混凝土。

六、装饰面常见问题及防治

1. 石材反打常见问题及防治

石材反打的常见问题有接缝不顺直（图 9-111）和石材局部掉角和裂纹（图 9-112）等。

图9-111　接缝不顺直

图9-112　石材局部掉角和裂纹

（1）石材反打常见问题

1）石材错位、接缝不顺直，接缝宽度偏差较大，影响外观效果。

2）成型构件石材局部发现缺棱掉角和裂纹（甚至断裂），维修后观感较差。

3）石材易发生饰面污染，一旦受到油污渗入造成污染，因石材自身的致密性问题，将难以清理。

4）石材饰面局部泛碱。

（2）石材反打常见问题预防措施

1）石材错位、接缝不顺直、接缝偏差大的原因和预防措施。

①应检查石材外形尺寸是否满足精度要求，不成直角或尺寸误差超过±1 mm 时不能使用。

②石材排版铺贴前，应清理模具，并在底模上绘制安装控制线。

③铺设时，应在石材的缝隙中嵌入硬质橡胶条或块进行定位，硬质橡胶条或块厚度除应与设计标准板缝宽度一致外，还需额外准备大一号或小一号两种规格的硬质橡胶嵌条，

作为微调板缝宽度间隙使用。

④竖直模具上石材铺设应当用钢丝将石材与模具连接或临时加固（图 9-113），避免石材受到扰动而偏位。

2）石材缺棱掉角、断裂的原因和预防措施。

石材缺棱掉角、断裂既可能发生在混凝土浇筑之前，也可能发生在混凝土浇筑之后。精细化制作和管理是避免这些问题发生最有效的措施。

①饰面石材宜选用材质较为致密的花岗岩等材料，厚度不宜小于 25 mm。

②有些石材会存在细小裂缝，不易被发现。混凝土浇筑过程中，板材承受混凝土压力会导致裂缝扩展，甚至断裂。

③控制落料高度，降低混凝土落料对板材的冲击。

④石材在运输和铺贴过程中难免因发生碰撞而缺棱掉角。石材宜采用定型架分类堆放和运输，排版铺设时应轻拿轻放，防止损坏，如图 9-114 所示。

图 9-113　里面石材临时加固

图 9-114　石材专用运输车

⑤模具组拆时应防止对石材造成损伤。

⑥构件成型前，发现石材存在上述问题的，可对石材进行调换。若构件成型后才发现问题，则需根据修补方案，采用专用修补材料进行修补。

⑦对接缝进行修整，弱化修补痕迹，使其与原来接缝的外观质量一致。

3）饰面受污染的原因和预防措施。

饰面受到混凝土污染的主要原因是石材背面的板缝和石材与模具之间的缝隙未封堵到位，而表面的污迹多源于设备漏油、人为污染等其他方面的原因。

①石材与底模之间应设置硬橡胶垫或保护胶带，防止饰面受到污染，并起到缓冲的作用，如图 9-115 所示。

②封堵背面石材板缝前，应先塞入泡沫垫条，控制背面石材板缝封闭胶深度和防止胶材污染石材饰面，如图 9-116 所示。

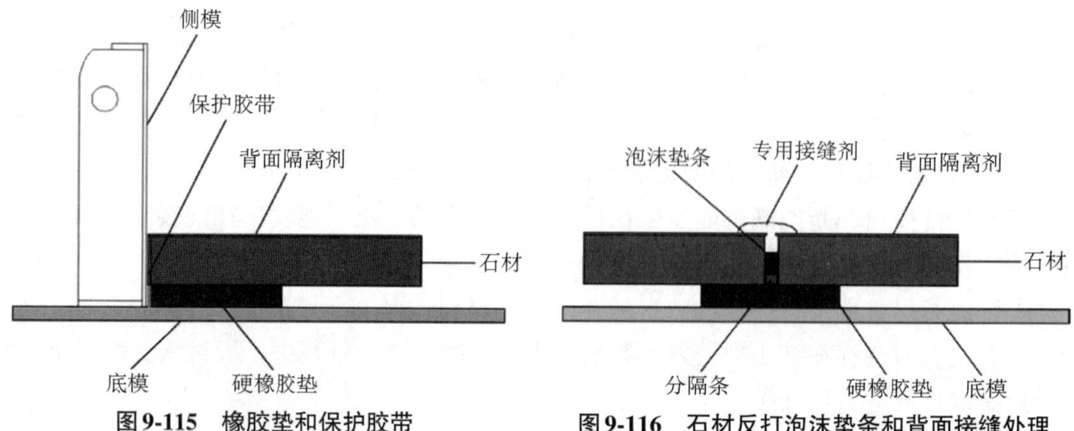

图 9-115　橡胶垫和保护胶带　　**图 9-116　石材反打泡沫垫条和背面接缝处理**

③与石材交接的模具边口用玻璃胶或其他材料进行封闭，并刮除多余的胶材。

④做好石材背面接缝的封堵工作，设置跳板，防止工人作业时对石材和石材接缝胶材造成扰动（图 9-117）。

图 9-117　石材背面接缝封堵

⑤待背面石材接缝封闭胶凝固后，再安装钢筋骨架和其他辅配件。

4）石材局部泛碱。

虽然石材背面刷涂了隔离剂（封闭处理剂），但是若隔离剂涂刷不均匀，背面局部接缝、模具边口封堵薄弱，或是安装钢筋骨架和进行其他作业时对隔离层造成了损坏，都有可能为混凝土中的“碱”留下渗透路径而导致泛碱。

①石材背面隔离剂应涂刷均匀，并满足最小涂布量的要求（专业厂家推荐用量）。

②作业过程中，防止背面隔离剂涂层出现损伤。

③石材与石材之间的接缝应当采用具有抗裂性、收缩小且不污染饰面表面的防水材料嵌填，待接缝剂凝固后方能进行下一道工序。

根据对石材反打项目的观察，局部少量泛碱常出现在石材和石材的接缝位置，因此接缝封堵处理尤为关键。

2. 面砖反打常见问题及防治

（1）面砖反打常见问题

①反打面砖砖缝不齐、边口漏浆、凹陷、倾斜或错位，影响美观（图 9-118）。

②脱模后的构件，装饰构件表面面砖脱落、碎裂或严重破损（图 9-119），若维修质量不可靠，则存在较大的安全问题。

③脱模后的面砖表面污染严重，影响生产效率。脱模后面砖清洗间隔时间越长，越难清洗干净（图 9-120）。

④外墙脱模后，面砖大面积损坏（图 9-121）。
⑤同一批次面砖存在色差。
⑥面砖灰缝表面砂浆疏松不密实（图 9-122）。
⑦修补后存在色差（图 9-123）。
⑧整修、更换后的面砖强度不足。
⑨保护膜上的胶水残留在面砖上，难以清理。

图 9-118　砖缝不齐、边口漏浆、凹陷

图 9-119　面砖脱落、碎裂或严重损坏

图 9-120　表面污染严重

图 9-121　面砖大面积损坏

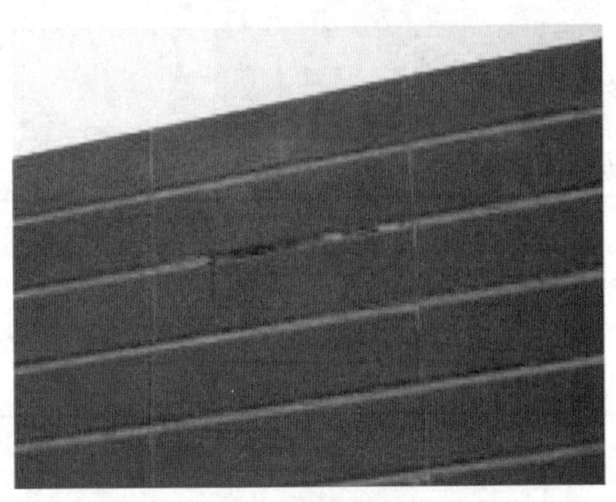
图 9-122　面砖缝砂浆疏松不密实

图 9-123　面砖修补后色差严重

（2）面砖反打常见问题原因分析

1）面砖本身的质量问题：外形尺寸误差超标，表面不平整、翘曲、色差等问题比较严重。

2）分隔瓷砖缝的嵌条材质不符合要求，封堵不贴合、嵌条宽度大小不一。

3）粘贴面砖时操作不符合要求，造成定位不准确、砖缝不齐、双面胶粘贴不牢，面砖铺贴好后没有进行横平竖直的校准等问题。

4）面砖碎裂、破损的原因：

①混凝土浇筑时，振捣棒直接在面砖上振动。

②钢筋骨架就位时，操作不当直接对铺贴好的面砖造成冲击。

③脱模时，生扳硬撬，拆模方式欠妥，导致面砖大面积的碎裂或破损。

④驳运作业不当导致面砖局部破损。

⑤堆放时搁置点不当，造成面砖损坏。

⑥模具存在问题。

5）面砖表面污染严重的原因：

①未选择合适宽度的定位嵌条，嵌条过窄造成瓷砖缝隙大。

②保护膜粘贴强度不够，导致混凝土浇筑时，水泥浆渗到了面砖表面。

③面砖翘曲或不平整，导致浇筑时表面受到了污染。

（3）防治措施

1）制订专项制作方案并实施。

针对反打面砖构件的工艺特殊性，制订面砖进场验收专项方案、面砖套件制作和铺设专项方案、混凝土浇筑方案和反打面砖构件蒸养、清洗及修补等专项方案。

面砖套件排版时严格按照控制线进行铺设，防止累计误差导致砖缝不齐。

2）面砖进厂验收。

①面砖进入仓库或现场时，应有专人检查验收，检查送料单和出场材质证明，做到证随物到，证物相符，核验品种、规格、数量和外观质量是否符合要求。

②对于转角砖要全数检查。

③用于反打构件的面砖允许偏差范围可参考表 9-6。

表 9-6　面砖允许偏差

面砖	允许偏差/mm
外形尺寸	±0.5
翘曲	1.0
扭曲	0.5
对角线	1.0

3）面砖投入使用前的筛选。

剔除外形尺寸偏差较大、缺棱掉角、存在明显色差和其他问题的面砖。

4）选择合适的分隔条、保护膜和双面胶材料。

保护膜宜选用布基类不干胶，在构件蒸养持续湿热的环境下，不致有胶残留。

5）混凝土脱模强度。

构件脱模后需要清洗，若脱模强度过高，黏结在面砖表面的余浆较难清除，若脱模强度过低则灰缝容易产生露砂、缺损，增加了修补量。从构件脱模到完成清洗工作不宜超过4 h。

6）成型构件面砖的维修、调换方法。

①损坏和尺寸变位的面砖必须进行调换。面砖调换时，应将被调换面砖的周围切开（比面砖深10～15 mm），凿除并清理切开的断面。新瓷砖粘贴时必须用专用修补材料进行粘贴，瓷砖缝要选用和以前一样的分隔条临时固定，见图9-124。

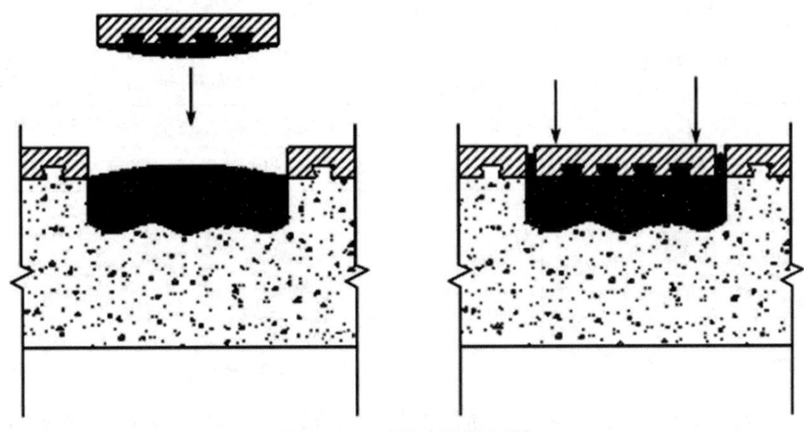

图9-124　面砖维修更换

②专用修补材料应布满整块面砖。

③待修补材料硬化后，去除分隔条，修整砖缝，减少修补色差。

④做好面砖维修记录。

7）面砖质量的检查方法

除用肉眼仔细观察找出存在问题的面砖外，还要进行听声检查。声音检查主要是用小锤对瓷砖表面进行轻轻敲打，根据传出的敲打声来检查判断面砖是否有空鼓。对存在问题的面砖，无论是损坏的，还是变位和空鼓的，都要及时整修，整修后还要进行再次确认。

（4）面砖拉拔对比性试验

宜对反打部位中有维修记录的面砖做拉拔对比性试验，以此检测该处面砖的抗拉强度是否满足验收要求。

七、混凝土浇筑常见问题及防治

1. 混凝土浇筑常见问题

混凝土浇筑时会出现很多问题，而这些问题带来的后果多为隐性的，在浇筑过程中往往很难及时发现。表 9-7 列出了混凝土浇筑常见问题及可能造成的后果。

表 9-7　混凝土浇筑常见问题及造成的后果

序号	常见问题	分类	造成后果
1	混凝土等级报低	叫料类	产品降级使用或报废
2	混凝土等级报高		成本增加
3	所发混凝土等级低	发料类	产品降级使用或报废
4	所发混凝土等级高		成本增加
5	投料方式错误	投料类	钢筋骨架移位、钢筋保护层不足、饰面材料损坏、混凝土外溢等
6	投料顺序错误		出现空洞、露筋、振捣不密实等
7	振捣工具选择不当	振捣类	影响振捣效果和效率
8	振捣操作方法欠佳		出现漏振、局部振捣不密实、造成预埋件移位/损坏/堵塞等
9	欠振		振捣不密实、表面气泡多等，增加工作量
10	过振		混凝土出现分层、胀模等
11	拉毛深度不足或不够密	成型面处理类	影响二次浇筑的结合
12	拉细毛面不规则		影响观感
13	压光面平整度和光洁度不够		造成产品不合格，增加生产成本
14	外露钢筋未有效保护	外露保护类	外露钢筋污染，影响现场连接效果，增加额外工作量及生产成本
15	外露预埋件未有效保护		外露预埋件污染、损坏、移位、堵塞等，增加额外工作量及生产成本
16	模具、工装未有效保护		增加清理工作量，影响生产效率

2. 混凝土强度等级错用防治

一些预制构件工厂在混凝土浇筑时常因未核对混凝土强度等级而发生用错料的情况，造成建筑安全隐患，给企业带来了不必要的损失。当实际用的混凝土强度等级低于设计值，如果已经安装，将影响建筑的结构安全；如果在安装前发现，也会造成构件报废，使生产成本增加，给企业带来损失。当实际用的混凝土强度等级高于设计值，同样增加了生产成本。

防治措施：

要避免未核对强度等级造成用错料，必须规范混凝土叫料、发料、用料流程，做到环环相扣、全面管控。

（1）叫料、发料由专人负责

需要使用混凝土时，应由指定的人员叫料，叫料人员必须熟知生产线上各生产构件的强度等级和生产情况，掌握生产顺序。一般可指定施工线上的线长或质量专员负责叫料。

搅拌站应由专人负责接收叫料信息及进行配发料，负责接收叫料信息和配发料的人员应熟知混凝土等级区分并了解生产线的产品，一般由当班的搅拌机操作员负责接收叫料信息并发料。对于生产量较大的企业，也可设专人负责接收叫料信息及配发料。

（2）凭单发料，用料签收

生产部下发每天的生产任务单时，应同时下发混凝土生产用料明细表，见表9-8。表中至少包含生产日期、车间号、产线号、模台号、构件型号、混凝土强度等级、混凝土用量等内容，一式三份，试验室、搅拌站和生产车间各一份。生产报料时，应至少明确车间号、产线号、模台号、构件型号、混凝土强度等级、混凝土用量等关键信息。搅拌站接到报料信息后应重新复述一遍，确认无误后方可进行拌制。

表9-8　混凝土生产用料明细表

生产日期：

序号	车间号	产线号	模台号	构件型号	混凝土强度等级	混凝土用量	混凝土签发	混凝土签收
1								
2								
3								

注：1. 混凝土签发由搅拌站操作员/配发料人员签名，混凝土签收由车间收料员/使用班组负责人签名。

2. 报料时，应至少明确车间号、产线号、模台号、构件型号、混凝土强度等级、混凝土用量等关键信息并经接收方复述确认。

拌制好的混凝土运送到生产现场，在使用前应确认混凝土的强度等级和用量、使用部位，确认无误后由专人签收。

（3）用料点明显标识混凝土强度等级

混凝土使用地点应明显标识所用混凝土的强度等级和用量，一般宜在构件模具附近标识（图9-125），避免误用。

图9-125　模具附近标识混凝土强度等级

3. 混凝土投料常见问题及防治

混凝土投料常见问题为在局部集中投料、二次投料间隔时间过长、不同等级的混凝土投料顺序错误、特殊部位投料方式错误以及投料过多造成溢料等问题，生产过程中不注意控制，会造成混凝土质量问题，严重的可能导致产品报废。

（1）局部集中投料常见问题及其预防

局部集中投料（图9-126）是混凝土浇筑过程中经常发生的现象，多发生在布料面积相对较大的平板式构件上，如墙板、叠合楼板等，正确的投料方法如图9-127所示。

图9-126　局部集中投料

图9-127　均匀投料

造成后果：造成投料部位的钢筋保护层减少甚至出现露筋，也有可能引起周边预埋件移位。

防治措施：

1）要对操作人员进行工艺培训及交底，明确局部集中投料的危害。

2）人工放料时，对投料过程严格监管，必要时应采取处罚措施。

3）设备自动投料时要合理设置好程序，布料机行走速度要与出料量相匹配。

4）当已经发生局部投料较集中的情况，要及时将料堆摊铺均匀，必要时将钢筋骨架轻轻上提，如有预埋件发生移位，应调整到正确的位置重新固定。

（2）二次投料间隔时间过长及其预防

二次投料间隔时间过长多因混凝土供料不能跟上，设备出现故障或生产节拍未控制好等原因造成，在气温较高的季节造成的后果更严重。

造成后果：混凝土出现分层（图9-128），且层间结合力变差，严重的可能造成构件报废。

图9-128　混凝土分层

防治措施：

1）搅拌站的生产能力要与车间实际需求相匹配或稍高。

2）混凝土原材料应提前准备充足，避免断料。

3）搅拌设备应按要求例行保养并勤于检查，避免出现突发性故障。

4）车间生产安排中要考虑好生产节拍，避免出现设备使用、工作流程等相互干扰或冲突。

5）分次投料时，一次投料的模具数量不能超过2个，并尽量避免分布在不同的模台上。

6）当发现一次投料后等待时间过长时，在二次投料前要在一次浇筑的成型面上撒上与混凝土同等级的水泥浆后再投放混凝土，振捣时振捣棒应插入至一次成型面以下50 mm，并且适当增加振捣时间。

（3）不同等级的混凝土投料顺序错误及其预防

在混凝土浇筑过程中，当出现同一个构件的不同部位使用不同等级的混凝土时，应先浇筑强度等级较高的部位，后浇筑强度等级低的部位，不得颠倒顺序。

造成后果：混凝土较高强度等级的部位强度偏低，严重时会造成构件报废。

防治措施：

1）对需要两种或以上强度等级的混凝土构件，应有明确标识，且在对应部位标注明显的混凝土强度等级。

2）工人应熟知先浇混凝土强度等级高的部位，后浇混凝土强度等级低的部位的原则，叫料时应先叫强度等级高的混凝土，强度等级高的混凝土适当增加一点量，强度等级低的混凝土适当减少一点量，但应保证构件所用的混凝土总用量不变。

3）来料确认强度等级后必须定点投放，不得随意放入模具内。

4）当已经发生低强度等级的混凝土先投入模具的情况时，在混凝土还未流动到需要高强度等级混凝土的部位时，应将剩余混凝土用于其他合适的构件，再拌制高强度等级的混凝土浇筑对应部位，然后浇筑低强度等级的部位；如低强度等级的混凝土已经流动到需要高强度等级混凝土的部位，则应人工铲除高强度等级部位的混凝土后按本条前面所述的情况处理。

（4）特殊部位投料方式错误及其预防

大转角墙板、不封底的阳台侧壁等特殊部位的混凝土投料必须采用专用的投料方式或采用有效的措施确保混凝土浇筑、振捣质量。

造成后果：构件转角的阴角部位出现蜂窝、孔洞、露筋等混凝土不密实的现象，严重的将造成构件报废。

防治措施：

1）特殊部位应制订有针对性的投料方案和振捣方案，并采取必要的措施。

2）特殊部位混凝土投料时，必须严格按照制订的施工方案作业，先浇筑平面混凝土，后浇筑侧立面的混凝土，并提前做好必要的预防措施。

3）侧立面的混凝土，在保证施工性能的前提下坍落度应尽可能小，避免阴角底部大量溢料。

4）阴角底部如不封底（图 9-129），可临时用适合的材料压一下，避免溢料过多。

5）阴角底部溢料应在混凝土临近初凝时清理，否则易造成阴角上部出现脱空、孔洞等，见图 9-130。

图 9-129　不封底的阳台板

图 9-130　阳台板阴角出现脱空、孔洞

（5）投料过多造成溢料及其预防

混凝土投料时应控制投料的量并均匀布料，特别是人工投料时，下料门的开启度要与混凝土坍落度及构件浇筑层的厚度相匹配，不得多投造成溢料，如图 9-131 所示。

造成后果：不仅耗费混凝土，还增加了额外的工作量，降低了工作效率，溢料还会弄脏模具和模台。

预防措施：

1）投料时不要一次投足，可分次补加料。

2）靠近模具边缘应适当少投，避免混凝土溢出模具。

3）下料门要保持灵活，开关轻便，不得卡门。

4）自动布料机投料，应设置好各项参数，保证出料量、布料机行走速度等与需要的投料厚度相适应。

5）发现投料过多要及时调整。

4. 混凝土振捣常见问题及防治

在混凝土振捣工艺中常见的问题有过振、欠振、振捣方法不规范及振捣设备选择不当等，可能会造成混凝土分层，振捣不密实，出现蜂窝、露筋、预埋件移位及胀模等后果。

（1）过振易产生的问题及其预防

过振在混凝土振捣过程中发生频率较高，其主要原因是振捣工人经验不足，没有根据实际情况调整振捣方法和时间。

造成后果：混凝土分层（图 9-132）、胀模，影响产品质量，严重的会造成产品报废。

图 9-131　投料过多出现溢料

图 9-132　过振分层

预防措施：

1）混凝土振捣必须按操作规程并由有经验的工人进行作业。

2）根据实际情况采用合适的振捣方法，并控制好振捣的时间；如果混凝土坍落度小、振捣力矩小、产品配筋密，振捣时间宜适当加长，反之，振捣时间宜缩短。

3）振捣过程中，严禁在同一部位长时间振捣。

4）当换用不同种类的振捣设备时，应先核对相关参数并经试验确定振捣时间。

（2）欠振易产生的问题及其预防

混凝土欠振的原因与过振的原因基本相同，但造成的后果却明显不同。

造成后果：振捣不密实、蜂窝、空洞、露筋、混凝土表面气泡多等。

防治措施：

1）混凝土振捣必须按操作规程并由有经验的工人进行作业。

2）应按制定的振捣工艺进行振捣，根据混凝土性状、振动棒规格、配筋密度等因素确定合适的插入间距；振捣棒应快插慢拔，振捣时间应满足要求。

3）不得出现漏振现象。

4）换用小规格的振动棒时，应减小插入间距并适当延长振捣时间。

（3）振捣方法不规范易产生的问题及其预防

混凝土振捣方法不规范是指振捣时没有采用预定的振捣方式、振捣时间不符合要求或采用插入式振捣棒时插入间距不合理等。发生此类问题的常见原因多为没有制定合适的振捣工艺规程、对振捣工艺培训不到位及操作人员执行不到位等。

造成后果：混凝土不密实、出现漏振、露筋、蜂窝、空洞、混凝土分层或离析、预埋件移位、模具胀模、钢筋骨架偏位或变形等。

防治措施：

1）混凝土振捣应制定合理的振捣工艺规程并严格执行。

2）振捣操作人员必须有实际作业经验并经工艺培训。

3）制定生产作业制度，对操作人员加强教育，作业过程中设专人监督。

（4）振捣设备选择不当易产生的问题及其预防

常用的混凝土振捣方式有附着式振捣、插入式振捣、表面平板振捣及模台整体振动。附着式振捣多用于高大立模，插入式振捣多用于高度不大或可分层浇筑的构件，表面平板振捣在水平浇筑楼板、墙板时应用较多，模台整体振动在自动流水线或流动模台生产线上使用广泛。若振捣设备选取不当，会导致混凝土成型质量差及生产效率降低。

造成后果：振捣不密实、成本增加、工效降低，甚至可能出现废品。

防治措施：应了解振捣设备的特性和所生产产品的特性，并根据产品成型工艺选择合适的振捣设备。如采用固定模台工艺振捣平板类的构件宜采用插入式振捣；采用立模法生产时则宜采用附着式振捣配合使用插入式振捣，自动线上生产平板类构件，采用模台整体振捣效率更高，具体可参见表 9-9。

表 9-9　生产工艺、构件类型与振捣设备选择

序号	生产工艺	构件类型	振捣设备选择
1	固定模台	平板类构件	插入式振捣或附着式振捣
2	固定模台	异形构件	插入式振捣
3	固定模台	高大立模	附着式振捣+插入式振捣
4	固定模台	厚度较小且成型面工装较少的构件	表面平板振捣
5	自动生产线	平板类构件	模台整体振动

（5）混凝土初凝后的振捣扰动产生的问题及其预防

混凝土初凝后的振捣扰动通常有以下几种情况：

1）采用流动模台或自动生产线生产时，同一模台上有多个构件，生产时不连续布料或布料间隔时间过长，在振捣下一个构件时，前一构件的混凝土已临近或超过初凝时间，导致其混凝土受到扰动。如同一模台上的构件超过 2 个，则影响更大。

2）需要两次浇筑工艺的产品（如夹芯保温板），在一次浇筑完成后没有控制好后续作业的时间，作业时间过长，导致在二次浇筑时，前面已经浇筑的混凝土已临近初凝或超过初凝时间而受到扰动。

造成后果：影响混凝土正常凝结，使混凝土强度下降；影响混凝土内的预埋件与混凝土的黏结，造成预埋件松动，严重的可能会造成产品报废甚至引发安全事故。

防治措施：

1）采用流动模台或自动生产线生产时，同一模台上有多个构件，宜统一布料，同时振捣；特殊情况必须分开作业时，应保证振捣间隔时间不超过混凝土的初凝时间。

2）同一模台振捣次数不宜超过两次。超过两次时，应确保最后一次振捣的时间不超过最先浇筑的混凝土的初凝时间。

3）二次浇筑工艺中，应严格控制好一次浇筑后续工作的作业时间，确保在一次浇筑混凝土初凝前将二次浇筑部分的混凝土入模并完成振捣。同时作业过程中应尽可能避免扰动混凝土内的预埋件。

5. 表面压光或拉毛常见问题及防治

混凝土成型的最后一道工序是表面压光或拉毛，施工质量直接影响产品表观质量，严重的会造成验收不合格。混凝土表面压光或拉毛过程中最常见的问题及造成的后果见表 9-10。

表 9-10　混凝土表面压光或拉毛过程中常见的问题及造成的后果

序号	表面施工要求	常见问题	造成后果
1	压光	表面平整度差	验收不合格
2		压抹痕迹明显	表观质量差，增加修补成本
3		压光表面空鼓、起皮	表观质量差，增加修补成本
4	拉毛	拉毛深度不足	验收不合格，增加后期处理成本
5		拉毛面积达不到要求	验收不合格，增加后期处理成本
6		拉毛形式不符	验收不合格，增加后期处理成本

（1）表面压光常见问题及其预防

表面平整度差、压抹痕迹明显及压光表面空鼓、起皮是混凝土表面压光作业中最常见的问题，直接影响产品表观质量，严重的会造成验收不合格。

1）表面平整度差及其预防。

混凝土表面平整度差是表面压光作业中最常发生的问题，产生的原因多为操作人员不熟练、未按施工工艺要求作业、最后一遍压光的时间控制不合理等。

造成后果：压光面观感差，甚至造成验收不合格。

防治措施：

①压光作业的人员应是熟练的抹灰工或粉刷工。

②应制定表面压光工艺规程并应对工人进行施工工艺培训，压光作业不得少于 3 遍抹压，第一遍用不小于 2 m 的铝合金方管刮压，确保大面平整；第二遍用木质或塑料的搓板仔细拍压提浆，压实搓平，边角缺料补齐；第三遍用钢泥板压光表面。

③最后一遍压光的时间应控制在临近混凝土初凝时，以手指轻压混凝土表面没有明显凹痕且手指上不粘浆水时为宜。

2）压抹痕迹明显及其预防。

造成混凝土成型表面抹压痕迹明显的原因通常是工人操作不熟练或责任心不强、工作不细致。

造成后果：产品表面观感差，增加修补成本。

防治措施：

①压光作业的人员应是熟练的抹灰工或粉刷工。

②通过培训提高作业人员的业务素质。

③加强作业过程的监督管理及考核，从制度上保证作业人员细致工作。

3）压光表面空鼓、起皮及其预防。

混凝土表面压光时违规作业或抹压次数过多，常会出现混凝土表面空鼓或起皮的现象。

造成后果：混凝土表观质量差，增加后期处理成本，甚至造成验收不合格。

防治措施：

①应由熟练工进行操作，控制好压光的时间。

②最后一遍压光时，不得采用贴补方法多次抹压找平表面，且不得加水抹压。

（2）拉毛常见问题及其预防

混凝土表面拉毛中常见的问题有拉毛深度不足、拉毛面积不足、拉毛形式不符等。

1）拉毛深度不足及其预防。

一般有拉毛深度要求的多发生在二次浇筑叠合面上，导致混凝土表面拉毛深度不足的原因有拉毛过早、拉毛的工具不合适、拉毛时用力不足等。

造成后果：二次浇筑黏结效果差，增加后期处理成本甚至造成验收不合格。

防治措施：

①拉毛作业的时间安排在混凝土表面初凝后为宜。

②拉毛应使用专用工具，最好采用滚轮式拉毛工具，如采用耙式拉毛工具，应经常检查耙尖磨损程度并修正。

③拉毛时用力要适度，用力过轻会导致拉毛深度不足，且在一个拉毛行程内应保持力度均匀。

2）拉毛面积达不到要求及其预防。

拉毛面积达不到要求的原因为拉毛工具的齿距或轮片距过大、桁架筋或工装架过多等。

造成后果：二次浇筑黏结效果差，会增加后期处理成本甚至可能造成验收不合格。

防治措施：

①调整耙式拉毛工具的齿距或滚轮式拉毛工具的轮片距。

②当拉毛表面桁架筋或工装架较多时，在边角、死角应进行手工补拉。

3）拉毛形式不符及其预防。

常见的拉毛形式有拉粗毛和拉细毛。拉粗毛多用于二次浇筑叠合面的处理，如叠合楼板、叠合梁等的上表面，常用耙式或滚轮式的拉毛工具作业；拉细毛多用于墙板的内墙面，方便后期进行墙面处理，常用中、细丝的扫把、笤帚等扫毛。造成拉毛形式不符的主要原因是工人对拉毛的作用不明确及责任心不强。

造成后果：影响现场施工，增加后期处理成本。

防治措施：

①加强对工人专业知识的培训。

②加强对工人的责任心教育，加强作业过程的监督管理。

6. 外露钢筋表面保护措施

外露钢筋表面有混凝土残渣，不只影响产品的表观质量，也会造成后浇部分钢筋与混凝土握裹力的下降，严重时可能影响结构受力。为确保外露钢筋符合要求，减少成品后期清理的工作量，通常在作业过程中增加以下两项工作：

（1）浇筑前外露钢筋表面做覆盖（图 9-133）。通过覆盖外露钢筋表面，避免混凝土放料时直接落在外露桁架或钢筋上，是最有效的预防措施。

（2）浇筑后及时清理。混凝土进行第二遍收面时，用钢丝刷将附着在外露钢筋上的混凝土清除掉即可。

图 9-133　浇筑前外露钢筋的保护

八、混凝土养护常见问题及防治

1. 流水线工艺养护常见问题及防治

流水线工艺养护一般采用养护窑集中养护（图 9-134），养护窑内有散热器或者暖风炉进行加温，采用全自动温度控制系统执行混凝土养护的设定曲线（图 9-135）。

（1）养护窑没有按照养护温度曲线进行养护

流水线养护窑如图 9-136 所示，每一列每个仓位都是连通的，如果整个养护窑集中设置曲线养护，而构件进入养护窑的时间又不统一，那么实现温度曲线养护就比较困难。

如果不能按照升降温坡度曲线实施养护，构件在养护过程中就很容易出现裂缝。

（2）养护窑窑顶与窑底温差大

有些流水线的养护窑太高，结果造成窑顶与窑底温差太大，如图 9-137 所示。由此养护出来的构件强度不均匀，有些构件能够达到强度，有些则达不到。

图 9-134　养护窑集中养护

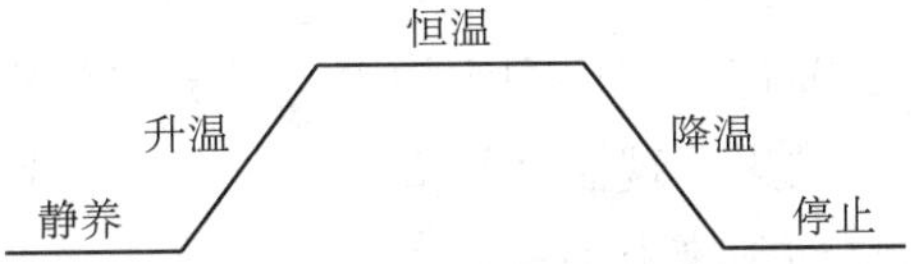

恒温
升温
降温
静养
停止

图 9-135　蒸汽养护过程曲线

图 9-136　流水线养护窑

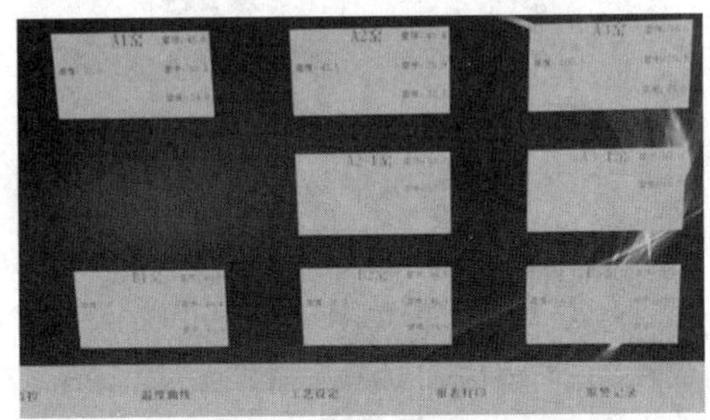

图 9-137　流水线养护窑控制

（3）养护窑温度不达标

有些养护窑设置的恒温养护温度大于 60℃，在实际养护过程中有可能更高，而又没有采取降温措施，只是依赖加热源停止加热后自然降温，这样就导致很多构件在出窑的时候温度过高，与车间温度温差超过 25℃，尤其是北方工厂冬季厂房温度低的情况下，出窑构件温度过高造成构件出现温差裂缝（图 9-138）。

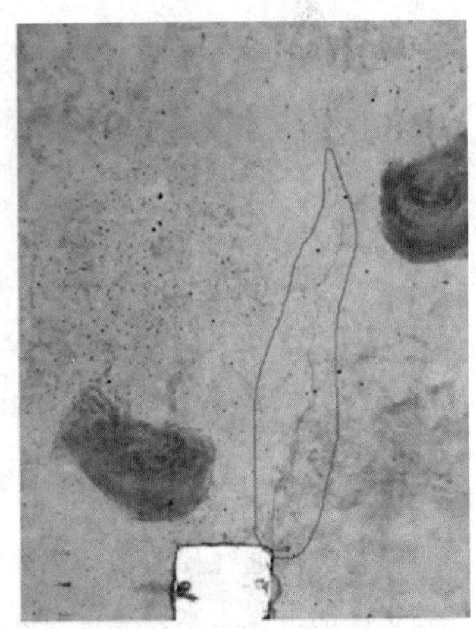

图 9-138　温差造成的构件裂缝

（4）防治措施

为确保构件养护达到合理效果，流水线工艺养护窑应采取科学的措施来保证构件养护过程不出现问题。

1）养护窑应分列设置养护温度控制曲线。

2）养护窑加热源要保证窑顶和窑底温度大致均匀。

3）养护窑应按照设定的养护曲线降温，从而保证构件进养护窑、出养护窑与环境的温差符合要求。

2. 固定模台工艺养护常见问题及防治

固定模台工艺养护，是指将蒸汽通过管道（图 9-139）直接通到固定模台下或模台侧面，将构件用苫布或移动式养护罩覆盖进行养护（图 9-140）。采用全自动温度控制系统（图 9-141），实现全过程自动调节养护的升温速率、降温速率和恒温温度及时间控制。

固定模台生产工艺蒸汽养护常见问题：

（1）没有设置温控系统

目前许多工厂固定模台蒸汽养护没有设置温控系统，直接将蒸汽通往模台下面或模台一侧，结果出现温度过高，时间过长，造成养护构件表面脱皮（图 9-142）；或温度太低，造成早期强度上不来。

图 9-139　蒸汽管道通往模台底部

图 9-140　覆盖养护

图 9-141　全自动养护控制系统

图 9-142　构件蒸养脱皮

直接将蒸汽通往模台下，蒸汽出气孔温度高，再加上蒸养开始时间没有把握好，会导致模台上面的混凝土水分蒸干，混凝土没法进行充分的水化作用，失去了强度，脱模时造成构件黏膜（图 9-143），或温度过高导致保温材料受热变形（图 9-144）。

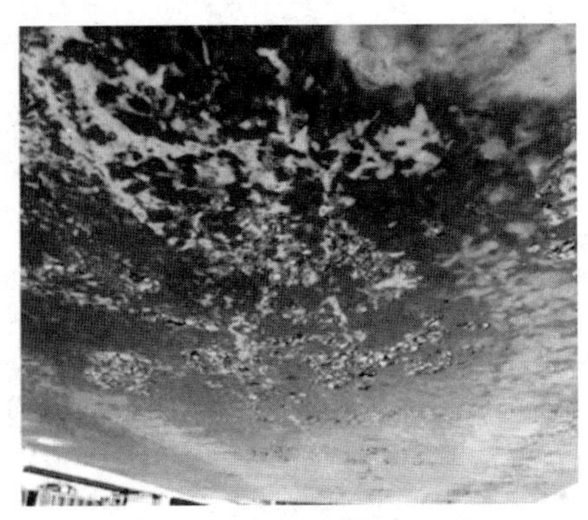
图 9-143 脱模时构件黏模现象

图 9-144 构件保温材料受热变形

（2）固定模台养护耗能高

因固定模台不能集中养护，每一个模台上无论构件大小都要开通蒸汽，如此一来蒸汽需求量大增；有的养护棚制作太高，叠合楼板成型面到养护棚顶面空间太大，浪费了很多不必要的蒸汽。

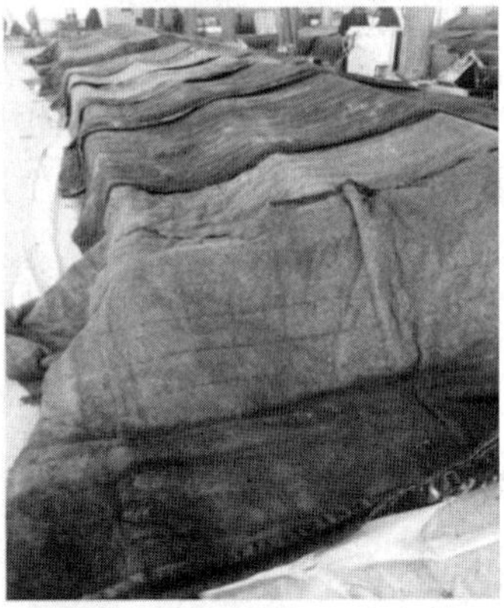

（3）防治措施

1）固定模台养护应采用全自动温控系统，全过程自动调节养护的升温速率、降温速率和恒温温度及蒸养开始和结束时间。

2）养护要有专人负责监管、测温，并做好养护记录。

3）覆盖要做好保温措施，冬季可以采用棉被覆盖保温，如图 9-145 所示。

图 9-145 冬季养护覆盖棉被保温

4）固定模台蒸汽养护罩高度控制在超过构件上表面 30 cm 左右即可（上部有出筋的构件除外），不应超过 50 cm。

3. 养护窑的温控措施

（1）养护窑最好分列分区独立养护，并做好温度控制。

（2）在养护窑的顶部或侧面加装百叶窗，需要降温的时候能够按照降温速率及时把温度降下来，如图 9-146 所示。

图 9-146 养护窑加装百叶窗

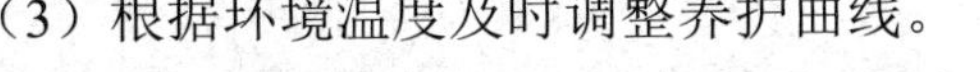
（3）根据环境温度及时调整养护曲线。

（4）通过调节供气量来自动调节每个养护点的升温和降温速率及时间。

4. 蒸汽养护后构件保湿措施

蒸汽养护后构件尚未达到设计强度，因此构件脱模后仍然需要对构件进行保湿养护，常见的保湿养护措施有以下几种：

1）脱模后的构件表面喷涂混凝土养护剂。

2）有特殊要求的构件（如用于地下室的构件）宜浸水养护。

3）洒水养护，确保构件表面保持湿润。

4）有条件的工厂洒水后可以覆盖遮阳网或苫布。

5. 自然养护常见问题及防治

自然养护构件应防止“三干一低”（风干、烤干、晒干、温度低），构件浇筑完成后要做好以下措施：

1）及时覆盖苫布或者塑料布防风吹。

2）收光完成的构件防止车间的电风扇直吹。

3）防止混凝土未终凝即在太阳下直接暴晒。

4）不可以采用碘钨灯直接照射、加温构件。

5）冬天温度低的车间浇筑完混凝土应做好保温措施，防止冻坏。

自然养护与蒸汽养护相比时间会更长，生产需要的时间和模具更多，存放构件养护的场地也更大。因此要做好生产计划和模具计划，必要时增加模具和场地。

九、脱模、翻转常见问题及防治

预制构件脱模、翻转作业时，由于操作不当经常会导致构件损坏，严重时会导致构件报废，因此对脱模、翻转作业应予以重视。

1. 板式构件脱模常见问题及防治

板式构件在脱模过程中的常见问题主要有起吊不平衡、门窗洞口未做加固措施以及脱模强度不足等。

（1）起吊不平衡

由于脱模吊点设计不合理，造成构件脱模时起吊不平衡导致构件损坏（图 9-147）；叠合楼板脱模起吊未使用专用平衡吊具（图 9-148）。

图 9-147　脱模吊点设计不合理

图 9-148　未使用专用平衡吊具

（2）门窗洞口的产品未做加固

墙板门窗洞口处需要增加防止构件开裂的加固措施（图 9-149），以确保构件在脱模过程中不被损坏。

（3）脱模强度不足

产品在脱模时强度未达到设计要求，导致产品损坏或预埋件从混凝土中被拉拔出来，甚至造成安全事故。

（4）防治措施

1）制订预制构件的专项吊装方案。

2）吊装前进行合理设计，确保构件在脱模起吊时保持平衡。

3）脱模起吊时使用专用的平衡吊具，如图 9-150 所示。

4）脱模起吊时，预制构件同条件养护的混凝土立方体抗压强度应符合设计中关于脱模强度的要求，且不应小于 15 MPa。

5）起吊前最好利用起重机慢慢起吊构件一侧或将木制撬杠塞进模板与构件之间，来卸载构件吸附力。

6）构件起吊时，吊绳与水平方向的夹角不得小于 45°，否则应使用专用平衡吊具。

7）构件起吊前应确认模具已全部打开、吊钩牢固、无松动，预应力钢筋或钢丝已全部放张和切断。

图 9-149　门窗洞口加固措施

图 9-150　板式构件常用的框架式吊具

2. 梁、柱构件脱模常见问题及防治

梁、柱构件在脱模过程中常见问题主要有脱模强度不足、未使用专用吊装架等。

（1）脱模强度不足

脱模后的构件缺棱掉角、破损、裂缝，如图 9-151 所示；脱模用预埋螺栓周围出现裂缝（图 9-152）或被拔出。其产生的主要原因包括脱模强度不足、模具设计不合理导致卡模、模具螺栓没有完全卸掉等。

图9-151 构件缺棱掉角

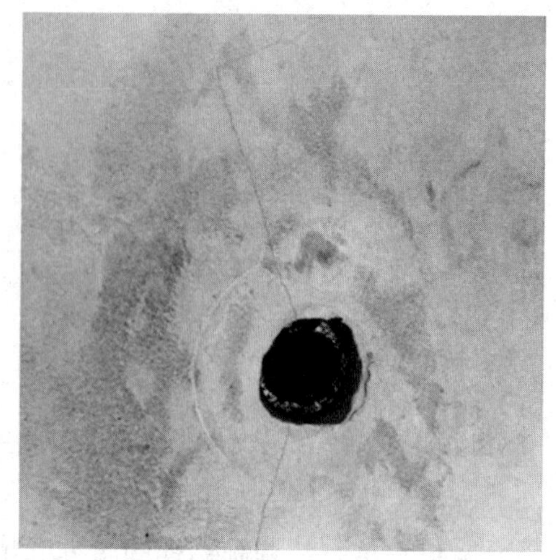

图9-152 预埋螺栓周围出现裂缝

（2）未使用专用吊装架

预制柱或预制梁构件一般比较长，有些连梁在中间只有钢筋连接，因此在脱模起吊时应采用专用的平衡吊装架。如果不正确使用吊装架（图 9-153），很容易对构件造成损坏。

（3）防治措施

1）制订预制构件专项吊装方案。

2）合理的设计，确保构件在脱模起吊时保持平衡。

3）脱模起吊时采用专用的梁式吊具，如图 9-154 所示。

4）脱模起吊时，预制构件同条件养护的混凝土立方体抗压强度，应符合设计关于脱模强度的要求，且不应小于 15 MPa。

5）吊装前最好利用起重机或木制撬杠先卸载构件与模板或其他接触物间的吸附力。

6）构件起吊前应确认模具已全部打开、吊钩牢固、无松动。

图9-153 未使用专用吊装架

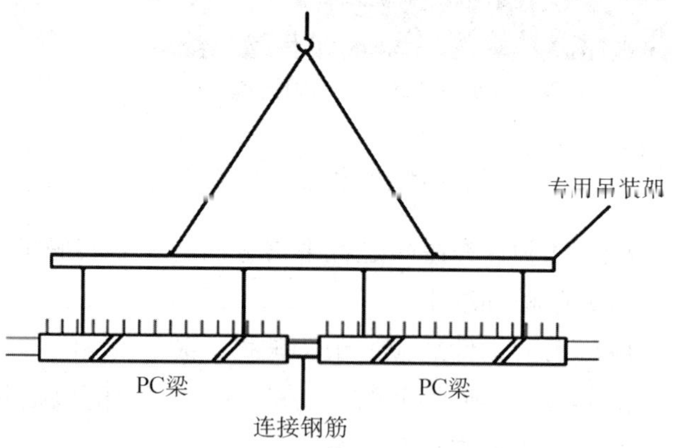

图9-154 梁式吊具

3. 构件翻转常见问题及防治

（1）常见问题

“平躺着”制作的墙板、楼梯板和空调板等构件，脱模后或需要翻转 90° 立起来，或需要翻转 180° 将表面朝上。

流水线上有自动翻转台，翻转过程一般不会出现问题。而固定模台构件的翻转经常出现问题，主要原因是忘记设置翻转预埋件或翻转时对构件防护不到位，造成构件损坏。

（2）预防措施

1）合理设置翻转吊点。构件在设计阶段需设计翻转专用吊点，并验算翻转工作状态的承载力。

构件翻转作业方法有软带捆绑式翻转（图 9-155）和预埋吊点式翻转两种：软带捆绑式翻转在设计中需确定软带捆绑的位置，据此进行承载力验算。预埋吊点式翻转需要在构件制作前设计吊点位置与构造方式，并进行承载力验算。

图 9-155　软带捆绑式翻转

2）板式构件的翻转吊点一般用预埋螺母设置在构件边侧（图 9-156）。只翻转 90° 立起来的构件可以与安装吊点兼用，需要翻转 180° 的构件，则需要在两个边侧都设置吊点（图 9-157）。

3）预制柱翻转可采用在柱子底部放置废旧轮胎（图 9-158）等辅助措施。

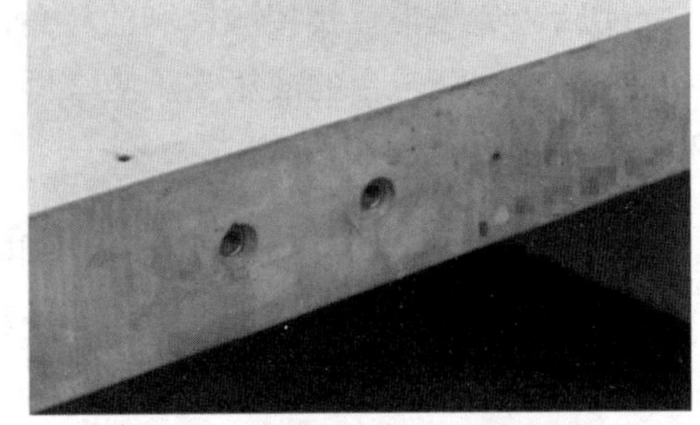

图 9-156　设置在板边的预埋螺母

（3）翻转作业要点

1）脱模后对构件进行表面检查，检查吊装、翻转吊点埋件周边的混凝土是否有松动或裂痕。

2）设计图纸未明确用作构件翻转的吊点，不可擅自使用，须向设计师提出，由设计师确认翻转吊点位置和做法。

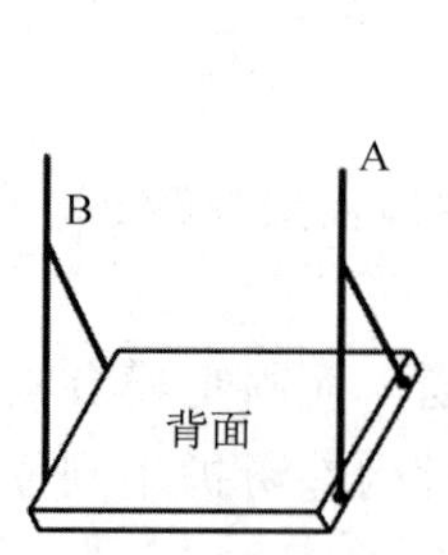

(a) 构件背面朝上，两个侧边有翻转吊点，A吊钩吊起，B吊钩随从

(b) 构件立起，A吊钩承载

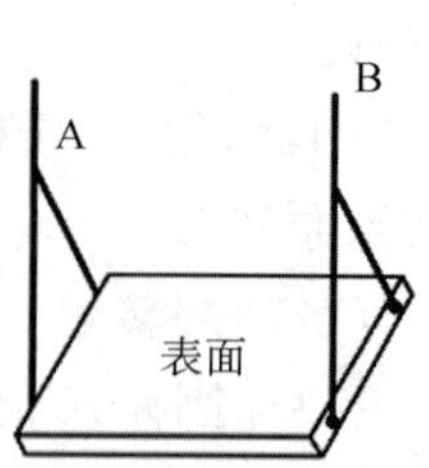

(c) B吊钩承载，A吊钩随从，构件表面朝上

图9-157 构件180° 翻转示意图

3）自动翻转台设备和起重设备要保持良好的状态。

4）翻转作业应设置专门的场地。

5）应使用正确的吊点和工具进行翻转。

6）翻转作业应有专人指挥。

7）软带捆绑式翻转作业或起重设备双吊钩作业，主副钩升降应协同作业。

图9-158 预制柱翻转作业

8）吊钩翻转需做好构件支垫处的保护工作。

9）软带捆绑式翻转作业需注意以下几点：

①应采用符合国家标准、安全可靠的吊带。

②应限定吊带使用次数和寿命，使用吊带应有专人进行记录。

③吊带在日常使用中应有专人进行复查。

④应避免吊带直接接触锋利的棱角，使用橡胶软垫进行保护。

10）自动翻转台的液压支承应牢固、可靠，长时间停用重新使用前，应先试运行再投入正式使用。

十、修补与表面处理常见问题及防治

1. 构件缺陷修补常见问题及防治

在实际的工程案例中经常发生建筑物预制构件表面修补部位发生大块脱落（图9-159）、清水混凝土表面色差明显（图9-160）等问题，严重影响建筑物的耐久性及美观。造成这些问题的原因通常是构件修补与表面处理作业不规范。

构件缺陷修补常见问题见表9-11。这些问题不仅会影响建筑结构的外观质量，还会降低建筑结构的耐久性，甚至造成安全隐患。

图9-159　修补部位发生大块脱落

图9-160　构件表面色差明显

表9-11　构件缺陷修补常见问题

序号	常见问题	产生原因	造成后果
1	修补部位结合不牢固	（1）修补施工前，结合面没有进行预处理； （2）较大的掉角、破损，没有按要求植筋	修补部位混凝土整块脱落
2	修补部位强度不足	（1）修补料没有按要求进行配制，修补部位强度低，耐久性差； （2）修补后没有按要求进行养护	修补部位强度低，耐久性差
3	修补部位发生开裂	（1）修补结合面没有进行预处理，修补部位发生开裂； （2）修补料配比不合理，修补部位易脱落、强度低，耐久性差； （3）修补后没有按要求进行养护	修补部位易脱落、强度低、耐久性差
4	修补部位不平整、不平直	（1）修补作业方法不对，该支模时没有支模，修补部位不平整、不平直； （2）没有按要求分次修补，影响构件的外观效果； （3）操作不熟练	影响构件的外观效果
5	修补部位存在严重的色差	（1）修补料配比不合理； （2）修补作业方法不对	影响构件外观和装饰效果

（1）修补界面结合不牢的预防措施

修补界面结合不牢固是构件缺陷修补中较常发生且影响最大的问题，通常会造成修补部位整块脱落。发生此问题的主要原因是修补界面预处理不到位、修补时没有按标准的工艺工法施工及修补后养护不到位。

造成后果：修补部位混凝土整块脱落，影响结构耐久性甚至带来安全隐患。

防治措施：

1）修补工人应参加修补工艺工法的培训并确保掌握相关知识。

2）修补前应对待修补界面进行预处理，确保结合牢固。常用的预处理方法有湿润、凿毛、涂刷界面结合剂等。

3）当修补部位露筋、深度超过 20 mm 或修补面积大于 20 cm^2 时，应先清理修补部位结合面，做好界面预处理，然后根据实际需要打入钢钉或植筋后再采用与构件同强度等级的砂浆或细石混凝土分数次修补。

4）修补完成后，修补部位应覆盖保湿养护不少于 7 d，构件立面修补处可用胶带粘塑料薄膜封闭养护。

5）对于已经发生的修补结合不牢固现象，应凿除修补部位的混凝土后再按上述 2）～4）的要求重新处理。

（2）修补部位强度偏低的预防及处理

修补部位混凝土强度偏低的情况也常有发生，可能造成修补处二次损坏或耐久性差等情况。常见的原因有修补料配比不合理、工人未按修补工艺要求随意修补以及修补后养护不到位等。

造成后果：修补部位二次损坏，修补处的耐久性差。

防治措施：

1）修补工人应进行修补料配比的培训并确保掌握。

2）修补时应严格按照修补工艺要求进行作业，根据需要配制合适的修补料，不得随意取用剩下的混凝土或砂浆来修补，修补浆料宜提高 1～2 个强度等级或用环氧砂浆。

3）修补完成后，修补部位应覆盖保湿养护不少于 7 d。

（3）较大缺棱掉角的正确修补方法

通常将掉角部位出现露筋、深度超过 20 mm 或面积大于 20 cm^2 等现象认定为较大的缺棱掉角。修补预制构件较大的缺棱掉角时，为确保修补的质量，应制订专门的修补方案，并落实专人实施。以下是修补较大缺棱掉角专用的工艺方法，供参考。

1）清理修补界面，凿除松动、疏松的碎渣。

2）根据修补需要，适当间距打入钢钉或钻孔植入钢筋加固。

3）吹净浮灰并用清水冲洗干净。

4）视需要涂刷界面黏结剂并扩展到修补部位以外的一定范围。

5）用与构件同等级或高一等级的细石混凝土或砂浆分次填补待修部位，应在前一层填补料临近初凝时填补下一层，必要时可在中间放入网格布加固。

6）修补后，修补表面宜略低于相邻构件表面。

7）对修补部位进行覆盖保湿养护。

8）待修补处混凝土强度达到 5 MPa 后，拆除外围模板进行表面修饰处理，弱化修补结合处的色差。

9）继续覆盖保湿养护 7 d。

（4）修补色差大的预防及处理方法

修补色差大是预制构件修补和表面处理中发生最多的问题，对预制构件的观感影响很大，多因修补料配比不合理或修补工艺不正确造成。

造成后果：影响预制构件的观感。

防治措施：

1）修补料配比应打色样，修补用材料应采用与制作色样相同的材料。

2）修补前根据待修补构件的色泽选取最相近的配比，选色样时，遵循“宜浅不宜深”的原则。

3）修补料拌制时应搅拌均匀。

4）修补面层时，不宜反复多次在表面压抹，避免表面发黑，如图 9-161 所示。

5）宜从一个点开始逐步扩大至整个修补面。

6）覆盖养护时，覆盖物不得掉色。

（5）修补部位开裂的预防及处理

修补部位开裂（图 9-162）一般有 2 种情况：一种是修补部分与原混凝土结合处出现裂缝，多为修补结合界面预处理没做好，后果严重的，可能造成修补部位脱落；另一种情况是修补部分的表面出现裂缝，这种情况多为保湿养护不好导致。

图 9-161　修补时反复抹压致表面发黑

图 9-162　修补部位开裂

造成后果：修补部位结合不牢固导致整块脱落或需要重新修补表面裂缝。

防治措施：

1）若修补结合处裂缝，应凿除修补部位后再进行修补。

2）若修补部位的表面出现裂缝，经分析认定为养护时失水造成，通过适度打磨后做表面处理即可，当分析认为是修补材料本身问题导致的裂缝时，则应凿除修补部位，用性能良好的混凝土按修补工艺要求重新修补。

（6）修补处不平整、不平直的预防及处理

图 9-163　修补部位不平整、不平直

修补部位不平整、不平直（图 9-163）是指修补的表面呈轻微凹凸状、与构件混凝土面存在高差以及边、角线条不直，影响了构件表观质量。常见的原因有修补料配比不合理、修补操作不规范及没有使用模具围护等。

造成后果：影响构件表观质量。

防治措施：

1）加强修补工艺培训，提高修补人员的素质和技能。

2）修补料严格按配比数据进行配制，稠度或坍落度不宜过大，避免收缩过大。

3）修补面积较大的边角部位，宜采用模板围护后再修补，确保边角线条平直。

4）修补厚度较大的部位时，宜采用多次分层修补，最后再做表面处理。

5）修补面积较大时，可采用刮尺刮平，避免手工抹压不平整。

6）对已出现的不平整、不平直，可适当打磨后做表面处理。

2. 缓凝剂冲洗常见问题及防治

缓凝剂冲洗是实现露骨料粗糙面的必要工序，但在作业过程中经常会发生冲洗后露骨料深度不足、过深或深浅不一等现象，影响二次浇筑的结合效果。

（1）冲洗粗糙面露骨料深度不足的预防及解决办法

冲洗粗糙面露骨料深度不足是指表面的砂浆冲刷过少，粗骨料仅露出表面或露出不足粗骨料粒径的1/3，或局部斑块状出现此种现象，这将严重影响与后浇部分的结合质量。其常见原因是缓凝剂用量不足，涂刷后等待时间过长、涂刷不均匀以及冲洗设备的水压不足或不稳定、构件脱模强度过高等。

造成后果：影响与后浇部分混凝土的结合质量。

防治措施：

1）根据缓凝剂的特性采用合适的使用量。

2）缓凝剂涂刷均匀，涂刷后等待时间不宜超过3 h。

3）冲洗设备的最高水压不宜低于12 MPa，设备应正常。

4）水源供水应充足，水压应稳定。

5）构件脱模强度应合适，不应在模内留置时间过长。

6）冲洗时移动水枪应匀速平稳，避免跳跃式冲洗。

7）已出现的粗糙面露骨料深度不足，可使用打凿或切割等方式加强粗糙面效果。

（2）冲洗后露骨料过深的预防及解决办法

冲洗粗糙面露骨料过深是指表面的砂浆冲刷过度，粗骨料露出超过其粒径的2/3，或局部斑块状出现此种现象，这将严重影响粗骨料的黏结质量，容易松脱、掉落。其常见原因有缓凝剂用量过多，涂刷过厚以及冲洗设备的水压过大、构件脱模强度过低等。

造成后果：粗骨料与砂浆黏结质量差，易松动、脱落。

防治措施：

1）缓凝剂用量不得过多，涂刷厚度要适当，并基本保持均匀。

2）预制构件脱模强度应合适，发现脱模强度偏低时，应调小冲洗压力。

3）根据冲洗的效果合理调整冲洗压力，避免冲洗过度。

3. 修补痕迹隐蔽的处理方法

清水混凝土对表观质量的要求比较高，装饰混凝土是一种兼具装饰美化功能的预制混凝土，这两类混凝土构件在修补及表面处理后往往需要对修补痕迹做专门的弱化处理，以达到完美的视觉效果。

（1）常见的清水混凝土和装饰混凝土修补痕迹分类

常见清水混凝土修补痕迹分类见表 9-12。

表 9-12　常见清水混凝土修补痕迹分类

序号	修补痕迹种类	产生原因	弱化难度
1	表面浮灰	修补时不恰当地擦粉或擦浆	小
2	表面色差	修补料配比不对，修补操作不规范	大
3	修补结合面分界线	修补范围较大，边缘曲折不平直	较大
4	打磨痕迹	使用了不合适的磨片和打磨方法	一般

常见装饰混凝土修补痕迹分类见表 9-13。

表 9-13　常见装饰混凝土修补痕迹分类

序号	修补痕迹种类	产生原因	弱化难度
1	表面质感差异	修补时不恰当的配合比或处理方法	较大
2	表面色差	修补料配比不对，修补操作不规范	大
3	修补结合面分界线	修补范围较大，边缘曲折不平直	一般
4	打磨痕迹	使用了不合适的磨片和打磨方法	小

（2）弱化修补痕迹的方法

1）清水混凝土弱化修补痕迹的方法。

由表 9-12 可知，常见的清水混凝土修补痕迹大致可分为四大类，每一类修补痕迹产生的原因也各不相同。因此，必须根据修补痕迹产生的原因采取相应的方法来弱化修补痕迹。

①弱化表面色差。

表面色差是清水混凝土修补产生的主要痕迹之一，对清水混凝土构件表观质量影响明显，不可避免且弱化难度大。一般可用以下几种方法来弱化表面色差：

a. 大面积色差可采用擦干粉或湿浆进行弱化。

b. 局部小范围色差可采用 100 目或以上的磨片轻度打磨后重做表面处理。

c. 对范围较大、色差不是特别明显的部位，可对色差交界处做过渡处理来弱化或缓冲视觉效果。

②弱化修补结合面的分界线。

修补结合面的分界线也是一种不可避免的修补痕迹，属于局部的修补痕迹，对清水混凝土构件表观质量的影响比表面色差要小一些，可采用以下方法弱化：

a. 用 100 目或以上的磨片顺分界线小范围轻度打磨。

b. 当打磨的弱化效果不明显时，可采用开浅小“V”形槽并填浆修补的方法处理。

③弱化打磨痕迹。

打磨痕迹多是因为使用了不合适的磨片导致，这种情况下一般不会大面积出现，对构件表观质量影响不大，通常可采用100目或以上的磨片进行打磨抛光或用海绵擦稀浆的方法处理。

④去除或弱化表面浮灰。

构件修补后产生表面浮灰的常见原因是擦了较多的干粉或稀浆，用软毛刷或软棉布轻轻抹掉浮灰即可。

2）装饰混凝土弱化修补痕迹的方法。

表9-13将装饰混凝土修补痕迹大致分为四大类，并列述了每一类修补痕迹产生的原因，应根据其产生的原因采用相应的方法来弱化修补痕迹。

①弱化表面色差。

表面色差是装饰混凝土修补产生的主要痕迹之一，对装饰混凝土构件表观质量影响明显，不可避免且弱化难度大。一般可用以下几种方法来弱化表面色差：

a. 大面积色差色深的部分可采用擦干的白水泥或用清水洗刷，色浅的部分可采用调好色的颜料处理表面来进行弱化。

b. 局部小范围色差可采用清水或草酸洗刷色差的边缘位置。

c. 对范围较大、色差不是特别明显的部位，可对色差交界处用草酸洗刷来弱化或缓冲视觉效果。

②弱化表面质感差异。

表面质感差异是装饰混凝土修补所特有的，对装饰混凝土构件表观质量影响较明显。对质感差异较大的部位可通过凿除质感层重做来处理，对差异不大的部位可用草酸及刷子配合刷洗来处理。

③弱化打磨痕迹。

打磨痕迹多是因为使用了不合适的磨片产生的，对构件表观质量影响不大，通常可用草酸刷洗后再用100目或以上的磨片进行打磨抛光。

④弱化修补结合面的分界线。

修补结合面的分界线也是装饰混凝土不可避免的修补痕迹，属于局部的修补痕迹，对装饰混凝土构件表观质量的影响较小，弱化可采用草酸刷洗或用100目或以上的磨片顺分界线小范围轻度打磨。

十一、构件存放、装车和运输过程常见问题及防治

1. 构件存放常见问题及防治

（1）预制构件存放常见的问题

1）不同规格的叠合板错误地混放在一起，可能导致较长的叠合楼板在支撑处出现裂

缝，如图 9-164 所示。

2）叠合板垫木上下不在一条垂直线上，容易导致叠合板产生裂缝，如图 9-165 所示。

图 9-164　不同规格的构件混放

图 9-165　垫木不在同一条垂直线上

3）存放层数过高，如图 9-166、图 9-167 所示，不安全、不方便，容易导致下层叠合板出现裂缝。

图 9-166　墙板堆放过高

图 9-167　叠合板堆放过高

4）地面不平或垫方不平，如图 9-168 所示，容易磕碰损坏或导致裂缝。

5）无垫方，随意堆放的叠合梁，如图 9-169 所示，容易磕碰损坏或导致裂缝。

图 9-168　地面不平或垫方不平

图 9-169　随意堆放

（2）预制构件存放防治措施

为避免构件存放中可能出现的各种问题，构件工厂应根据构件类型、形状、重量、规格事先设计存放方案，包括存放方式、支承点、支承方式等。

普通预制构件一般应按品种、规格型号、检验状态分类存放，不同的预制构件存放的方式和要求也不一样，以下给出几种常见预制构件存放的方式及要求。

1）叠合楼板存放方式及要求。

①叠合楼板宜平放，叠放层数不宜超过 6 层。如果场地不足，不得不超过 6 层时，须进行结构验算，并采用尺寸大材质好的垫方。存放叠合楼板应按同项目、同规格型号分别叠放，如图 9-170 所示。叠合楼板不宜混叠，如果确需混叠应进行专项设计，避免造成裂缝。

②叠合楼板存放要保持平稳，底部应放置垫木或混凝土垫块，垫木或垫块应能承受上部叠合楼板的重量而不致损坏。垫木或垫块厚度应高于吊环或支点。

③叠合楼板叠放时，各层支点在纵横方向上均应在同一垂直线上，如图 9-171 所示。支点位置设置原则上应经设计人员确定。

图 9-170　叠合楼板堆放

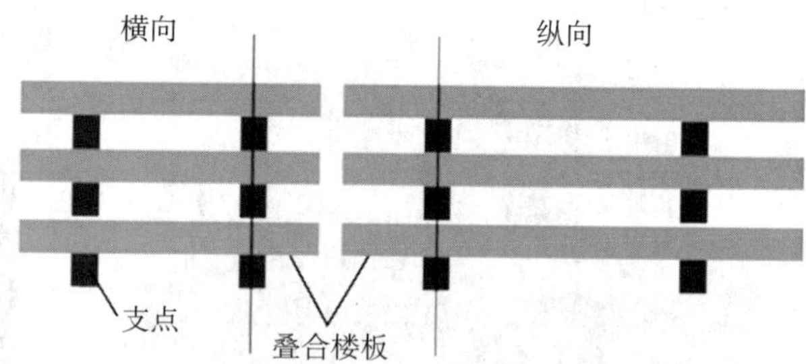

图 9-171　叠合楼板堆放示意

2）楼梯存放方式及要求。

①楼梯宜平放，叠放层数不宜超过 4 层，宜按同项目、同规格和同型号分别叠放。

②应合理设置垫块位置，确保楼梯存放稳定，支点与吊点位置须一致，如图 9-172 所示。

③起吊时应两端同时起吊防止端头磕碰。

图 9-172　楼梯支点位置

④楼梯采用侧立存放时（图 9-173）应做好防护，防止倾倒。

3）墙板存放方式及要求。

①对侧向刚度差、重心较高、支承面较窄的预制构件，如内外墙板、挂板等预制构件宜采用插放或靠放的存放方式。

②插放即采用存放架立式存放，存放架及支撑档杆应有足够的刚度，且放稳垫实，如图 9-174 所示。

图 9-173　楼梯侧立堆放

图 9-174　立放法存放的外墙板

③当采用靠放架立放预制构件时，靠放架应具有足够的承载力和刚度，靠放架应放平稳。靠放时必须对称立放和吊运，预制构件与地面倾斜角度宜大于 80°，预制构件上部宜用木块隔开（图 9-175）。靠放架的高度应为预制构件高度的 2/3 以上（图 9-176）。有饰面的墙板采用靠放架，立放时饰面应朝外。

图 9-175　靠放法存放的外墙板

图 9-176　靠放架

4）梁、柱的存放方式及要求。

①梁和柱宜平放，具备叠放条件的，叠放层数一般不超过 3 层。

②一般用枕木（或方木）作为支撑垫木，支撑垫木应置于吊点下方或吊点下方的外侧。

③各层枕木（或方木）的相对位置应在同一条垂直线上，否则容易导致构件开裂如图 9-177 所示。

5）其他预制构件方式及要求。

①规则平板式的空调板、阳台板等板式预制构件存放方式及要求参照叠合楼板存放方式及要求。

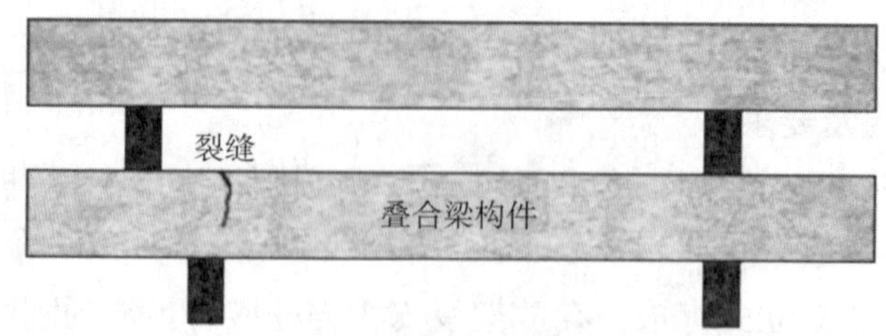

图 9-177　堆码不规范造成构件开裂

②不规则的阳台板、挑檐板、曲面板等预制构件的存放应进行专项设计。

③带飘窗的墙体应设有支架立式存放或加支撑、拉杆稳固。

④梁柱一体三维预制构件存放应当设置防止倾倒的专用支架。

⑤“L”形预制构件存放可参照图 9-178。

⑥槽形预制构件的存放可参照图 9-179。

⑦大型预制构件、异型预制构件的存放须按照设计方案执行。

⑧预制构件的不合格品及废品应暂放在单独区域，并做好明显标识，严禁混放。

图 9-178　“L”形预制构件存放

图 9-179　槽形预制构件存放

2. 构件装车与运输过程常见问题及防治

（1）构件运输安全事故示例

2017 年 9 月 13 日，某公司在运输某项目 12 m 柱形构件时，运输车走到丁字路口急转弯时，由于车速过快，构件固定不牢，将构件甩落到地下，如图 9-180 所示。

该事故造成构件整体断裂报废，运输车辆受损，直接经济损失数万元，所幸未造成人员伤亡。反思该事故产生的原因，主要有两点：一是预制构件厂家对大型预制构件的装车固定等方式经验不足，对所装预制构件的固定不足，容易倾倒；二是司机运输重心高的大型构件经验不足，安全意识淡薄，在转弯时未控制好车速，使车辆离心力过大，造成事故。

（2）构件装车的常见问题及防治

承接预制构件订单之初，构件制作厂的技术部门应就已承接的构件类型，设计装车运输方案，且该方案应得到装车部门及运输部门的确认。

技术部门在进行装车方案设计时，应注意以下几点：

1）避免超高超宽。

2）做好配载平衡。

3）采取防止构件移动或倾倒的固定措施，如图 9-181 所示。

图 9-180　运输中构件倾倒

图 9-181　构件固定

4）在构件有可能移动的空间用聚苯乙烯板或其他柔性材料隔垫，保证车辆转急弯、急刹车、上坡、颠簸时构件不移动、不倾倒、不磕碰。

5）支承垫方垫木的位置与存放一致。宜采用木方作为垫方，木方上应放置白色胶皮，白色胶皮可在运输过程中起到防滑及防止构件垫方处造成污染的作用。

6）有运输架子时，应保证架子的强度、刚度和稳定性，并与车体固定牢固。

7）构件与构件之间要留出间隙，构件之间、构件与车体之间、构件与架子之间应设置隔垫。防止在运输过程中构件与构件之间的摩擦及磕碰。

8）构件设置保护措施，特别是棱角处应设有保护垫。固定构件或封车绳索接触的构件表面要有柔性且不能造成污染的隔垫。

9）装饰一体化和保温一体化构件应有防止污染的措施。

10）在不超载和确保构件安全的情况下尽可能提高装车量。

11）梁、柱、楼板装车时应平放；楼板、楼梯装车时可叠层放置。

12）剪力墙构件运输宜使用运输货架。

13）考虑各种车型的运输限制值，对超高、超宽构件应办理准运手续，运输时应设置明显的警示灯和警示标志。

14）有条件的构件工厂可以选择预制构件专用运输车，如图 9-182 所示，以便达到最大的运输效率。

15）常见构件运输方案可参照图 9-183。

（3）构件运输中的常见问题及防治

1）预制构件运输应制订运输方案，其内容包括运输时间、次序、存放场地、运输线路、固定要求、存放支垫及成品保护措施等。对于超高、超宽、形状特殊的大型构件的运输应有专门的质量安全保证措施。

图9-182　构件专用运输车

图9-183　常见构件运输

2）事先应对运输线路进行勘察，内容包括该路线有无涵洞、高架桥等高度限制，该路段有无交通部门限行规定等，有没有大车无法转弯的急弯或限制重量的桥梁及减速坎等。

3）事先应对工地现场进行勘察，内容包括有无暂存场地、工地大门入口的宽窄、转弯半径大小等，以确定合适的运输车辆。

4）安全管理人员应统一对司机进行培训，并进行运输要求交底，讲解注意要点及遵守交通法规，不得急刹车、急提速，转弯要缓慢等。

5）首次运输应当派出车辆在运输车后面随行，观察构件的稳定情况。

6）预制构件的运输时间应根据施工安装顺序来制定，如有施工现场在车辆禁行区域的应选择夜间运输，并要保证夜间的行车安全。

第十章　质量资料管理

质量文件和记录是企业质量体系要素之一，企业的质量管理体系中应包括有关质量文件和记录的标记、收集、编目、归档、存贮、保管、收回和处理以及更改修订的办法，并贯彻实施。应制定用户和供方查阅和索取所需记录的规定，在质量体系中保存足够的记录，证明产品达到了所要求的质量并验证质量管理体系的有效运行。

一、质量检验记录

1. 质量记录的分类、内容与要求

质量检验使用的质量记录形式（格式）繁多，并无统一模板；各企业可根据实际情况自行设计。为便于管理，一般可分为4类。

（1）原始记录

这是检验（试验）过程中形成的第一手资料，是产品质量特性及其状况的真实记载。一般来说，需要由操作（管理）者与检验（试验）者共同配合才能使用好原始记录。

原始记录可以采用簿式记载，也可以采用单据式记载，也可以两者都采用。

原始记录的基本要求有两条，一是真实性，绝不能弄虚作假；二是可追溯性，能够方便准确地追溯产品质量状况、加工者、检验者等情况。

原始记录的基本内容应包括：

1）产品（零部件）名称、规格、数量、批次等生产状况；

2）技术要求、技术文件号、标准号等检验依据；

3）经检验的质量状况（计量值项目一般应记录实测数据）；

4）操作者（交验者）、交验日期；

5）检验（试验）者、日期；

6）必要时，记录使用的仪器设备、环境条件等检测状况：

7）抽样检验时记录抽样状况；

8）一般情况下应有编号。

（2）检验（试验）报告

依据原始记录，经过数据处理、分析、判定，可出具检验（试验）报告。检验（试验）报告由检验（试验）部门出具，供交验者（用户）使用。

检验（试验）报告的基本要求有三条：一是完整性，凡应检验（试验）的项目不应遗

缺；二是科学性，其数据（描述）都应经科学测量（观察）和正确计算而获得；三是明确性，使用规范化的语言明确表述该项目或产品是否符合规定的要求。

检验（试验）报告的基本内容应包括：

1）产品（零部件、材料）名称、规格、数量、批次等生产状况；

2）检验（试验）性质（任务来源）；

3）技术要求、技术文件号、标准号等检验依据；

4）经检验（试验）的质量状况（计量值项目一般应记录实测数据）及项目结论；

5）检验（试验）结论（对批或试品）；

6）检验（试验）单位、检验（试验）人员、校核与审定（批准）人员与日期；

7）必要时，列入使用的仪器设备、环境、条件；

8）抽样检验（试验）时，写明样本数量、母体数量及样本状况等；

9）必要的图表计算公式、原始数据或中间数据以及有关情况说明等；

10）有关编号。

（3）不合格品处理记录

不合格品的处理记录状况如何，对企业质量体系是否有效运行起着极为重要的作用，因此，必须予以特殊重视。

不合格品处理记录除满足原始记录的要求外，还要注意以下两点：一是及时性，凡发现不合格品应迅速加以处置；二是严肃性，不合格品的处理有严格的程序，未经规定部门按规定手续处理，质检部门不得任意放行。因此凡参与不合格品处理的部门和人员都应有明确的处理意见并签名，以示承担质量责任。不合格品处理记录是这一过程的记载。

一般来说，除原始记录的内容之外，不合格品处理记录的基本要求还应包括以下几点：

1）不合格品情况的说明、示图；

2）规定部门的不合格品处理意见；

3）最终处置情况；

4）必要时，列入不合格品原因分析；

5）参与处理的部门、人员和日期。

（4）质量信息反馈记录

质量信息反馈记录包括定期的质量信息反馈记录，如质量报表、日常工艺纪律检查表、错漏检率检查表；非定期的质量信息反馈记录，如信息反馈单、用户意见单等。

质量信息反馈记录的基本要求是准确、及时、灵敏、不间断和形成闭环系统。每一种质量信息反馈记录的基本内容应由各企业事先做出统一的规定，然后实施。

2. 质量记录的更改

质量检验形成的各种质量记录不能随意更改。企业应制定各种质量记录的更改制度，按规定手续，方可更改。一般推荐用划线更改法并有更改人签章或者出具更改报告。

二、质量档案

1. 质量档案管理

质量检验使用的质量文件和质量记录，按照一定的目的和秩序予以保存时，即成为通常所说的检验质量档案。质量档案的管理全过程包括标记、收集、编目、归档、存贮、保存、查阅、索取和处理等环节。

（1）标记

标记包括质量文件、记录的标记和质量档案卷宗标记。标记一般可用标题（名称）、编号、代号等来区别，编号和代号应有规定的意义或规律。各类文件、记录以及卷宗的标记绝对不能混淆。

（2）收集

应规定有关部门（岗位）按时按渠道收集某一文件或记录，交质量档案归口管理部门。必要时，也可以由质量档案管理部门直接负责收集某一文件和记录。收集过程中要防止遗缺。

（3）编目

质量档案应有总目录和卷宗目录，并能反映其完整性和系统性。编目分类可以由企业根据生产特点自定，但是确定之后不宜多变。

（4）归档

应按规定办理原使用部门（人员）与质量档案管理部门（人员）的归档移交手续，以明确责任。

（5）存贮

应分类规定存贮期限，一般来说，重点产品、出口产品、使用寿命周期长的产品，其质量档案存贮期限应当长些，选择存贮地点和环境条件时，应保证质量档案不被虫蛀、霉变、火损等。

（6）保存

要落实岗位责任制，有专人或兼职人员负责保存，不致造成无故散失和损坏。

（7）查阅和索取

应明确规定查阅和索取质量档案的办法。一般是在要求追溯或证实产品质量状况时，才需要查阅和索取。

（8）处理

超过存贮期限的质量档案可以按规定手续审批后予以处理，不再保存。

2. 检验质量档案的归档范围

企业应根据产品特点、企业规模、产品产销情况等规定本企业的质量档案归档范围。以下所列范围，可供参考（仅列质量检验部分）。

（1）质量文件类

1）质量检验制度；

2）质量管理制度；

3）技术标准、设计图样；

4）工艺文件；

5）检验文件（检验计划、卡片、指导书、规程、规范、流程图等）；

6）作为质量检验用的合同、协议；

7）企业质量手册；

8）上级有关质量的方针、政策、法规等；

9）检验用设备的技术文件（图样、说明书等）。

（2）质量记录类

1）原始记录。

①主要原材料、外购件、外协件及配套件的进厂检验记录；

②重要关键件的首检、巡检、完工检记录；

③装配（部件和成品）检验记录；

④包装、安装检验记录；

⑤各种试验的原始记录。

2）检验（试验）报告。

①产品检验（试验）结果报告；

②型式试验报告；

③专项试验报告。

3）不合格品处理记录。

①不合格品通知单；

②返修记录；

③回用处理记录；

④重大质量事故报告。

4）质量信息反馈记录。

①来自用户的信息；

②来自协作厂的信息；

③来自生产现场和企业内部的信息；

④来自行业和上级的信息；

⑤质量报表；

⑥错、漏检记录；

⑦有关质量检验的技术情报。

5）其他。

收集有参考查阅使用价值的有关资料，在此不一一列举。

第十一章　拓展知识

一、BIM技术在构件生产中的应用

1. BIM技术与构件生产

（1）现阶段构件生产的普遍状态及问题

随着越来越多的企业开始重视建筑工业化的转型，预制构件的生产加工工厂纷纷建立，现阶段，所有的工厂都面临着以下问题：

1）产品种类的不确定性导致工厂规划的不科学性。对于预制工厂在建立产品种类选型与定位前，必须对市场需求有一个清楚的认识，以满足市场需求为前提才是生存的硬道理。提前对产品的近期需求与中远期需求进行总体规划，生产符合市场需求的产品，才能保证企业的经济性与科学性。

2）仅实现工厂化，未实现机械化。达到工厂化的制造方式并不困难，可以简单地理解为将工地的工作搬到了工厂车间内去完成，只改变了工作场地，改善了工作环境，但并没有提高太多的生产效率，工厂内依旧实行粗放型生产，依然还是人海战术进行作业，对于产品质量无法很好地控制。

3）仅实现机械化，未实现自动化。在预制构件的工厂化生产中引入机械化的方法后，提高了工作效率，减少了不良品的出现频率。但是整个生产流程都是以工作站点的形式存在，各个站点之间交流不便、协同困难，给管理方面造成很多不便，同时也不利于工艺技术的革新。

4）仅实现自动化，未实现集团管理信息现代化。预制构件自动化生产的流水线现如今已经逐渐被各家预制构件生产厂家引进和使用，其特点是占地面积小，产能较高，同时人工数量也大幅度减少，在质量控制、安全管理等方面都有很好的表现。但是在集团跨区域统筹管理多个预制构件生产厂家时，存在的诸多问题也是当前各大型集团公司所亟须解决的问题。

以上描述的是信息化管理发展过程中不同阶段的问题，即信息技术的使用问题。现阶段大部分构件生产仍停留在工厂化和局部机械化的阶段，信息技术使用匮乏，因此生产效率很低，质量无法大规模管控。

（2）BIM技术对构件生产带来的改变

管理混凝土预制构件生产的全流程是整个建筑信息模型（Building Information Modeling，BIM）项目流程中的一部分，是预制构件模型信息以及流程过程中管理信息交织的过程，是有效进行质量、进度、成本以及安全管理的支撑。利用 BIM 技术在项目管理中独特的优势，贴合预制构件特有的生产模式，可极大地提高预制构件的生产效率，有效保证预制构件的质量和规格。

BIM 技术在预制构件生产中的作用主要体现在以下几个方面：

①预制构件的加工制作图纸内容理解与交底；

②预制构件生产资料准备，原材料统计和采购，预埋设施的选型；

③预制构件生产管理流程和人力资源的计划；

④预制构件质量的保证及品控措施；

⑤生产过程监督，保证安全准确；

⑥计划与结果的偏差分析与纠正。

基于 BIM 模型的预制装配式建筑部件计算机辅助加工（CAM）技术及构件生产管理系统，实现 BIM 信息直接导入工厂中央控制系统，与加工设备对接，可编程逻辑控制器（PLC）识别设计信息，设计信息与加工信息共享，实现设计加工一体化，无须设计信息的重复录入，大大减轻了工作量，从而提高了工厂的生产效率。

（3）BIM 技术与 RFID 技术

射频识别（Radio Frequency Identification，RFID）技术是一种非接触式的自动识别技术，它通过射频信号自动识别目标对象并获取相关数据，识别工作无须人工干预，可在各种恶劣环境中工作。RFID 技术可同时识别多个标签，操作快捷方便。

近年来，随着物联网概念的兴起和传播，RFID 技术作为物联网感知层最为成熟的技术，再度受到了人们的关注，成为物联网发展的排头兵，以简单 RFID 系统为基础，结合现有的网络技术、数据库技术、中间件技术等，借助物联网的发展契机，构筑由海量的阅读器和移动的电子标签组成的物联网，这已成为 RFID 技术发展的趋势。

RFID 技术在具体的应用过程中，根据不同的应用目的和应用环境，其组成会有所不同，但从 RFID 技术的工作原理来看，典型的 RFID 系统一般由电子标签、阅读器、中间件和软件系统等部分组成。

RFID 技术的基本工作特点是电子标签与阅读器是不需要直接接触的，两者之间的信息交换是通过空间磁场或电磁场耦合来实现的，这种非接触式的特点是 RFID 技术拥有巨大发展应用空间的根本原因。另外，RFID 标签中数据的存储量大、数据可更新、读取距离大、非常适合自动化控制。RFID 具有扫描速度快、适应性好、穿透性好、数据存储量大等特点。

建筑物生命周期的每个阶段都要依赖与其他阶段交换信息来进行管理。装配式建筑理想状态下的管理，应当能够跟踪每一个建筑构件全生命周期的信息。同时，相关的信息应以一种便捷的方式进行存储，使所有的项目参与方都能有效地访问到这些数据。

对于数据的处理，笔者提出了一种构想，即在 BIM 数据库和组件 RFID 标签中添加结构化的数据，标签上含有组件的相关数据，相关人员可以及时准确地获取这些信息，提高管理的效率和水平。

在这种BIM数据与RFID标签交换的构想中，目标构件在制造期置入RFID标签，并在几个时间点进行扫描。扫描过程读取存储的数据，或在系统要求下修改数据。扫描的数据转移到不同的软件应用程序进行处理，以管理构件相关的活动。相关应用软件通过API中的注释写电子版接口实现BIM数据库与RFID标签之间的信息读写。RFID的具体信息，在设计阶段作为产品信息的一部分添加到BIM数据库中。

上述方法虽然可以利用现有的软硬件在技术上实现，但由于较高的实施成本和定制成本，目前尚不可行。虽然RFID技术和BIM技术的应用还有很多挑战需要面对，但是作为当前建筑行业技术发展的一个主流，随着相关技术的不断成熟，必然会在建筑行业掀起一场新的技术革命。

2. BIM技术在构件生产过程中的应用

（1）利用BIM技术设计构件模具

预制构件的模具是以特定的结构形式通过一定的方式使材料成型的一种工业产品，也是能成批生产出具有一定形状和尺寸要求的工业产品零部件的一种生产工具。用预制构件模具生产构件所具备的高精度、高一致性、高生产率是任何其他加工方法不能比拟的，在很大程度上模具决定着产品的质量、效益和新产品开发能力。模具的重要性主要有以下几点：

1）成本。

有数据显示采用装配工法的工业化建筑成本，预制构件生产和安装之比为7∶3，而在预制构件的成本组成中，模具的摊销费用占5%～10%，由此可见，模具的生产费用对于整个工业化建筑成本来说是非常重要的。模具设计得好，不仅可以减少工作量、节约时间，还可以节省成本开支。

2）效率。

对于构件厂家而言，生产效率是影响预制构件制造成本的关键因素，生产效率高，预制构件成本就低，反之亦成立。影响生产效率的因素有很多，模具设计合理与否是其中很关键的一个因素，如果不能在规定的节拍时间内完成拆模、组模工序，就会导致整条生产线处于停滞状态。

3）质量。

采用装配工法的工业化建筑较采用传统现浇工法建筑的一个显著特点就是精度得到极大的提升。混凝土是塑性材料，成型完全要依靠模具来实现，所以工业化预制构件的尺寸完全取决于模具的尺寸。无论是已经发布实施的现行行业标准《装配式混凝土结构技术规程》（JGJ 1），还是各地地方标准，对预制构件的尺寸精度要求都非常高，所以模具设计得好坏将直接影响预制构件的尺寸精度，特别是随着模具周转次数的增多，这种影响将会更明显。

所以无论是从成本角度、生产效率还是构件质量方面考虑，模具设计都是关系工业化建筑成败的关键性因素。

提到了模具设计的重要性，那么如何解决这些问题就需要模具设计师来思考、总结以往的模具设计经验，模具设计师应考虑模具的设计使用寿命、模具间的通用性以及模具是否方便生产等。

完成模具设计需要综合考虑成本、生产效率和质量等因素，缺一不可。对于任何一个PC预制构件厂而言，谁控制好了模具的加工质量，谁就能在预制构件的生产质量上拔得头筹。预制构件模具的制作由于造型复杂，特别是三明治外墙板构件存在开口造型、灌浆套筒开口及大量的外露筋而比较困难，所以采用建模软件进行预制构件模具设计，通过其三维可视化、精准化、参数化等优势，将大量的脑力工作通过三维的手段进行简化，可直接对应构件建模进行检查纠错。

（2）BIM 技术在构件生产管理中的应用

运用 BIM 技术在前期深化设计阶段所生成的构件信息模型、图纸及物料清单等精确数据，能够帮助构件生产厂家进行生产的技术交底、物料采购准备，以及制订生产计划的安排，堆放场地的管理和成品物流计划，避免在构件生产的整个流程中出现异常状况。

BIM 设计信息导入中央控制室，通过明确构件信息表（各个构件对应标签，生产预埋芯片）、产量排查，进一步确定不同构件的模具套数、进场物料用量的排查、人力及产业工人配置等信息。

根据构件生产加工工序及各工序作业时间，按照项目工期要求，考虑现场构件吊装顺序，排布构件装车计划和生产计划，制订排查计划。依据 BIM 技术提供的模型数据信息及排查计划，细化每天所需的不同构件生产量、混凝土浇筑量、钢筋加工量、物料供应量、工人班组。对同一模台进行不同构件的优化布置，提高模台的利用率，提高生产效率。

设计人员将深化设计阶段完成后的构件信息传入数据库，转换成机械能够识别的数据格式便进入构件生产阶段。通过控制程序实现自动化生产，减少人工成本和出错率，提高生产效率和精确程度。利用 BIM 技术输出的钢筋信息，通过数控机床实现对钢筋的自动裁剪、弯折，然后根据 BIM 技术所生成的构件图纸信息完成混凝土的浇筑、振捣，并自动传送至构件养护室进行养护，直至构件运出生产厂房实现有序堆放，预制构件生产的主要工艺流程如图 11-1 所示。

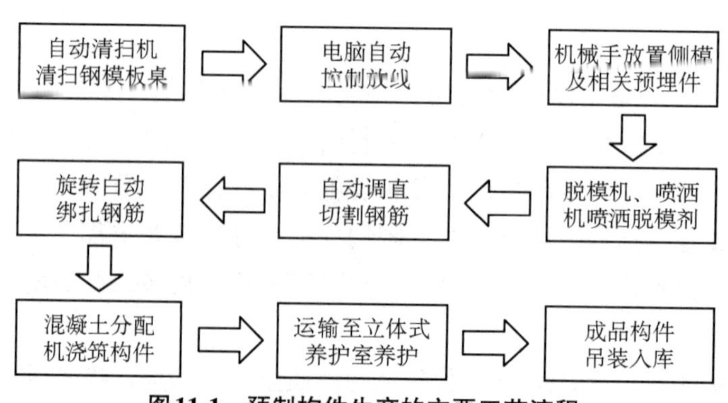

图11-1　预制构件生产的主要工艺流程

在预制构件生产的整个工艺流程中，信息自动化的监控系统会进行实时监控，一旦出现生产故障等非正常情况，能够及时反映给工厂管理人员，工厂管理人员便能迅速地采取相应措施，避免损失。在这个过程中，生产系统会自动对预制构件进行信息录入，记录每一个构件的相关信息，如所耗工时、构件类型、材料信息、出入库时间等。

在构件生产制造阶段，为了实现构建模型与构建实体的一一对应和对预制构件的科学管理，项目计划采用 BIM 数据结合 RFID 标签加强构件的识别性。所以，需要在构件生产阶段对每个构件进行 RFID 标签置入。

通过 RFID 标签，模型与实际构件一一对应，项目参与人员可以对预制构件数据进行实时查询和更新。在构件生产的过程中，人员利用构件的设计图纸数据直接进行制造生产，通过对生产的构件进行实时检测，不断校正构件数据库中的信息，实现构件的自动化和信息化。已经生产的构件信息的录入为构件入库出库信息管理提供了基础，也使后期订单管理、构件出库、物流运输变得实时而清晰。而这一切的前提和基础是前期精准的构件信息数据和统一的信息化平台，由此可以看出 BIM 技术对于构件自动化生产、信息化管理的不可或缺性。

（3）基于 BIM 的工厂生产信息化技术

BIM 软件可实现设计—构件拆分—深化设计—加工图的转换，通过 BIM 软件关联构件设计信息，可以实现设计信息到构件生产信息的传递和共享，避免了大量烦琐数据信息的二次输入和信息失真，建立工厂生产信息化管理平台，实现设计、生产、管理信息共享。模型与数据信息实时关联，设计模型一旦变更，与其关联的二维图纸信息、数据库信息会自动做出相应更改，保证模型与数据、图纸等信息的一致性。

1）设计信息导入生成生产管理系统。

把 BIM 设计信息导入中央控制室，通过明确构件信息表（各个构件对应标签，生产预埋芯片）、产量，进一步确定生产不同构件的模具套数及物料进场时间、人力资源配置等信息。

2）生产排产计划管理。

按照项目工期要求和现场构件吊装顺序，考虑各构件生产加工工序及各工序时长，排布构件的生产计划和装车计划，制订排产计划。根据 BIM 模型提供的数据信息制订排产计划，布置每天所需构件生产量，做好原材料供应量、模台需要量、钢筋加工量、混凝土浇筑量、工人班组的细化安排。

3）材料库存及采购管理。

根据生产排产计划，制订物料采购计划。在生产过程中，实时记录物料消耗量，物料库存量是实时显示的，通过分析构件生产的物料所需量和物料库存量，确定采购量，并自动生成采购报表，适时提醒管理人员依据供应商数据库，自动下单。

4）构件堆场管理。

通过构件编码信息，关联构件的产能和现场需求，自动化生成构件产品存储计划（包括构件类型和数量)。在构件库存管理中，通过构件编码能快速确定构件的具体位置。

5）生产全过程信息实时采集。

对生产全过程进行实时采集，采集各个生产工序的加工信息（如作业名称、工序时间、过程质量等）并及时了解构件的库存信息，用信息汇总分析来辅助管理决策。

6）基于 BIM 的 CAM 智能化加工。

工厂信息化管理平台对存储在 BIM 模型上的构件设计信息进行管理与转换，使其转变为 PLC 可识别的生产信息，再利用 CAM 技术，实现对预制构件的自动化生产，实现设计加工一体化，避免设计信息重复录入（图 11-2）。

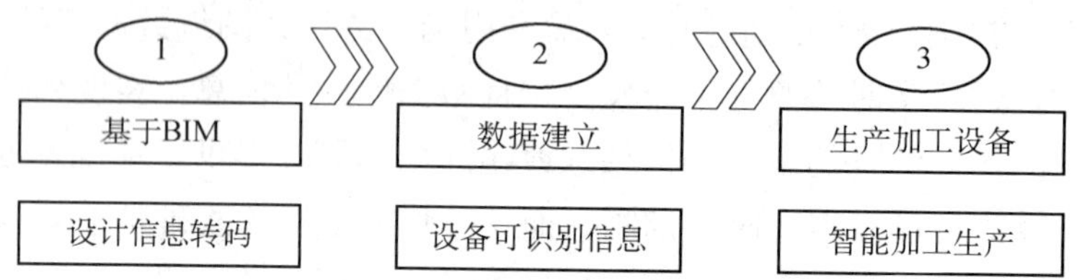

图 11-2　工厂自动化生产和设备信息化管理技术

基于 BIM 技术形成的可识别构件设计信息，通过数据转换，被生产线各加工设备识读，自动完成划线定位、模具安放、钢筋摆放、混凝土浇筑、振捣、抹平、养护、拆模、起吊等工序，实现自动化生产。

二、绿色生产

绿色生产是工业污染防范与治理进入新阶段的表现，从最初的直接排放、末端治理到现在的绿色生产，体现了企业环境意识和环保行为主动性的增强，企业进行绿色生产的行为反映了可持续发展理念，是发展循环经济和低碳经济的必然选择。

1. 绿色生产的定义

绿色生产是指企业在进行生产活动时考虑对环境的影响，以节能、降耗、减污为目标，以管理和技术为手段，实施工业生产全过程污染控制，使污染物的产生量最小化，尽量减少生产活动对环境的掠夺和破坏作用的一种综合措施。绿色生产可从以下角度进行理解：

1）从企业管理角度：绿色生产是企业生产过程中基于环境保护的企业价值观，主动选用绿色的生产工艺、设备和环保措施，充分利用资源能源，尽量降低或避免污染物的排放。

2）从概念角度：绿色生产就是企业进行绿色产品设计，投入绿色的原材料和能源，采用绿色生产工艺和设备，生产出绿色的产品。

3）从生产环节角度：绿色生产是企业在生产的各个环节都考虑对环境的影响而采取的相应的生产行为，包括研发绿色产品，使用可再生的原材料和清洁能源，投入绿色生产技术和设备，产品进行绿色包装，绿色物流等。

4）从产品角度：绿色生产是一种综合考虑资源利用和环境影响，实现生产的产品在全寿命周期资源效率最高、环境影响最小的可持续生产方式。

2. 绿色生产理论基础

绿色生产的理论基础包括可持续发展理论、循环经济理论和低碳经济理论。

（1）可持续发展理论

1987年由世界环境与发展委员会提交的报告《我们共同的未来》中确定了可持续发展的定义“既满足当代人的需求，又不对后代人满足其自身需求的能力构成危害的发展。”可持续发展是在生态可持续、经济可持续、社会可持续的有机统一的基础上公平分配资源，实现经济发展、社会进步、人与自然的协调共处的持续发展。

根据可持续发展的定义，可从以下几个角度理解其内涵：

1）从系统论角度：人类社会和自然生态环境构成了一个复杂的系统，即“社会—经济—自然生态环境”复合系统，坚持可持续发展就是在发展过程中要把人口、发展、资源、环境等各因素看成是复合系统中的一部分，从整体上把控，实现系统的最优化。

2）从生态学角度：资源和环境是人类社会生存和发展的基础和条件，人类社会的发展要考虑整个生态环境的承载力状况，不能超过生态环境的承载力范围，要维护生态环境系统进行生产和更新的能力，才能维持人类社会经济健康长久发展。

3）从社会学角度：无论哪个群体、哪个区域、哪个国家都应该拥有相等的、不能被剥夺的发展权利，可持续发展就是要建立一个人口趋于平衡、经济协调发展、政治安定、社会秩序和谐的人类社会。

4）从经济学角度：可持续发展就是要转变经济增长方式，从传统的粗放型转变成集约型增长方式，采取清洁、高效的生产技术，建立资源利用充分、能源消耗低、污染物排放量少的技术系统，在尽量减少对自然环境的影响的前提下，实现社会财富的增加。

可持续发展理论强调资源分配的公平性，满足当代和后代的需求性，自然生态系统的持续性，发展中各主体之间的协调性，发展的高效性。坚持可持续发展观，就必须在进行经济发展时考虑环境因素，实施绿色生产，投入可再生资源和清洁能源，减少污染物、废弃物的产生和排放，节约资源，保护环境，实现经济的可持续发展。

（2）循环经济理论

循环经济，即基于自然生态规律，考虑自然资源的有限性和生态环境的承载力，通过提高资源能源的有效利用率和对废弃物进行回收处理循环再使用，以“减量化、再利用、再循环”为基本原则，以少资源、少能耗、低污染、低排放为基本特征，将经济发展模式从“资源消费—产品—废物”转变为“资源消费—产品—再生资源”的循环经济发展模式。

循环经济遵循的三个基本原则：

1）减量化原则，即改进生产技术和管理方式，既从输入端减少资源的消耗，又从输出端减少生产过程中污染物和废弃物的产生，转变先排放再治理的观念，从源头上减少污染物的排放。

2）再利用原则，即抵制一次性消费品，提高产品和包装的多次使用率，将产品的正常使用寿命期限尽量延长。

3）再循环原则，即在产品报废的情况下，可以将其回收处理，再次投入生产领域，变废为宝，既节约资源又保护环境，生产过程中的污染物和废弃物也可以循环再利用。

（3）低碳经济理论

低碳经济发展模式就是坚持低碳理念，以节能减排为指导，采用碳中和技术，实现降低能耗、提高能源有效利用率、减少低污染和排放的目标的一种经济发展模式。其重点在于节能减排，节约能耗减少污染物排放同时也是检验企业绿色生产的重要标准，企业进行绿色生产要以节能减排为目标，采用清洁能源替代不可再生能源，采用先进生产技术，提高能源利用率，在污染排放端采取措施降低污染物的排放量。

低碳经济的发展必须坚持三项基本原则：

1）坚持政府主导和企业参与相结合原则。企业作为经济人，以利益为驱动，很难主动参与低碳生产，需要政府发挥主导推动作用，根据本国低碳经济的发展现状，制定相应的政策和行业节能减排的标准和要求。

2）本国技术创新与对外交流合作相结合原则。能源开发和利用技术的创新发展是低碳经济的发展手段，要加强全球范围内清洁能源开发和利用技术的创新和推广交流。

3）近期需求和长远目标相结合原则。低碳经济发展是一个循序渐进的过程，根据国家经济发展情况来制订低碳经济发展目标和实施计划，不能以停滞经济发展为代价，做到既满足近期的经济发展需求又符合长远发展目标。

3. 绿色生产的内容

一般产品的生产过程可分为 4 个阶段：人、材、机投入阶段，产品制造阶段，产品输出阶段，生产产生的废弃物处理排放阶段。企业进行绿色生产，就必须在这 4 个阶段的企业活动中都考虑环境影响因素，减少各个阶段对环境的破坏作用并对环境进行保护和改善，依照此原则可以将企业绿色生产的过程划分为 4 个部分，即绿色投入、绿色工艺、绿色产出、绿色回收处理。

（1）绿色投入

绿色投入是指企业在投入原材料能源时尽可能地选择可再生资源、转换率高的资源、清洁能源或者废弃物，以减少对生态环境的资源消耗和破坏。

1）可再生资源是对于不可再生资源而言可以无限获取的，使用可再生资源进行生产可以保证生产的可持续性，

2）使用转换率高的资源，提高资源的有效利用率可以使单位资源下生产出更多的产品；

3）与矿产能源相比，清洁能源有两个特性，一是可再生性，二是能源消耗不排放污染物，使用清洁能源不仅可以维持生产的持续性，还可以减少污染物的排放；

4）生产可以利用的废弃物包括工业废渣、建筑垃圾和生活垃圾等，若将其直接排放将对自然生态环境造成严重破坏，故可以将废弃物转换成原材料或能源重新投入生产环节，变废为宝，既可以保护环境，又可以节约资源能源，实现双倍效果。

（2）绿色工艺

绿色工艺可以分为3类，即资源节约型工艺、能源低耗型工艺、环境保护型工艺。相对传统生产工艺而言，采用绿色生产工艺可以节约资源能源的消耗，充分利用资源和能源，降低生产过程中污染物、废弃物的产生，实现企业生产的可持续发展。

绿色工艺包括绿色生产工艺技术路线、绿色生产工艺设备、绿色生产工艺参数等内容，与传统的工艺追求生产的少时间、高质量、低成本目标相比，绿色工艺基于环保理念，对传统的不环保的生产工艺进行改进，将低资源、低能耗、低排放也作为生产的目标。

（3）绿色产出

绿色产出是绿色生产的输出，是对绿色工艺在资源能源节约和环境保护方面的结果检验，包括3个方面：

1）节约资源消耗量，资源有效利用率高，是资源节约型生产工艺的结果体现；

2）节约能源消耗量，能源有效利用率高，是能源低耗型生产工艺的结果体现；

3）污染物、废弃物的低产生量，是环境保护型生产工艺的结果体现。

绿色产出也是低碳经济发展模式在企业生产中应用的体现，达到企业生产环节能减排的目标。

（4）绿色回收处理

绿色回收处理是绿色生产的一个重要环节，同时也是传统生产不具备的一个环节，实质上是采取末端治理的模式，因为绿色工艺只是尽量减少生产过程中污染物和废弃物的产生，不一定能完全做到污染物和废弃物的零产生，这就需要进行末端治理，将产生的污染物、废弃物进行处理和回收，在减少生产对环境破坏的同时又能变废为宝，实现循环经济。

参考文献

［1］ 中国建筑标准设计研究院. 装配式建筑系列标准应用实施指南（装配式混凝土结构建筑）[S]. 北京：中国计划出版社，2016.

［2］ 北京城市建设研究发展促进会，王宝申. 装配式建筑建造构件生产[M]. 北京：中国建筑工业出版社，2017.

［3］ 张金树，王春长. 装配式建筑混凝土预制构件生产与管理[M]. 北京：中国建筑工业出版社，2017.

［4］ 夏峰，张弘. 装配式混凝土建筑生产工艺与施工技术[M]. 上海：上海交通大学出版社，2017.

［5］ 王光炎. 装配式建筑混凝土预制构件生产与管理[M]. 北京：科学出版社，2020.

［6］ 肖明和，张成强，张蓓. 装配式混凝土结构构件生产与施工[M]. 北京：北京理工大学出版社，2021.

［7］ 季斌. 装配式混凝土结构预制构件质量控制研究[J]. 工程设备与材料，2019，4（20）：129-130.

［8］ 李善继，冯身强，魏英杰. 装配式混凝土结构预制构件灌浆套筒安装与质量控制技术研究[J]. 四川建筑科学研究，2017.

［9］ 杨宇沫. 基于 BIM 的装配式建筑智慧建造管理体系研究[D]. 西安：西安科技大学，2020.

［10］ 常繁，樊利新. 预制装配式混凝土构件设计及生产工艺研究[J]. 河南建材，2016.

［11］ 甘元彦. BIM 技术在装配式建筑设计及施工管理中的应用[M]. 北京：化学工业出版社，2022

［12］ 王鑫，王奇龙. 装配式建筑构件制作与安装[M]. 重庆：重庆大学出版社，2021.